KB051228

글로벌 관점과 지리 교육

GLOBAL PERSPECTIVES
IN THE GEOGRAPHY CURRICULUM

Global Perspectives in the Geography Curriculum

글로벌 관점과 지리 교육 GLOBAL PERSPECTIVES IN THE GEOGRAPHY CURRICULUM

초판 1쇄 발행 2015년 1월 5일

지은이 알렉스 스탠디시
옮긴이 김다원·고아라

펴낸이 김선기
펴낸곳 (주)푸른길
출판등록 1996년 4월 12일 제16-1292호
주소 (152-847) 서울시 구로구 디지털로 33길 48 대륭포스트타워 7차 1008호
전화 02-523-2907, 6942-9570~2
팩스 02-523-2951
이메일 purungilbook@naver.com
홈페이지 www.purungil.co.kr

ISBN 978-89-6291-266-1 93980

■ 이 도서의 국립중앙도서관 출판예정도서목록(CIP)은 서지정보유통지원시스템 홈페이(http://seoji.nl.go.kr)와 국가자료공동목록시스템(http://www.nl.go.kr/kolisnet)에서 이용하실 수 있습니다.(CIP제어번호: CIP2014037208)

추천사

현재 발생하고 있는 사회적, 정치적 또는 환경적 위기의 사례를 들자면, 지구 온난화나 테러 위협 등에 대해 학교가 무언가를 해야 한다는 필요성이 촉구되고 있다. '우수한 시민 만들기'에 대해 학교는 어떻게 기여해야 하는가? 명백히, 여기에는 글로벌 시민 교육뿐만 아니라 사회 교육, 정치 교육, 윤리 교육 및 환경 교육같이 다양한 교과 과정의 하위 영역은 물론 지리 및 역사와 같은 교과에서의 역할을 포함할 것이다. 그러나 『글로벌 관점과 지리 교육』의 저자가 지적하듯이, 시민 교육이 포함하고 있는 것에 관해 더 주의 깊은 설명이 필연적으로 요구된다.

우선, 시민에 관한 교육(사안이나 내용), 시민을 통한 교육(방식), 그리고 시민을 위한 교육(임무) 사이에 명백한 구별이 있어야 한다. '시민에 관한 교육'은 지리 및 역사 같은 교과의 개념적 틀에 관해 생각해야 하며, 단순히 사실의 수집에 그쳐서는 안 된다. '시민을 통한 교육'은 아이디어가 아니라 활동 범위, 예를 들면 초등학교에서 학교 정원 관리, 중등학교에서 공동체 활동, 초·중등학교에서 지역, 국가 및 국제자선단체를 위한 모금 활동과 같은 활동 범위에 대해 생각해 볼 수 있다. 이러한 것들은 설명된 것에 대한 직접적인 실천에 초점을 두고 있다.

큰 문제는 '시민을 위한 교육'에서 발생한다. 역사가 우리에게 분명히 말해주듯 우수한 시민 만들기에 대한 개념은 거의 항상 교육의 자유적(liberal) 개념과 분리되어 왔다. 예를 들어, 19세기 후반 가난한 사람들의 육체적·도덕적 건강의 위기에 대한 인식은 우생학 교육, 그리고 뒤이어 상상할 수 없는 공포로 이어졌다. 이와 유사하게 최근 200년 이상에 걸쳐 제국주의, 파시스트 및 공산주의 권력은 '우수한 시민 만들기'라는 그들의 특정 비전을 만들어냈다.

안타깝게도 그들의 권력이 가혹할수록 그들의 생각대로 업적은 더욱 성공적이었다. 이 모든 것에는 공통적으로 노골적인 주입이 들어 있었다. 마찬가지로 기독교든, 유대교든, 이슬람교든 미션스쿨에서의 종교 교육은 우수한 시민 만들기를 추구했지만 훈육과 주입식 교육을 표방하게 되었다.

또한 우리는 시민 교육의 수레에 대한 현대식 재발견을 매우 주의 깊게 검토해야 한다. 지리 교육자 등은 그들이 어떠한 특정 수레에 올라타고 있는지를 스스로 인식해야 한다. 복음주의적 환경 운동가의 교육적 의도와 사회적 주제에 관한 정치화는 동일한 자유주의 결점이 있는 것으로 여겨진다.

이러한 상황에서 이 책의 취지는 영국과 미국의 학교 교육을 위한 필요조건으로 외부로부터 상정된 '개혁'으로 완곡하게 일컬어지는 것에 대한 타당한 도전으로 보이며, 스탠디시는 교육적인 우선순위를 두려워한다. 특히 '교육과 관련하여 교육이 19세기부터 20세기로 발전했기 때문에 자유주의적 세속적 교육 모델에 대해 많은 평가를 받고 있다. 과학적 · 인간주의적 · 지적 전통을 되돌아보면, 이러한 모델은 젊은이들이 외부 세계 및 인류 그 자체의 지혜와 통찰력을 취득하기 위해 그들을 훈련하도록 모색했다'는 그의 관점에

동의한다. 이것은 그 자체로 어떤 독자가 도전하기를 원하는가에 대한 서술이지만 그와 다른 사람들을 편협한 비탈길로 간주하는 상황을 다루기 위한 중요한 문제이다. 스탠디시의 토의는 지리학적 교육 맥락에 서 있는 반면, 동일한 주장과 경고는 대체적으로 역사 교육, 사회과 교육 분야와 관련하여 적용된다.

따라서 지리 교육에서 자유주의적 접근방식에 관한 이슈 및 일반적 답변에 대한 그의 상세한 분석은 매우 시기적절하며, 이 책은 지리 교육과 관련 분야에 참여하는 사람들이 필수적으로 읽어야 할 것으로 간주된다. 나 역시 최근 보기 힘든 지리 교육에 관한 단일 저자의 학술서를 매우 적극 환영한다.

윌리엄 마스덴

리버풀 대학교 교육학부 명예교수, 2008

차 례

■그림 차례

■표 차례

■글상자 차례

서 론

GLOBAL PERSPECTIVES
IN THE GEOGRAPHY CURRICULUM

'왜 지리를 가르치는가?' 이 질문에 답변하는 데에는 본질적으로 두 가지 방법이 있다. 하나는 지리의 내재적 특성, 즉 지리를 배우는 것 자체에 계몽적인 효과가 있기 때문이며, 다른 하나는 이면에 담겨 있는 외재적 목적을 이루는 데 적합하기 때문이다. 이 두 가지를 따로 구분하는 것이 쉽지 않을 때가 있다. 수업에서 배운 지식과 기술은 이해의 핵심이 될 뿐만 아니라 교실 너머 삶의 영역에서도 유용성을 지닌다. 그러나 이러한 점이 교과목으로서 지리의 본질적인 가치에 대한 인식을 손상시켜서는 안 된다. 교사로서 왜 지리를 가르쳐야 하는지를 아는 것은 매우 중요하다. 왜냐하면, 그것이 바로 지리 과목에 대한 접근방법과 무엇을 가르칠 것인가를 결정하기 때문이다. 이 책은 새로운 시대가 시작되면서 '왜 지리를 가르치는가?'에 대한 교사와 교육가들의 답변에 변화가 있었다는 것을 주요 전제로 한다. 미국과 영국의 교육과정은 지리의 위상을 정당화하기 위해 정치인과 정책 결정자, 일부 지리학자들이 제시한 외부적 근거들을 점점 더 많이 끌어들이고 있다. 이러한 도구적 목적은 지리가 시민 교육(citizenship education), 가치 및 태도에 대한 교육, 직업 전 훈련(pre-vocational skills), 그리고 글로벌 이슈와 국제 관계에 대한 학습에 기여했던 공헌들을 포괄하고 있다. 이와 같은 전개는 또 다른 전제, 즉 학생들의 교육에 기여하는 지식의 본체로서의 지리가 탈근대적인 도전에 의해 약화되어 왔다는 사실이다. 이 책은 과거 지리 지식과 기술들이 차지했던 도덕적 공백을 어떻게 외부적 목표들로 채워 나가고 있는지를 다양한 사례를 통해 보여 줄 것이다. 결론부터 말하자면 많은 교사와 학생들은 지리 교육의 본질적인 이유를 망각하고 있다. 지리 교육의 본질적인 이유를 잊어 버리면 남는 것은 지리 과목이라는 이름하에 다른 장소와 사람들에 대한 학습이 이루어지기는 하지만, 지리 과목의 원리와 본질적인 사상에 대해 가르칠 시도조차 하지 않는, 근본적으로 다른 과목일 뿐이다.

이러한 전환은 1960~1970년대의 반문화 운동의 뒤를 이은 교육 개혁의 일환으로 시작되었으며, 특히 미국에서 빠르게 진행되었다. 그럼에도 불구하고 냉전이 완화되고 새로운 글로벌 시대가 성립되자, 미국과 영국에서 지리는 다른 추가적인 도구적 목적들을 찾고자 했다. 오늘날 많은 이들이 지리를 학생들에게 급속히 변화하는 세계에 대한 글로벌 관점을 제공하는 과목으로 여기고 있다. 개혁가들은 전통적인 교육과정을 대신하여 현대의 이슈들에 초점을 맞추고 글로벌 시민성에 대해 가르침으로써, 그리고 학생들이 공부할 것을 스스로 결정하는 탐구적 접근의 교수를 통해 지리를 보다 학생들의 삶과 밀접하게 '연관되도록' 만들고자 하였다. 미국의 지리학자인 조지프 스톨먼(Joseph Stoltman)의 1990년 연구에 따르면 "지리 교육에서 시민성이 주요 목표로 여겨지지 않았음에도, 시민성에 대한 연구와 저술들은 지리가 그에 대해 중핵적 역할을 수행해야만 한다고 주장하였다."(Stoltman 1990: 37) 그러나 교육과정에서 글로벌 관점을 옹호하는 사람들은 새로운 글로벌 시대가 우리의 세계를 제대로 알고 있다는 우리의 능력에 관한 신뢰가 부족하고, 미래를 형상화할 젊은 세대들의 도덕적 역량에 대한 불신이 만연해질 것이라는 것을 미처 의식하지 못하고 있다.

어떤 면에서 보면 1990년대는 기회의 시대였다. 냉전이 종료되면서 지금까지 세계의 많은 이들에 의해 고수되었던 자본주의에 대한 불신은 공산주의에 대한 불신으로 대체되었다. 서구에서는 정체성 형성을 위해 지나치게 오랫동안 국가가 활용해 왔던 국가주의(nationalism)의 얄팍한 본성이 드러나기도 했다. 좌우 진영 모두에서 나타난 이데올로기의 고갈은 새로운 정치적 발상과 가능성을 등장시켜 사회적 지지를 얻을 수 있는 길을 열었다. 냉전의 종식 이후, 시민들에게는 편협한 국수주의를 초월하고 국경과 문화적 경계를 넘어 인류를 연합시키려는 사회 변화를 위한 새로운 국제적 움직임을 형성할 수 있는 가능성이 주어졌다. 그러한 새로운 정치적 움직임은 보다 나은 내일에 대한 공유된 비전에 기반을 두고 빈곤, 실업, 저개발, 제한된 국경 문제, 부적절한 보건, 교육의 결핍, 부족한 주택 공급 등 삶의 환경에 관한 진정한 한계들을 다룸으로써 만들어질 수 있었을 것이다. 한편 이 움직임을 지지하는 사람들은 문화적 차이로 분열되기보다는 자유와 평등, 물질적 진보, 인류의 창조력 등 보편적 원칙에 대한 정치적 책무(political commitment)로 연대할 수 있었을 것이다. 학교에서 학생들은 지식과 기술의 습득을 통해 세계가 작동하는 방식에 대한 통찰력을 얻고, 그들 자신을 국가주의의 족쇄로부터 자유롭게 해 줄 인류의 역할을 익힘으로써 미래의 세계를 물려받을 준비를 할 수 있었을 것이다.

불행하게도 이는 실현되지 않았으며, 적어도 아직까지는 일어나지 않았다. 글로벌 시민성을 고취시키고 젊은이들에게 글로벌 관점에 관한 교육을 실시하려는 계획에도 불구하고, 국제적 변화를 위한 시민 주도의 운동이 없었던 데다가 교육과정이 문화적 차이를 넘어서지 못했던 것이다. 그 대신 1990년대는 사회적·정치적 가치들의 위기와 함께, 사람들이 공공 영역에서 개인적 삶으로 도피함에 따라 가속화된 진보주의의 종말로 대표되었다. 정치가 사람들의 삶에서 차지하는 의미는 늘어나지 않았으며, 오히려 줄어들었다. 초기의 놀라운 도취에도 불구하고, 세계화는 관점의 결핍, 최종 목표 및 보다 나은 미래에 대한 약속의 부재로 특징지어졌다. 이러한 현상은 변화에 대한 기대와 사회적 변혁을 위한 일련의 계획에 대한 불신 간의 격차로부터 발생되었다(Laïdi 1998).

놀랍게도 사회의 다수를 차지하는 사람들은 정치적 발상과 참여를 부활시키는 대신, 명백하게 자유를 제한하고 비인간적인 해결책들을 장려해야 한다는 반응을 보였다. 새 천년 전환기의 주도적인 정치 문화는 사람을 해결책

보다는 문제로 여겼던 것이다. 이러한 문화는 대부분의 삶의 영역에서 인간성을 배제시키기 시작했다. 사람들은 자연환경에 종속되어야 했고, 문화는 인류 진보의 과정이라기보다는 보존되어야 할 전시품으로 대상화되었다. 개발도상국들은 선천적으로 뒤쳐졌으며, 그들 스스로 발전하는 것은 불가능하다고 간주되었다. 사람들, 특히 학생들이 독립적이고 도덕적인 시민으로 성장할 수 있을 것이라는 생각은 신뢰받지 못했으며, 인류는 세계를 정확히 알 수 없었다.

실제로 현실에서 민주적인 변화를 위한 진보적 움직임과 반대되는 접근이 나타나고 있고, 교육은 이러한 변화의 선두에 위치해 있다. 미국과 영국의 모든 교육과정이 이러한 비인간적인 정치 문화의 영향을 받았으나, 지리는 특히 급격한 변화를 경험해 왔고, 영국에서 더욱 그러했다. 이러한 전환은 과거에 국가가 애국심을 고취시키기 위해 교육과정의 내용을 조작했던 것과는 다르다. 학교와 교육의 성격 및 목적이 그들 안에 내재된 도덕적 내용들을 비우는 방식으로 재형성되고 있다. 특히 지식에 대한 포스트모던적 도전과 학생들이 이론적인 학습을 하는 것이 '적합'한지에 관한 의문은 여러 학문들의 지적인 기반을 약화시켰다. 교육과정은 지적·인본적인 목표들 대신 사회를 위해 길들여진 정치적·사회적 프로젝트들을 담아내는 그릇이 되어 버렸다. 1980~1990년대 미국과 영국의 교사들의 어깨에는 수많은 사회적·경제적·정치적 프로젝트들—예를 들면 성교육, 마약에 대한 인식, 에이즈 확산 예방, 문화적 통합, 기술 교육을 통한 경제적 경쟁력 향상·범죄 예방 등—이 쌓여 있었다. 사실상, 학생들의 도덕적이고 감정적인 복리(well-being)을 육성하여 미래의 사회문제를 해결할 수 있을 것이라는 잘못된 가정하에 정치적 위기를 학교로 전파시켰던 것이다. 이것은 교육이 사회적 해결책으로 여겨졌던 첫 번째 사례는 결코 아니다. 예를 들어 한나 아렌트(Hannah Arendt)

는 학교가 "아이들에게 세상이 어떠한지를 가르쳐야 하는 것이지, 삶의 기술에 대해 가르쳐서는 안 된다."고 말하며, 후자에 의해 나타나는 권위주의적 결과에 대해 상기해야 한다고 경고하였다(Arendt 1968: 192). 그러나 사회적·경제적·정치적 목적들이 학교로 들어오고, 동시에 학문의 지적 기반이 약화되었을 때, 그러한 목적들이 교육과정이 될 수 있는 위험이 생겼다.

오늘날 몇몇 지리 교육과정에서 글로벌 관점은 젊은이들이 사회적으로 관여하도록 하는 방법을 제시하는 정치적 이니셔티브(initiatives)의 일부이다. 그러나 글로벌 관점은 과거에 국가적 관점이 그러했던 것처럼 사람들의 삶에 의미를 주는 데에는 실패하였다. 이는 글로벌 관점이 보다 나은 내일에 대한 긍정적인 비전과 사회적 변화를 위한 집단행동에 대한 신념, 그리고 최종 목표를 갖추지 못하고 있으며, 그러한 변화를 가져올 개인들의 도덕적 자율성에 대해 불신하고 있기 때문이다. 이것은 사회보다는 개인들을 형성하는 계획이다. 시민성에 대한 '글로벌' 모델은 기후 변화와 같은 환경 문제와 불평등, 질병과 불건강(ill health), 문화 갈등, 빈곤과 자연재해 등과 같은 '글로벌 이슈'들에 얽힌 개인적·지역적인 행동을 강조한다. 이러한 글로벌 시민성을 뒷받침하는 것은 몇몇 사회적·정치적 가치나 '글로벌 윤리'이다. 이들은 환경에 대한 경의와 문화 다양성에 대한 존중, 다른 관점에 대한 관용, 사회정의에 대한 관심 및 사회적 약자 혹은 소수자에 대한 공감을 포함한다. 여기에서 사회문제는 보다 넓은 정치적 영역으로부터 개인의 내적 심리와 기술로 옮겨갔다.

그러나 몇몇 사람들은 지리의 윤리적 전환이 지리 교육 그 자체의 본질에 어떤 영향을 미칠지, 그리고 그것이 학생들의 교육을 강화시킬 것인지 아니면 저해시킬 것인지에 대해 의문을 제기하기 위해 한발 멈춰 섰다. 이것이 바로 이 책의 목표이다. 교사들은 교육과정에 윤리적 목표를 포함시켜야 하는가? 그렇다면, 그것이 지리적 현상들을 학습하는 데 어떻게 영향을 미칠 것인가? 윤리적 목표와 지적 목표가 상호 양립 가능할 것인가, 아니면 서로 상충할 것인가? 어떤 이슈들이 교육과정에 포함되어야 하는가? 지리 교육과정이 개발도상국 사람들이 직면하는 문제에 중점을 두는가, 아니면 해외에 대한 서방 국가들의 관심사에 대해 주로 계획하고 있는가? 아동들이 어른들의 지적·감정적 수준에 도달하지 않은 상태에서도 시민으로서 대우받을 수 있는가? 개인적·심리적 변화와 광범위한 사회적·정치적 변화의 사이에는 어떤 관계가 있는가? 전자가 후자를 이끌어 낼 수 있는가? 지리학자들은 지리 교육에서 어떤 가치를 강조할 것인지를 어떻게 결정해야 하는가? 만일 지리가 글로벌 시민성과 유사하게 된다면, 그것이 여전히 지리일 수 있는가, 아니면 전혀 다른 과목이 될 것인가?

여기에서 도출된 결론은 글로벌 관점 자체에 초점을 맞춘 지리의 윤리적 전환이 직접적으로 지리의 도덕적인 논거를 약화한다는 것이다. 이는 지리를 지식의 객관적 본체이자 진리를 추구하는 것으로 여기던 입장에서 벗어나 사적 지리와 진리를 추구하는 것으로 대체하는 과정에서 나타난다. 그 결과, 학생들은 그들을 둘러싼 세상을 이해하는 데 필요한 지리적 지식과 기술들을 얻을 수 없게 되었다. 더욱이 세상을 보다 나은 곳으로 만들 수 있다는 가능성에 대한 부정적인 시각을 강화시키는 현대의 비인간적인 사고방식으로 인해, 윤리적 의제들은 학생들의 개인적인 양심을 직접적으로 침범한다.

그러나 이것이 곧 모든 학교의 지리과가 글로벌 시민성이라는 주제 내에 포괄되어 있음을 의미하지는 않는다. 교사나 교과서 저자들과 대화하다 보면 미국과 영국의 교실에는 지리학에 대해 잘 훈련되어 있고, 훌륭한 지리 수업이 어떤 것인지를 아는 뛰어난 지리 교사들이 많다는 것이 분명해진다. 이와 유사하게 지리의 도덕적 침식과 가치 교육(value education)으로의 대체에 저항하고자 하는 사람들도 있다. 몇몇 교사들은 그들 자신은 지리학에 대해 확고하게 이해하고 있으나, 오늘날의 학생들은 무언가 다른 것을 필요로 하는 듯이 느껴지고, 그래서 어떤 면에서는 미래 세대들을 향한 자신들의 훈육에 자신감을 잃게 되었다고 보고하기도 한다. 지리의 교육적 가치와 글로벌 시민성에 대한 광범위한 논의가 부재한 상황에서 많은 교육자들은 더 우세한 글로벌 윤리에 휩쓸리게 될 것이다.

이러한 변화의 위상과 성격을 파악하기 위해서는 근본적인 본질에 대한 몇 가지 물음과 함께 시작하는 것이 가장 좋을 것 같다. 예를 들어, 지리 교육이란 무엇인가? 그리고 왜 지리를 공부하는가? 물론, 오늘날과 같이 혼란에 빠진 정치 풍토에서는 이러한 질문들에 대해 여러 가지 의견이 나올 수 있다. 그러나 그 의견들이 모두 동등하게 유효한 것은 아니다. 사회와 교육 시스템을 발전시키기 위해서는 교육의 본질과 그 목적에 대한 공동의 합의가 필수적으로 이루어져야 한다. 즉 지리 교육을 위한 도덕적 사례들은 재정비되어야 한다. 이를 위해서는 지리 교육의 역사와 함께 그것이 어떻게 지적으로 신뢰받는 학문으로 진화할 수 있었는지를 되돌아보는 것이 필요하다. 이것이 제1장의 주제이다.

물론 세상이 변화하는 만큼 교육과정도 변해야 한다. 그러나 교육의 본질과 목적 자체를 포착하기 위해 굳이 시간을 낭비할 필요는 없다. 이 책은 교육적 관점에서 볼 때, 19세기에서 20세기로 발전하면서 나타난 자유적(liberal)이고 세속적 교육 모델들 중 상당수가 가치 있다고 주장한다. 과학적·인문적·지적인 전통을 반영하는 이 모델들은 인간과 외부 세계에 대한 지혜와 통찰력을 얻는 것과 같은 지리의 미덕을 훈련시키고자 한다. 교육을 통해 젊은이들은 선조의 지혜를 물려받을 수 있으며, 교육은 보다 깊고 멀리 볼 수 있도록 새로운 세대를 위한 가능성을 열어 준다. 이러한 점에서 교육은 우리를 인간(human)으로 만들어 준다. 우리는 교육을 통해 우리의 세계와 그 안의 우리의 공간들을 이해할 수 있게 된다.

자유 교육(liberal education) 모델에서 지리의 역할은 공간적으로 연관된 현상들을 그려 내고 이해하는 것으로 발전하였다. 지구 상의 자연적·인문적 다양성에 대해 학습하는 것은 학생들이 그들 주변의 세계를 이해하는 데 도움을 준다. 이러한 역할을 수행하기 위해 지리는 공간적으로 연관된 현상을 지도로 나타내는 것, 서로 다른 현상들 간의 공간적 관계를 검증하는 것, 멀리 떨어진 장소와 사람들을 비교하는 것, 인간과 자연환경 사이의 상호작용 및 관계를 밝히는 것과 같은 많은 기본적인 특성들을 가지고 있다. 이러한 역할뿐만 아니라, 지리가 사회과학에서 인문학을 아우른 시기도 있었다. 그 시기에 지리는 문화 탐구와 인간-자연 사이의 상호작용에 대한 탐구를 통해 어떻게 지구 상에서 사람들의 생활 환경에 차이가 나타났는지에 대한 통찰력을 제공하였다. 사회과학의 일부이든 인문학의 일부이든, 지리는 자연과 인류의 다양성에 대한 비전, 그리고 세상의 경이로운 것들을 교실로 가져온다. 자연과 인간의 물리적 생성을 이해하고 인식하는 법을 학습하는 것은 다시금 우리를 보다 완전한 인간으로 만들어 준다.

연구 및 방법론

처음 필자와 필자의 동료들에게 지리의 혼돈 현상이 포착된 시기는 1990년대 후반과 2000년대 초반에 영국 남부의 학교에서 지리를 가르치던 때였다. 이러한 통찰은 캔터베리크리이스트처치 대학교(Canterbury Christ Church University College)에서 잉글랜드/웨일스 지리 교육의 성격 변화에 대한 필자의 석사학위 논문에서 계속되었다(Standish 2002). 이 연구는 지리에서의 아동중심 사상을 1960년대부터 시작하여 1990년대 주요 국가 계획에 포함될 때까지 추적하였으며, 그 이슈가 지리 교육과정에서 점차적으로 중요성을 얻는 과정 또한 살펴보았다. 분석은 정부와 지리교육학회의 문서, 평가 요강, 지리 교과서 등에 근거해 이루어졌다. 이에 더해, 지리의 본질과 글로벌 윤리의 포함에 대한 교사들의 관점을 알아보기 위해 지리 교사들을 대상으로 소규모의 설문조사를 실시하였다.

필자는 이 연구의 후속으로 러트거스뉴저지 주립대학교(Rutgers, the State University of New Jersey)의 박사학위 논문으로 미국 학교에서의 시민 교육과 지리와의 관계의 역사에 관한 연구를 수행하였다(Standish 2006). 내용 분석은 1950년부터 2005년까지의 고등학교 세계지리 교과서를 바탕으로 이루어졌으며, 미국 지리 교육의 주(州) 표준에 대한 분석과 지리 교과서의 필자 및 사회과 교사들에 대한 인터뷰를 통해 이루어졌다. 이 국제적 연구는 내용 분석의 범위를 잉글랜드와 웨일스에서 사용된 지리 교과서들, 온라인 교육과정 교재 및 기록, 시범적으로 실시된 중등교육에서 중등교육자격시험[1](General Certificate in Secondary Education, GCSE)과 같이 지리 과목 안에서 일어난 새로운 발전까지 포함하도록 확대되었다. 그 작업의 결과는 이 책에 나타난 분석을 통해 알 수 있다.

킨첼로(Kincheloe 1991)는 교육과정 발달에서 공간의 중요성을 정확히 조명하였다. 이러한 국제적 연구에서는 개별적 특수성보다 일반화된 특징이 고양될 위험성이 존재한다. 그럼에도 불구하고 그 책은 지리적·역사적인 특성들로부터 몇 가지 공통적인 경향을 밝혀 내는 것을 목적으로 한다. 이것은 다양한 로컬리티(locality)에 대해 간과하고자 하는 것이 아니다. 실제로 워

1 역주: 영국의 초등(Key Stage 1, 2)과 중등(Key Stage 3) 교육과정을 마친 뒤 치르는 국가 검정 시험이다. 보통 Key Stage 4에서 준비하고 실시한다. 필수 과목과 선택 과목으로 이루어져 있으며, 복수의 출제 기관들이 있다. 이 시험의 결과가 대입에 반영되기도 한다.

싱턴 D.C.의 교육과정은 위스콘신이나 웨일스의 교육과정과 차이를 보인다. 그러나 미국과 영국에서 표준화의 움직임은 동일한 경향으로 나타났다. 잉글랜드와 웨일스에서는 이런 경향이 국가 교육과정의 도입을 통해 나타났다. 미국의 경우 개별 주들이 그들만의 교육과정을 중심화했으며, 상당히 유사한 네 개의 교과서들이 국가 전체의 고등학교 지리 교육과정을 지배하게 되었다. 이것이 곧 각 지역의 교사들이 의무를 수행하지 않았다는 것이 아니다. 그들은 아마 할 일을 했을 것이다. 그러나 이 책의 목적은 이러한 지역적 차이들을 분석하는 것이 아니라 미국과 잉글랜드/웨일스라는 매우 다른 로컬리티로부터 벗어나 지리에서 어떤 공통적 실마리를 찾아내는 데 있다. 스코틀랜드와 북아일랜드는 고유한 교육 시스템을 가지고 있기 때문에 잉글랜드와 웨일스를 독립적인 지리적 연구 대상으로 삼았다. 비록 웨일스의 교육과정에서 몇 가지 지역적 차이들이 나타남에도 불구하고, 잉글랜드와 웨일스의 교육 시스템은 서로 결합되어 있다. 책의 내용을 제공한 연구들이 중등교육에 초점을 둔 것처럼, 이 책 역시 대체로 중등교육을 연구 대상으로 삼고 있다.

책의 개요

제1장에서는 지리 교육의 도덕적 가치를 확인하기 위해 지리 교육의 역사적 발전 과정에 대해 이야기하고자 한다. 학생들은 지리가 무엇이며, 왜 그것을 공부해야 하는지에 대해 생각해 보도록 요구받는다. 이 장에서는 시간이 흐름에 따라 지리 교육의 내용과 본질이 어떻게 변화해 왔는지를 보여 주고, 이로부터 모든 형태의 근대화 과정에 존속할 필요가 있는 지리 과목의 본질적 특성을 이끌어 내고자 한다. 이 부분에서는 지리가 어떻게 우리의 인간다움에 기여했는지에 대한 질문을 상세히 다룰 것이다. 제2장은 지리의 윤

리적 전환에 대해 설명하고, 그것이 어떻게 지식의 실증적 본체로서의 지리에 도전했는지를 보여 줄 것이다. 제3장과 제4장은 이러한 윤리적 전환이 미국과 잉글랜드/웨일스의 지리 교육과정에 미친 영향에 대해 다루며, 그것이 지리에서 글로벌 윤리 및 글로벌 윤리의 '시민성'에 대한 집착을 불러일으킨 과정을 보일 것이다. 제5~7장에서는 교육과정에서 글로벌 관점이 가지는 의미에 대해 자세히 살펴볼 것이다. 제5장은 오늘날 문화지리에서 학생들에게 문화 다양성에 대한 존중과 다문화주의에 대한 신념을 가르치는 것이 얼마나 자주 목표로서 제시되는지를 보여 준다. 제6장에서는 글로벌 이슈와 글로벌 관점을 가르치는 데 사용되는 교수법에 대해 검토하며, 제7장은 미국과 잉글랜드/웨일스의 교육과정에서 두드러지게 나타나고 있는 글로벌 이슈들의 사례를 살펴본다. 제8장은 새로 발견된 지리의 시민권적 역할에 대해 상세하게 살펴본다. 국가 시민권이 정치적 권리와 책임에 관한 것이었던 반면, 이 장에서는 글로벌 시민권이 젊은이들의 개인적 윤리에 대해 얼마나 초점을 맞추고 있는지에 대해 보여 줄 것이다. 결론에서는 지리 교육과정에서의 글로벌 관점이 가지는 함의에 대해 논의하고, 지리 그 자체의 가치에 대한 도덕적 사례를 재정립할 것이다.

책에서 사용된 핵심 용어

이 책에 대한 이해를 돕기 위해 몇 가지 용어의 기본적 의미를 정확히 하고자 한다. 그러나 해당 용어가 사용된 맥락에 따라 그 의미에 있어 어감의 차이가 존재할 수 있다. 이는 관련된 장에서 다룰 것이다.

이 연구에서 중심이 되는 것은 가치(values)이다. 힐(Hill 1991)은 가치에 대해 "개인이 특별한 우선권을 부여한 신념으로서 개인이 삶을 살아가는 방식을 결정하도록 하는 것"이라고 정의하였다(Hill; Edwards 2002 재인용). 그러므로 모든 가치는 신념(belief)이지만, 모든 신념이 가치인 것은 아니다. 가치는 어떤 종류의 행동이 바람직한지 또는 바람직하지 않은지를 판단한다. 태도(attitudes)는 상황의존적이며, 보다 덜 확고하다는 점에서 가치와 구분된다(Roheah; Edwards 2002 재인용). 로히(Roheah)는 가치가 우리의 인격, 초월적·인도(引導)적 행동, 태도와 판단력에 있어 중심이 된다고 주장한다. 이들은 규범을 평가함에 있어 비계(飛階, scaffolding)의 역할을 한다.

도덕적 가치(moral values)는 긍정적이거나 부정적인 사회적 행동들을 설명하는 특정 범주를 의미한다. 대부분의 가치들은 도덕적 특성을 가지는데, 물질주의나 결혼 제도와 같이 개인이나 사회가 특정 상황에서 개인적 또는 사회적인 특성 때문에 좋거나 나쁜 것으로 간주하는 것이다. 도덕화한다는 것은 무언가에 대해 도덕적 특성을 부여하는 것이고, 비도덕화한다는 것은 이러한 도덕적 특성을 제거하는 것이다(Fevre 2000 참조). 윤리(Ethics)는 대개 도덕적 철학이나 도덕적 쟁점에 관한 생각으로 정의된다.

가치는 교육에 내재되어 있다. 의식적으로든 무의식적으로든, 드러내든 암시적이든, 교사들은 학생들에게 어떤 것이 존중되어야 하며, 어떤 것이 그렇지 않은지에 대해 소통하게 될 것이다. 서로 다른 역사적 시기에 서로 다른 사회들은 각자 서로 다른 가치들을 소중히 여겼으며, 이러한 가치들은 교육 혹은 다른 사회 기관, 심지어 비형식적 방법을 통해 다음 세대로 전달되었다.

시민성(Citizenship)[2]은 문맥에 따라 정치적·법적·도덕적, 그리고 어떠한 단

2 역주: 이 책에서 citizenship은 문맥에 따라 시민권과 시민성으로 번역되었다. 즉 시민으로서 의무와 권리, 신분(title)을 나타낼 때는 주로 시민권으로, 시민의 자질과 태도를 나타낼 때는 주로 시민성으로 번역하였다. 다만, 교육을 나타낼 때는 시민 교육으로 번역하였다.

체의 구성원 자격 등 여러 의미를 가진다(Smith 2002). 이러한 의미들에 대해서는 제8장에서 탐구할 것이다. 시민 교육(Citizenship education)은 일반적으로 젊은이들이 균형 잡힌 시민이 되기 위해 취득해야 하는 지식과 가치, 그리고 기술을 의미하는 데 사용된다. 시민성에 대한(about citizenship) 교육(내용과 관련된)이나 시민성 안에서 혹은 시민성을 통한(in or through citizenship) 교육(방법과 관련), 시민성을 위한(for citizenship) 교육(임무와 관련)과 비교해 본다면 상당히 유용할 것이다(Marsden 2001a). 시민성에 대한 교육은 정치 시스템과 권리, 책임감과 같은 추상적 의미들에 대한 학습을 수반한다. 시민성 안에서/시민성을 이용한 교육은 서비스 학습(service-learning)[3]과 같이 학생들을 시민 활동에 참여시키는 것을 의미한다. 반면 시민성을 위한 교육은 위의 두 정의들을 포함하거나 포함하지 않을 수도 있으며, 공동체에 대한 도덕적 행위나 도덕적 발상을 포함한다.

다원적 또는 글로벌 관점의 개발(developing multiple or global perspectives). 새로운 지리에서의 주요 주제 중 하나는 바로 교사와 학생이 세상을 상호 연결된 것으로 보고 글로벌 관점을 길러야 한다는 것이다. 일반적으로 다원적 또는 글로벌 관점을 가지는 것은 다른 문화의 기여를 존중하고, 다른 문화들을 동등하게 여기며, 글로벌 이슈에 대해 배우고, 이것을 타자들의 관점으로 바라보는 것을 의미한다.

3 역주: 봉사 학습으로도 불린다. 다양한 사회 서비스를 직접 체험해 봄으로써 경험을 통해 배우는 것을 뜻한다. 예를 들어, 양로원 등에서 봉사 활동을 하는 것, 직접 노인을 위한 기금을 모으는 것 등이다.

제1장

지리의 학문적 발전과 주요한 적용

GLOBAL PERSPECTIVES
IN THE GEOGRAPHY CURRICULUM

핵심 질문

- **지리란 무엇인가?**
- **왜 지리를 연구하는가?**
- **지리 교육과 사회 변화 사이에는 어떤 관계가 있는가?**

최근 지리의 윤리적 전환 및 글로벌 이슈가 교육 과정 내에 포함된 것은 사실 처음 있는 일이 아니다. 지리는 종종 정치적 목적을 위해 이용당해 왔으며, 외부의 도덕률에 의해 고취되어 왔다. 사실 교육은 19세기 말에 처음으로 도덕적 세뇌가 아니라 지적 활동이라는 것을 비로소 인정받았다. 이 장의 목적은 두 가지이다. 첫째, 학문으로서 지리의 발전을 살펴볼 것이다. 이때 지리의 본질적인 인문학적 속성과, 이러한 속성이 각기 다른 역사적 시기마다 어떻게 발현되었는지에 중점을 둘 것이다. 둘째, 지리가 교과목으로서 어떻게 그 주요한 목적을 달성했는지를 보여 주고자 한다.

각기 다른 역사적 시기에 지리 외부의 도덕적 논제들은 본질적으로 종교적이고, 정치적이며, 사회 개혁적인 속성을 지닌다. 이들 각각은 지리를 이미 설정된 사회-정치적 가치를 학생들에게 제공하는 수단으로 사용하기 위해 또는 원하는 형태의 행동을 유도하기 위해 의식적으로 시도한다는 공통점이 있다.

19세기 말경 적확하게 제도화된 학문으로서 지리의 발전은 영국을 예로 들면, 자국 어린이들에게 국가와 대영제국에 대한 자부심을 심어 주는 역할, 유럽 제국주의를 뒷받침해 주는 역할과 명확히 분리되지 않았다. 국가에 대한 자부심 같은 외재적 도덕 캠페인이 성공적이었는지는 이 장의 특별한 관심사가 아니다. 서로 다른 시기, 예를 들어 계몽주의 시기나 20세기 중엽에는 지리에 대해 보다 과학적인 엄격함을 요구하였다. 이들 시기에 다수의 지리학자들은 만연한 정치적 정통론에 저항하면서 정치적·도구적인 도덕적 압력으로부터 가능한 한 멀리 떨어져 학문을 분리시키려고 노력했다. 이는 지리 그 자체로서의 가치와 그것이 어떻게 학생들을 보다 완벽한 인간이 되도록 돕는지에 대해 강조했다.

지리의 학문적 발전은 크게 대항해 시대, 계몽주의 시대, 19세기 말엽, 20세기 초~중엽 등 네 시기로 구분된다. 각각의 시기는 지리가 학문으로서 토대를 다지고, 지적·사회적 신뢰를 높이는 데 중요한 기여를 했을 뿐만 아니라 지리 이면의 목적도 고려하였다. 지리의 역사를 간략하게 살펴보면 명확하게 정의된 매개 변수에 의한 일관성이 보이지 않는다는 것을 알 수 있다. 허스트(Hirst 1974)는 지리를 생물학이나 수학과는 다른 지식의 영역으로 묘사했다. 그는 지리를 다른 학문보다 문화적·정치적인 압력에 좀 더 민감한 것으로 보았다. 20세기 지리학자들은 다양한 방향으로 지리의 가지를 뻗어 나갔다. 이것은 오늘날 지리학자들이 모든 것을 포괄하는 정의를 제공하기보다는 지리의 다양한 전통에 주목하기 때문이다.

대항해 시대의 지리

고대 그리스 시대부터 마젤란의 첫 세계 일주까지 지리는 공간적 데이터를 모으고, 멀리 떨어진 곳의 지식을 수집하고, 지도를 만드는 것과 같은 의미였다. 이것은 고대 그리스와 로마 시대에 그 뿌리를 둔다. 그리스 인들은 'geographie'의 의미를 '지구를 쓰다 또는 지구를 묘사하다'로 생각했다. 프톨레마이오스(Ptolemaeos)와 스트라본(Strabon)은 지리의 아버지라고 할 수 있다. 프톨레마이오스는 『지리학(Geographia)』에서 경도와 위도를 이용하여 위치를 가늠했다. 고대 그리스 로마의 지리학자들의 의무는 유럽 인들이 잘 알지 못했던 세계의 끝을 찾고, 지리적 배열을 찾아내는 방법을 이용하여 지적(intellectually)으로 세계를 정복하는 것이었다. 물론 여기서 세계란 유럽과 북아프리카, 아시아 일부를 뜻한다. 그러나 시간이 지남에 따라 해안과 대륙 내부의 특징들도 지도에 나타났다. 또한 초기의 지리학자들은 기후와 식생, 지형, 그리고 그들이 만나는 사람들에 대해서도 기록하였다. 그러나 유럽은 지리의 중요성을 알고 있었던 이슬람 인들이 떠나자 곧 암흑기를 맞게 된다. 고대 그리스와 로마 지리학자들의 업적은 아랍 어로 번역되었고, 이슬람 지리학자들은 지구가 구(求)이며, 그 크기가 어느 정도인지를 이론화하였다. 또한 그들은 춘분과 추분의 세차를 계산하고, 날씨와 물의 순환을 관찰했으며, 인간의 활동과 기후의 특징을 연관시켰다. 이슬람 지리학자들의 작업 대부분은 당시 과학 수준의 한계로 인해 관찰과 분류에 의지해야 했다. 이 시대의 주요한 이슬람 지리학자는 알 마수디(Al-Masudi)와 알 이드리시(al-ldrisi)이다.

유럽 인들은 과학 혁명과 함께 지리의 정복자로 되돌아왔다. 지리적 추구는 유럽 대항해 시대와 밀접한 관련이 있다. 이 시기는 16~18세기 초기의 탐험가들을 포함한다. 유럽 인들은 다시 세계를 지리적으로 파악하는 일(현재의 글로벌 스케일)에 착수하였다. 이 임무를 완수한다는 것은 멀리 떨어진 곳의 사람들을 확인하고 그 지역에 관해 학습하면서 대륙과 해양에 관해 매우 정밀하게 지도화하는 것을 의미했다. 당시 이러한 임무들이 인류에게 지니는 중요성을 고려하면, 지리는 때때로 모든 과학의 어머니로 알려지기도 했으며, 지리가 지구의 계산에 몰두했던 것을 고려하면, 지리는 당시의 수학과 천문학과도 밀접한 관계를 맺고 있었다. 지구를 구로 인식하도록 한 것은 코페르니쿠스(Copernicus)의 연구였다. 전 세계에 대한 지적 지도(intellectual map)를 만드는 일은 식물대와 동물대, 사람들(인종), 문화, 경제활동, 정치, 건축,

음식, 해안선을 계측하는 방법 등 낯선 세계에 관한 모든 종류의 세부 사항에 대한 기록을 필요로 했고, 그에 따라 지리는 강한 제국주의적 성향을 띠면서 발전하였다. 초기의 지리학자들은 탐험가들과 그들의 기록에 의존했다. 탐험가들은 정교하고 때로는 꽤나 그럴듯한 이야기뿐만 아니라 다양한 표본들과 그림을 가지고 유럽으로 돌아왔다. 유럽에서, 또한 이후의 아메리카 대륙에서는 외국 문물의 모든 것을 배우고, 새롭고 이국적인 음식과 술을 맛보려는 갈망이 있었다.

물론 이 시기의 과학은 창조론과 우호적인 관계를 맺고 있었다. 많은 과학자들이 자연현상을 이해하기 위해 애를 썼음에도 불구하고, 이 시기의 많은 연구들은 세상은 신이 만들었고, 그러므로 신이 지은 세계를 탐구하는 것은 신을 아는 것과 다르지 않다는 생각을 표출했다. 지식의 형성에 영향을 미치는 또 다른 외부의 도덕률은 국민 의식(national sentiment)의 구축이다. 이 시기에는 식민지 정복과 팽창이 이루어졌기 때문에, 특별히 지리는 국가의 치세와 깊은 관련이 있었다.

그러므로 17~18세기의 지리가 종교적 혹은 국가적 독트린으로 가득 차 있었다는 것은 놀라운 일이 아니다. 예를 들어, 이 시기에 지진은 도덕적으로 타락한 사람들에 대한 징벌이라고 생각했다. 피터 헤일린(Peter Heylyn 1599~1662)[1]의 지리 연구는 구교 논리에 대한 강한 옹호를 담고 있으며, 장로교를 공격하는 동시에 유럽 칼뱅주의에 기인한 영국의 종교 개혁에 거리를 두고 있었다(Mayhew 2000: 53). 지리적 사실은 영국 예외주의(British exceptionalism)와 독립을 입증하는 데뿐만 아니라 '신의 손(the hand of God)'을 입증하는 데에도 사용되었다. 헤일린의 책 『소우주(Microcosmus)』는 주제와 저자와의 연관

1 역주: 영국의 성직자이자 저술가이다.

성을 강조하고자 「역사적 · 지리적 · 정치적 · 신학적 논문」이라는 부제를 달았다. 초기의 많은 지리학자들은 리처드 해클루트(Richard Hakluyt), 존 웨슬리(John Wesley), 월터 롤리(Walter Raleigh)와 같은 여행 작가들에게 많이 의존하였다. 마찬가지로 여기에서도 해외 정복의 이점과 대영제국에 대한 신념을 강화시킬 필요가 있음을 강조하였다.

대항해 시대의 지리 교육은 두 가지 전통이 명백했다. 첫째는 인문과학에 관한 것으로서 학생들에게 미래의 시민으로서의 의무를 훈련시키는 데 필요한 것이다. 지리에서 학생은(대부분 부유한 집안의 남자 소년들) 수학, 기하학, 천문학과 지구에 관한 일반적인 지식을 배웠다. 두 번째 전통은 지리가 상인, 정치가, 군인들에게 매우 실용적이라는 것이다. 후자의 전통은 그리스 지리학자 스트라본과 연관된다. 두 가지 지리 전통 역시 국가와 신에 대한 태도와 가치의 형성에 기여하는 역할을 수행했다.

계몽주의 시대의 지리(약 1750~1800년대 초반)

계몽주의 시대에는 인류의 가능성과 심도 있는 낙관주의가 일어나고 있었다. 지리는 이 시기에 여러 중요한 발전을 이루었지만, 일반적으로 지리는 보다 과학적인 방향을 추구하였다. 주요 지리학자들의 연구를 통해 지리는 과학적 엄격함을 획득하게 되었다. 정확성과 방법론에 대한 큰 관심과 더불어 지리 지식은 좀 더 의미 있는 형태로 조직되었으며, 미지의 땅과 바다를 지도화하는 대규모 연구가 착수되었고, 다른 문화권 사람들에 대한 연구가 처음으로 시도되었으며, 몇몇 지리학자들은 어떻게 문화적 · 정치적 사고가 인간의 현실 해석에 영향을 미치는지 인식하기 시작했다.

대부분의 지리학자들은 계몽주의 시대 이전에는 현지 조사 연구를 직접 실시하지 않았다(Mayhew 2000). 세상을 알고 만들어 가는 데 있어서 과학의 발전과 인류의 역할에 대한 보다 깊은 이해는 지리학자들이 연구를 실행하는 방법을 바꾸었다. 주요 지리학자들은 그들의 연구를 정확성과 증거의 원칙에 입각하여 보다 과학적으로 진행하고자 하였다. 이 시기의 최고 지리학자 중 한명인 제임스 리넬 소령(Major James Rennell 1742~1830)은 'formal empire of professional knowledge'을 발표했다(Mayhew 2000: 194). 그는 동인도회사의 뱅골 자치령의 감독관으로서 1776년 이 지역에 관한 조사 연구를 성공적으로 마쳤다.

비슷하게 제임스 쿡(James Cook 1728~1779)은 과학적 지리의 선구자로서 이국의 땅과 사람들을 분석하는 접근법에 대한 방법론을 발달시켰다. 세 번의 태평양 항해 동안 쿡의 선원들은 과학적으로 훈련된 장교, 화가, 천문학자, 동식물학자, 외과의사들로 구성되었다. 쿡의 관찰과 기록, 수천 종의 표본 수집은 과학적 원칙에 의해 이루어졌다. 그의 뛰어난 과학적 업적은 뉴질랜드를 지도화하고, 유럽 인 최초로 오스트레일리아의 원주민들과 접촉한 것, 항해를 통해 하와이와 같은 태평양 군도의 위치를 기록하고, 처음으로 북극해를 통과하여 알래스카를 포함한 북아메리카 대륙의 북서부 해안 대부분을 기록한 것 등이다.

제임스 쿡의 탐험대 중에는 식물학자 조지프 뱅크스(Joseph Banks 1743~1820)도 있었다. 뱅크스는 탐험 중에 만난 수많은 식물들을 수집하고 기록했으며, 이는 쿡이 좀 더 완성도 있는 지리 연구를 완수하는 데 도움이 되었다. 쿡 일행은 영국으로 돌아올 때 수많은 식물 표본을 가져왔으며, 그 표본들은 대부분의 큐(Kew) 식물원에서 자라게 되었다. 쿡은 관찰 및 다른 문화권 사람들과의 상호작용을 통해 스스로 자신의 문화기술지적 연구 방법을 발달시켰다. 그는 타히티 섬에서 원주민들과 환경에 대해 연구하면서 몇 달 동안 머물기도 하였다. 이러한 쿡의 연구는 추상적이며, 일관성의 부족으로 인해 타문화를 무시하는 듯했던 계몽주의 이전 탐험가들의 연구와 구분되었다. 이것은 쿡이 정치적으로 자유로웠다는 말은 아니다. 리빙스턴(Livingstone)은 쿡이 왕실의 명령 아래 제국의 영토를 넓히는 일을 계획하고 있다고 단정했다. 추측하건대, 제국주의적 필요가 쿡이 남반구에 대한 연구를 하도록 했을 것이다. 그러나 그의 연구가 과학의 내재적인 가치와 지식을 탐구하기 위해 수행됐다는 것 역시 명백한 일이다.

보다 일반적으로, 과학과 지리의 진보에 중요하게 기여한 사람은 프로이센의 철학자 임마누엘 칸트(Immanuel Kant 1724~1804)이다. 칸트는 오랫동안 자연지리의 본질에 대한 강의를 했을 뿐만 아니라 그의 철학적 분석은 우리가 세상을 어떻게 바라봐야 하는지에 관한 통찰을 주었다. 칸트 이전에 과학자는 오로지 있는 그대로의 사실만을 그대로 해석해야 하는 사람으로 잘못 여겨져 왔으며, 거기에 인간의 가치관이나 철학 등이 개입할 여지는 없었다. 반면, 칸트는 본체(noumena, 외재적 진실)와 현상(phenomena, 인간의 지각)을 구분하였다. 칸트는 자연으로부터 우리의 이데아(idea, 관념)를 분리시켰다. 이것은 과학자가 어떻게 문화적·정치적 맥락을 인식하여 세계를 해석할 수 있는지에 관한 가능성을 열어 주었다. 이것은 과학자들이 반드시 연구의 영향력에서 그들 자신을 분리할 수 있다는 것을 의미하지는 않는다.

특정 시대에 지배적인 문화적·정치적 관점은 과학자들에 의해 제기된 의문과 과학자들이 그들의 연구 결과를 어떻게 해석할지에 대해 항상 영향을 미칠 것이다. 그러나 적어도 과학자들의 인식은 이러한 과정을 최소화할 수 있는 가능성을 제공한다. 개인은 어떤 지식이 두뇌에 들어오면 그것을 무조건 되새김질하는 기계가 아니다. 인간은 이성적인 능력이 있으므로 지배적인 문화적·정치적 인식을 지지하거나 거부할 수 있다.

윌리엄 거스리(William Guthrie)는 당시의 지배적인 정설에 도전했던 몇 안

되는 지리학자였다. 로버트 메이휴(Robert Mayhew)는 계몽주의 시대의 영국 지리학자에 관한 리뷰에서 거스리의 『지리적 문법(Geographical Grammar)』은 옥스브릿지-런던 연합보다는 스코틀랜드 계몽주의자들에 의해 알려졌다고 언급한다. 이를 테면, "거스리는 앵글로 중심적인 지리 전통을 가진 정치적 이슈들로부터 탈피한 인식을 보여 주었고, 이는 캄덴(Camden)[2] 이래로 지리 서적의 기저가 되었던 영국 예외주의와 애국심을 평가절하하는 글을 쓰는 데 영향을 주었다." 메이휴는 그렇다고 거스리의 지리가 완전히 가치에서 자유롭지는 않았다고 지적했다. 그의 정치관은 "중도적이고, 개신교적 기독교의 형태를 포함하고 있으며, 사람들(군중이 아닌 사람 개개인)의 자유를 지지하는 것, 교회와 국가가 만들어 놓은 구조 내에서 자유를 위해 일하는 것"(*ibid.* 2000: 179)을 포함한다. 그의 관점에 따르면 사람은 그들이 선택하지 않은 문화적·정치적 관점을 가지고 사회에 들어오도록 태어나지만, 완전히 똑같은 사람이라고 하더라도 아이디어를 받아들일 수도 있고, 거부할 수도 있으며, 궁극적으로는 새로운 방식으로 사회를 만들 수도 있다.

칸트의 혁명적인 진척은 과학이 외부의 상당한 사회적·정치적 요구를 넘어서 진보할 수 있도록 하는 데 꼭 필요한 것이었다. 리빙스턴의 말을 빌리자면 "칸트는 자연계의 과학적 연구를 탈신학화한 것이다." 그럼에도 불구하고 다수의 과학자들은 자연계에 대한 신학적 관점을 유지하였다. 리터(Ritter 1779~1859)를 예로 들면, 그는 의미 있는 지리 지식의 조직에 중대한 발자취를 남겼으며, 그의 구별법은 지역 분류를 가능하게 했다. 그의 연구 목적은 다음과 같다.

2 역주: 영국의 역사가이다.

> 전 세계에 천연적이거나 경작된 농작물, 각 지역의 자연환경과 사람들, 사람과 자연에 관한 자명한 추론에 관한 생생한 묘사를 제공한다. 이는 나란히 있어 비교될 때 더욱 그렇다. (Tatham 1951: 43)

그러나 이러한 리터의 묘사는 신의 창조 설계에 관한 증거를 찾는 것이었다. 마찬가지로, 19세기 말엽에 와서야 비로소 교육은 종교적 도덕률 수업에서 분리되었다.

쿡의 제국주의적 접근과 칸트의 철학에 기반하여, 알렉산더 폰 훔볼트(Alexander von Humboldt 1769~1859)는 지리 지식의 의미와 범위를 넓히고, 지리의 전통적 사상을 종합하는 데 기여했다. 그의 연구는 유럽을 너머 아시아와 아메리카까지 나아갔다. 1799년 훔볼트는 남아메리카에 있는 에스파냐 식민지로 향하는 원정을 주도했다. 5년이 넘는 기간 동안 훔볼트와 그의 선원들은 베네수엘라, 콜롬비아, 쿠바, 페루, 에콰도르, 멕시코를 방문하여 머물렀다. 리빙스턴(Livingstone 1992)은 훔볼트의 연구가 정확한 측량(그는 50여 가지의 측량 도구를 가지고 다녔다), 지역 분류, 공간적으로 분산된 데이터의 지도화 등으로 특징지어진다고 보고했다. 리빙스턴은 또한 훔볼트가 어떻게 "특정한 것을 넘어서는 보편성, 즉 내재된 패턴과 아름다고 기능적인 체계와 자연과 연결된 통일성"을 탐색하였는지를 언급했다(Livingstone 1992: 135). 이것은 인과관계, 자연법칙뿐만 아니라 생태학적 조화에 대한 다른 종들 간의 관계에 관한 훔볼트의 연구를 보여 준다. 그의 연구는 다른 계몽주의자들과 마찬가지로 자연 그 자체의 아름다움에 관한 미학적인 이해를 수반한다. 과학자들은 자연환경이 자연 스스로의 힘에 의해 생성되고, 거기에는 상호연관성과 내부 작동에 대한 경이로움과 놀라움이 있다는 것을 이해하기 시작했다. 훔볼트 역시 다른 과학자들과 마찬가지로, 전체에 대한 이해, 즉 어떻게 자연과 인간이 함께 조화를 이루며 한 지구에서 살아가는지에 관한 이해를 얻고자 하는 욕망을 갖고 연구를 진행했다. 이런 점에서, 훔볼트의 연구는 어떻게 지리가 종합적인 학문으로 성장하였는지를 명백히 보여 준다. 훔볼트로 인해 지리는 다른 독립된 학문의 지식과 관계를 맺게 됐다.

훔볼트의 총체적인 접근은 우주 전체에 대해 묘사한 책을 쓰려는 시도로 마무리 되었다.

> 나는 한 번의 연구로 전 물질계(material universe)를 묘사하려는 무모한 개념을 가지고 있다. 우리가 알고 있는 하늘과 땅의 현상과 성운의 별들부터 이끼의 지리, 그리고 거대한 화강암과 우리의 감정을 자극하고 이끌어 내는 강렬한 형식에 이르기까지. 이 글의 모든 위대하고 중요한 아이디어는 사실과 함께 기록되어야만 한다. 자연 지식으로, 이것은 인류의 영적인 창세기에 있는 한 시대를 묘사한다. 이 책의 제목은 『코스모스(Cosmos, 조화로운 우주)』이다. (Humboldt; Livingstone 1992: 136)

이 원고가 아직 완성되지 않았다는 것은 놀랍지 않다. 그러나 이 원고는 훔볼트가 지리를 보편적인 과학으로 보고 과학적 탐구의 확장과 인류가 세계에 대해 보다 완성된 이해를 할 수 있도록 하는 탐험적 지식을 추구했다는 것을 보여 준다.

리터처럼, 훔볼트 역시 지리 연구와 여행기를 구분하고자 했다. 그의 관점에서 지리는 실재하는 물질에 대한 정교한 수집품 이상의 것이다. 그에게 있어 과학적 지식의 조직은 "원인과 결과 사이의 관계를 보여 주는 수많은 법칙하에 가능한 한 간단하고 간결하게 현상의 영향이 포함되도록 함으로써 물질에 일관성을 부여하고, 이해할 수 있도록 만드는 것"을 요구한다(Chorly and Hagget 1965: 4). 이런 접근방법은 때때로 전통적 지리 또는 계통지리라고 일컬어진다. 그의 목적은 지리 지식을 이런 방법으로 조직시켜 지리를 배우는 학생들에게 이해할 수 있고 의미 있는 것으로 만드는 것이었다. 그러나 이 시기에는 자연과학과 사회과학에 접근하는 데 활용되는 방법론 간의 구분이 채 이루어지지 않아, 사회 시스템에 관한 잠재적인 통찰을 제약하였다.

남아메리카로부터 돌아온 훔볼트는 필라델피아를 방문하여 그의 연구에 관해 강의하였으며, 스스로를 과학의 지지자로 밝힌 제퍼슨 대통령을 만났다. 토머스 허친스(Thomas Hutchins)와 같은 초기 미국의 지리학자를 낮게 평가하려는 것은 아니지만, 지리에서 보다 정밀한 과학을 추구하려는 시도는 제퍼슨 대통령 시대에 급속히 늘어났다. 1801년에 취임한 제퍼슨 대통령은 과학의 중요성을 이해하였으며, 정확한 지도를 북아메리카 대륙 내에서 인구와 물자의 안전한 이동을 용이하게 하는 데 꼭 필요한 것으로 인식하였다. 이런 이유로 제퍼슨을 미국 지리의 선구자라고 할 수 있다(Surface 1909 참조). 제퍼슨의 야망은 그 당시 미국의 시대정신과 정확하게 일치하는 것이었으며, 더 넓고 광활한 영토에 관한 열정을 보여 준 것이었다. 그의 목적은 말할 것도 없이 "인구 정보, 자연사, 생산품, 토양과 기후와 같은 새로운 대륙에 대한 지식의 확장이었다."(Greenw 1984: 196-197) 이를 위해 제퍼슨 대통령은 대륙 내부와 해안선에 대한 조사를 진행할 탐험대를 만들었다. 그중 하나가 메리웨더 루이스(Meriweather Lewis)와 윌리엄 클라크(William Clarke)가 이끈 탐험대이다. 1804년, 그들은 세인트루이스부터 미주리까지 여행하면서 서부에 관한 지리적 데이터를 수집하는 탐험을 이끌었다.

1807년, 제퍼슨은 의회를 설득하여 해안에 대한 조사를 승인하는 법을 통과시켰다. 이에 따라 수백 수천 명의 조사자들이 투입되고 조류 측정소가 설치되면서, 9만 5000마일에 달하는 해안선을 지도로 만드는 작업이 착수되었다. 페르디난트 하슬러(Ferdinand Hassler), 알렉산더 달라스 바흐(Alexander Dallas Bache), 조지 데이비드슨(George Davidson)의 지도·감독 아래 조사 범위를 대륙 내부까지 확대했으며, 이를 완성하는 데 거의 한 세기가 걸렸다. 그러나 제퍼슨은 역시 애국자이자 공리주의자였다. 당연히 그는 이러한 지리적 지식을 국가의 경제성장과 국토 안보 증진에 사용하고자 하였다.

계몽주의 시대의 지리는 인류가 미지의 땅(terrae incognitae)을 지적·영적·경제적·정치적인 목적을 위해 인간 지식에 포함시키고자 했던 시기로 요약할 수 있다. 이것은 이전보다 증대된 정확성, 목적성, 개념적 이해 및 지리의 과학적 신뢰도 향상과 함께 이루어졌다.

19세기의 말과 20세기 초(1880~1920년대)

계몽주의 시대는 도덕적인 빅토리아 시대의 인종과 계급에 대한 지배적인 이데올로기를 넘어서지는 못하였다. 그러나 이 시대에 중요한 것은 미국과 영국 모두에서 학교 교육의 보편화 움직임이 점점 커지고 있었다는 것이다. 초기에 교육은 종교적 교리를 주입시키는 것과 동의어였다. 그러나 학교 교육과정을 보다 많은 인구에게 국가 이익이라는 '미덕(virtures)'을 가르치는 도구로 보는 관점이 늘어났다. 굿맨과 레스닉(Goodman and Lesnick 2001)은 도덕 교육이라는 개념 자체가 사라질 것이라고 단언했다. 왜냐하면 도덕률은 교육의 핵심적인 가치이기 때문에, 굳이 따로 분류할 필요가 없다고 보았기 때문이다. 비슷하게 헌터(Hunter)는 미국에서 일어나는 학교 교육 보편화 움직임에 대해 "종교적, 특별히 특정 종파와 관계없는, 개신교적 내용이 학교에 스며들었다."고 말했다(Hunter 2001: 40).

19세기 후반의 중요한 변화는 도덕 교육과 지식 교육의 분리가 이루어지기 시작했다는 것이다. 초기에는 지식을 그 내재적 가치보다 외부의 목적을 이루는 수단으로 보았다. 교육과정이 근대화·제도화됨에 따라, 지식은 학문 분야들로 세분화되었으며, 지리의 독립 과목으로서 위치는 공고해졌다. 19세기 후반, 북아메리카와 유럽에서 근대화된 교육과정이라고 통칭되는 전통적 교육과정에 대한 도전이 목격되었다. 특히 정치적 중요성이 증가하고 있는 중산층에서 그러하였는데, 그들은 자녀들에게 당시 사회문제와 관련된 지식을 가르치기 원했다. 전통적 교육이 전통과 사회적 질서를 잠재적으로 유지시켜 준다는 점 때문에 많은 사람들의 흥미를 끌었으나, 몇몇 사람들은 과학적 사고에 기반을 둔 교육과정을 추구했다. 처음에는 교육 그 자체를 과학으로 여겼다. 예를 들어, 『인간의 교육(The Education of Man)』에서 프뢰벨(Frobel 1826)은 어린이들의 놀이가 어떻게 새로운 정신 구조로 이어지는지 설명하고 있다. 또한 헤르바르트(Herbart)의 객관적 세계에서 외부 관계의 분류와 같은 지식의 아이디어도 인기를 얻었다. 그는 교육을 분류, 연결, 구조화, 방법의 4단계로 보았다.

19세기 말에는 종교적 전통이 자연과학과 근대화의 영향력으로 인해 쇠퇴하였다. 진보적인 근대주의 관점이 인기를 얻으면서 산업, 근면, 충성, 근검절약, 자력 구제, 개인주의와 같은 가치들이 기독교적 윤리를 대신하게 되었다. 미국에서 이러한 전환은 19세기 후반 미국의 급속한 산업화와 대량 이민, 그리고 사회적 삶에 미국 기업이 미치는 영향에 반영되었다(Bohan 2004). 자연신학(natural theology)을 염두에 두고 목적론적 접근을 하는 대부분의 자연과학자들은 다윈의 진화론적 아이디어를 따랐다. 세상에 대한 새로운 관점과 그 안에서 인간의 역할은 자유인문주의(liberal humanism), 진보주의, 보수주의라는 세 가지 철학 기조를 가져왔다. 이 세 가지 접근 중 어떤 것도 당시에 성공하지는 못했다. 다만, 몇 십 년 동안 보다 더 (어떤 것이) 중요하거나 덜 중요했을지라도, 이 세 가지 사상은 동시대에 존재하였다. 그러나 이 세

가지 사상 모두 과학에 크고 작은 신념을 다져 놓았다. 여기에서는 각각의 사상들이 어떻게 지리를 발전시켰고, 교육과정에서 어떻게 그 역할을 했는지 간단하게 살펴보도록 하겠다.

종교로부터 지식의 분리 및 그에 따른 지리의 분리는 과학적·자유주의적 사고의 산물이었다. 이러한 관점은 지적·도덕적으로 합리화하는 개인에 초점을 두고 있다. 이것은 지리 영역에서 교육의 본질을 과학적 바탕에 따라 개인과 사회의 도덕적 가치를 정당화하는 방향으로 변화시켰다. 또한 교육은 배움의 과정으로 간주되었다(Bohan 2004). 1880~1890년대의 지적 자유주의(intellectual liberalism)는 과학적 사고 및 방법론과 사실상 같은 의미였다. 철학자 허버트 스펜서(Herbert Spencer)와 자연과학자 토머스 헉슬리(Thomas Huxley)는 이 시대의 가장 영향력 있는 사상가들이었다. 스펜서는 교육에 유용한 지식과 철학, 생물학, 화학, 수학, 사회학과 같은 과목들을 위한 지식이 모두 필요하다고 보았다. 그는 자유와 인간애를 옹호하면서 도덕 교육과 엄격한 훈육을 부정적으로 생각했다. 스펜서는 교육의 목적이 이상적인 인간을 키우는 데 있는 것이 아니라 좋은 시민을 육성하는 것이라고 보았기 때문에, 더 큰 사고의 자유를 지지하면서 도덕 교육의 역할을 축소하였다. 헉슬리 역시 의식의 자유, 인간을 포함한 자연법칙에 관한 교육을 강력하게 지지하였다. 그는 자유주의 교육이 다음에 기술한 인간상을 구현할 것이라고 보았다.

> 몸은 의지대로 움직인다…. 인간의 지성은 명확하고, 냉정하며, 논리적인 동력이다…. 인간의 마음에는 자연법칙과 그것이 작동하는 원리에 대해 크고 기초적인 진리가 잘 쌓여 있다…. 방해받지 않고, 억압받지 않으며 … 삶과 열정으로 가득찬, 그러나 인간의 열정은 잘 훈련되어 건강한 의지로 오

를 수 있는 … 모든 아름다움을 사랑하도록 배우고… 서로를 존중한다….

(Bowen 1981: 86 재인용)

새롭게 떠오른 학문들은 크게 자연과학, 사회과학, 인문학의 세 가지 분류 체계로 나뉘며, 몇몇 과학자들은 자연과학과 사회과학을 다르게 취급하기 시작했다. 자연과학의 책무는 자연법칙을 조사하고 궁극적으로는 자연현상을 통제하는 것이다. 인류는 인간의 속성과 그 문화적 표현과 관련된 의문에 대한 조사를 계속해 왔다. 사회과학은 가능한 한 스스로를 비학문적 가치 영역에서 제거하여 사회 현상에 거리를 두고 연구하고자 하였다.

새로운 교육과정에서 지리가 개인의 발전에 기여한 바는 무엇인가? 명백히 더 이상 지리가 모든 학문의 어머니라고 주장할 수는 없다. 지리가 본질적, 과학적이라는 것을 설명하도록 지리학자들을 강요한 것은 진보적·과학적 사고의 결과이다. 영국의 왕립지리학회(Royal Geographic Society)는 1830년에 세워졌으며, 특별히 주요 지리학자와 해외 연구를 후원하는 방법으로 지리의 전문적 연구에 기여하였다. 왕립지리학회는 또한 교육과정 근대화 과정 동안 지리 과목이 발달할 수 있도록 지지했다. 당시 주요 지리학자들은 인간과 자연과의 상호작용을 지리의 핵심으로 설정했다. 핼퍼드 매킨더(Halford Mackinder 1861~1947)는 다윈 이후 시대(post Darwinian times)에 좀 더 적합한 새로운 지리를 형성하는 데 중요한 역할을 했다. 매킨더는 지리를 보다 학문적으로 조직하고자 하였으며, 동시에 당시 정치적·지적인 사고를 유지하고자 하였다. 1887년, 매킨더는 「지리의 방법론과 범위에 관하여(On the Scope and Methods of Geography)」라는 세미나 논문을 왕립지리학회에 투고했다. 이는 '분류의 과학(science of distribution)'으로서 지리학에 관한 그의 비전을 개략적으로 담은 것이다. 매킨더를 비롯한 다른 지리학자들은 지리학의 개념을 인간계와 자연계의 상호작용을 다루는 학문으로 정의하는 것을 지지했다. 미국 지리 아카데미(academic geographic in America)의 설립자 중 한명이었던 윌리엄 모리스 데이비스(William Morris Davis 1850~1934)도 이러한 방법으로 접근하였다. 데이비스는 지리학이 고등교육에서 지질학과 구별된 위치를 갖도록 투쟁하는 데 중요한 역할을 한 사람이다. 그의 침식윤회설은 진화론적 사고를 지형학에 적용한 것이다. 비록 데이비스의 연구 분야가 자연지리이기는 했지만, 매킨더처럼 그 역시 자연지리 안에서 인간의 역할을 묘사했다. 두 학자 모두 당시의 환경결정론 이데올로기, 제국주의적 야망, 그리고 만연했던 그 시대의 인종적·정치적 풍조에 큰 영향 받았으나, 인간의 의식에 중요한 의미를 두는 방향으로 변화하고 있었다.

세기가 바뀌면서 몇몇 지리학자들은 환경결정론에 반대하고, 세계를 만드는 인간의 역할에 더 큰 관심을 갖기 시작했다. 프랑스의 폴 비달 드 라 블라슈(Paul Vidal de la Blanche 1845~1919)는 프랑스 지역에 대한 그의 방법론적 묘사를 통하여 지리를 탈바꿈시켰다. 그의 연구는 자연(the physical)과 인간 사이의 밀접한 관계(어느 한쪽이 없으면 이해하기 힘든)와 더불어 경관을 변화시키는 인간의 역할을 강조한다. 20세기 후반, 미국의 칼 사우어(Carl Saur 1889~1975)는 문화 경관(cultural landscape)에 관한 서술로 사고의 흐름을 계속 이어 갔다. 이는 오늘날 지리에서 중요한 접근방법인 지역지리의 시작이다.

매킨더는 지리의 학문적 경계를 보다 명확히 하는 데 기여하였다. 그는 또한 자신이 지리를 가장 잘 가르칠 수 있는 방법이라고 믿었던 교수법에 관해서도 토의했다. 특히, 그는 초등교육과정에서 사실과 원칙을 잘 융합하여 가르치는 것이 중요하다고 보았다(Mackinder 1887: 174). 매킨더의 지리 교육 철학은 당시의 과학적 교육 이론의 영향을 분명히 받았다.

진보주의는 후기 빅토리아 시대에 일어나 1920~1930년대까지 영향을 미쳤던 두 번째 교육 사상 흐름(strand)이다. 진보주의는 교육의 과정, 특히 학습자의 요구에 초점을 맞추고 있다. 따라서 교육과정 실험을 적극적으로 장려하였다. 학생들의 마음이 작동하는 데에 관심이 있는 진보주의적 사고는 심리학자들의 연구에 의존했다. 존 듀이(John Dewey)를 비롯한 진보주의 교육가들은 어린이들이 자신만의 탐구 체계를 발견할 수 있는 자유의 필요성을 강조했다. 헌터는 이 시기에 어린이들이 사회적·지적·도덕적으로 발전할 수 있는 자유를 목적으로 어린이들의 독립성이 새롭게 강조되었다고 보고했다(Hunter 2001: 62). 교육을 이전의 도덕적 독트린으로부터 분리하고자 하는 시도 속에서 진보주의자들은 자유주의 접근과 일부 공통점을 공유했다. 차이점은 과정과 내용의 중요도였다. 진보주의는 내용보다 과정을 중요시했고, 자유주의 교육 모델은 과정을 내용보다 부차적인 것으로 보았다.

그러나 진보주의는 교육의 과학보다 더 나아갔다. 그들은 빈번히 미래의 시민을 준비시켜야 한다는 교육의 사회적 역할을 지지했다. 이러한 경향은 특히 미국에서 분명했는데, 미국에서는 시민성이 교육과정의 중요 목표가 되었다. 이 시기에 시민성에 관한 아이디어 역시 전통의 정치적 의미를 넘어 변화되었다. 민주주의에 참여하기 위한 준비는 정부와 정치 시스템의 추상적인 개념을 배우는 것뿐만 아니라, 지역사회 활동에 참여하고 인격 형성까지 강조한다. 이는 근본적으로 공화제에 참여할 수 있는 특정 유형의 개인을 양성하는 일이었다. 시민 교육 모델은 제8장에서 좀 더 자세히 다룰 것이다.

진보주의는 1910~1920년대 미국 교육과정 개혁의 방향 설정에 큰 영향을 미쳤다. 1916년 사회과위원회(Committee for Social Studies)는 사회과 교육(역사, 지리, 정치·공민, 경제, 심리학, 사회학, 인류학)의 보편적인 주제에 관한 기초를 설정한 보고서를 제출했다. 교육을 위한 진보적인 사회적·개인적 목표를 담은 사회과 교육과정이 1926년 미국 학교에 도입되었다. 워슈너 등(Woyshner et al. 2004: xii)은 "학교 교과목으로서 사회과는 학생들의 민주주의뿐만 아니라 대인관계에 대한 이해와 애정을 높이려는 의도를 가지고 만들어져야 한다." 고 위원회에 제안했다(Woyshner et al. 2004). 이런 면에서 미국 교육과정에서 진보주의는 학문적 목표에 더하여 심리적·사회적 목표에 초점을 맞추도록 이끌었다. 이와 관련해 교육의 중요한 목적은 학생들을 종교에 기반을 둔 도덕적 질서로 유도하는 것에서 자유민주주의 공화정의 시민으로 유도하는 것으로 대체되었다. 결과적으로 교육과정 안에서 역사가 지배한 범교과적(cross curriculum) 과목으로서 지리의 위치는 주변화되었다.

유럽의 진보주의는 이 시기 주류 교육에서 미미하였다. 많은 학교들이 개별적으로 진보주의 교육과정을 실험하고 있었다. 특히 몬테소리 학교는 진보주의 사상의 토대를 발전시켰다. 잉글랜드와 웨일스에서 진보주의는 1960~1970년대의 지리 프로젝트에서 중요한 역할을 수행했다.

따라서 도덕 교육은 19세기 말엽까지 학교에 남아 있었다. 도덕 교육은 종교적으로 기술된 도덕률이나 국가주의보다는 이상적인 개별 행동에 초점을 맞춘 인성 교육의 형태로 재건되었다. 윌리엄 레인(Wilhelm Rein)의 말에 의하면, "수업의 목표는 직접적으로 성격 형성의 목표와 일치한다."(Bowen 1981: 363 재인용) 당시 미국의 46개 주 중 최소한 41개 주가 공립학교에서 종교에 관한 영향을 금지시켰음에도 불구하고, 주류 보수주의의 중요성을 강조하면서, 몇몇의 예에서 볼 수 있듯이, 근검절약, 올바른 삶, 구제와 같은 개신교적 가치를 여전히 고수하고 있었다. 지리 과목, 특히 역사 과목은 종교 교육의 목적을 대신하여 국가에 대한 충성과 같은 외부의 도덕률로 새롭게 채워졌다. 미국이 사회과 교육과정을 명시적으로 연구하는 반면, 잉글랜드와 웨일스에서는 때때로 학교 교과목으로서 시민성을 가르쳤다. 대신 역사 교과가 국가 소속감을 불러일으키는 역할을 하였으며, 지리는 대영제국을 가르치는 데 활용되었다.

학교와 대학 교육과정에서 지리의 위상은 의심할 여지없이 국가의 치세 및 국가주의적 조직에 관한 지리의 역할과 연관되어 성장하였다. 이것은 특히 지리가 대영제국의 긍정적인 미덕을 가르치는 데 힘써 온 영국에서 나타났다. 이는 종종 정치지리의 창시자라고 불리는 매킨더에 의해 수행된 접근방법이었다. 이 시기에 많은 과학자들처럼 매킨더는 국가주의나 인종주의의 영향을 강하게 받았다. 자연의 진화를 사회적 과정과 연결시킨 사회진화론(Social Darwinist)의 인기를 반영하여, 매킨더는 지리적 사실을 통해 영국의 우월성을 설명하고자 했다. 예를 들어, 영국의 아일랜드 지배를 정당화하기 위하여 양국 사이에 있는 아일랜드 해를 내해(inlet)라고 하였다. 그는 "영국과 아일랜드를 가르는 바다는 내수(inland water)임이 틀림없다."고 하였다(Mayhue 2000: 138 재인용).

다른 유럽 국가들을 상대로 한 영국의 제국주의적 분쟁을 반영하여, 매킨더는 학교 교육에서 세계를 시각화하여 제국주의적으로 사고하게 하고, '세계를 영국 활동의 무대'로 볼 수 있도록 학생들을 교육해야 한다고 주장했다(Mayhue 2000: 134 재인용). 오늘날 글로벌 시민 교육과 비교하여, 매킨더는 대의명분의 국제적·국내적 경계를 모호하게 하고자 하였으며, 영국인(Britons)은 "효율성과 노력을 통해 생존하는 보편 법칙에 따라 그 위상을 유지하는 제국의 시민"이라고 주장했다(*ibid.* 2000: 134).

19세기 후반에도 교육을 정치적으로 이용하는 것은 오늘날과 마찬가지였다. 비록 그 종류는 매우 다른 것이라고 할지라도 그것은 영국 내 정치적 위기에 기인한 일이었다. 메이휴는 지리의 새로운 도덕적 임무를 대영제국이 세계 지배에서 쇠퇴한 것에 대한 반응이며, 상대 정치 세력의 지지를 받는 것이라 언급했다. 새로운 지리는 '영국의 구원자로서 제국(the empire as Britain' s salvations)'을 기대하는 자유주의와 보수주의 진영을 견고하게 연합시키면서 경쟁 국가의 위기에 대응하는 것이다(Mayhue 2000: 235). 그럼에도 불구하고, 국가 시책으로서 지리 교육은 초·중등교육과 대학교육에서 독립된 교과목으로 그 위치를 공고히했다. 당연히 이 시기 대영제국에서 지리의 비중은 미국보다 좀 더 견고하게 초·중등학교와 고등교육 기관에 자리 잡을 수 있었다.

역사적으로 19세기 후반~20세기 초반의 미국은 밀려드는 이민으로 새로운 이민자와 사회의 통합에 대한 요구가 무르익고 있었다. 뉴욕의 프랜시스 켈러(Frances Keller)는 이민자들이 본국의 문화를 버리고 미국화를 포용할 것을 강력히 추구하는 캠페인을 벌였다. 그녀의 미국이민자위원회(Committee for Immigrants in America)는 '다양한 민족들, 하나의 국가(Many peoples, One nation)'라는 슬로건을 옹호하였다. 이 위원회는 제1차 세계대전의 시작과 함께 학교 교육에서 국가주의가 증가하는 것을 지지하였다. 예를 들어, 1915년 7월 4일을 107개의 미국 도시에서는 '미국화의 날(Americanization Day)'로 기념하였다. 미국이민자위원회는 전미미국화위원회(National Americanization Committee)로 변모하며 사회과 교육에서 애국심이 필수적인 목표가 되도록 노력했다.

1920년대, 미국 학교는 일상적으로 '국기에 대한 맹세'를 하였으며, 메클러(Makler)는 사회과 교육이 미국적인 가치와 신으로부터 가장 축복받은 공화국인 미국에 대해 가르치는 데 중점을 두어야 한다고 역설했다(Makler 2004: 27). 이 시기 미국의 시민 교육(공민 교육)은 국가 동화(assimilation)의 책임을 수용하였다. 맹세, 서약, 애국가, 행진, 경례와 영어 수업 등으로 미국에 대한 충성심을 가르쳤다. 그 목적은 미국적 가치와 시민성의 앵글로색슨·개신교적 비전을 옹호하는 것이다. 이에 따라 미국 지리 교과서들은 점점 더 국가, 특히 미국의 상업지리에 초점을 맞추었으며, 동시에 미국과의 관계 측면에서 다른 국가들을 다루었다. 예를 들어, 1950년대 미국의 세계지리 교과서는 국가주의 가치관을 강하게 견지하고 있었다(Standish 2006 참조).

종교적 도덕 교육과 국가주의적 교육이 20세기 전반에 걸쳐 지속되었음에도 불구하고, 지적인 엄격함을 향한 움직임과 교육 과정에 관한 이해가 증가함에 따라 다수의 교육자들이 학교에서 도덕적·정치적 의제(agenda)가 포함되는 것을 꺼리도록 만들었다.

20세기 중반부터 후반까지(1940~1990년대 후반)

20세기 중후반, 지리의 주요 사항은 지리의 과학적 자격을 개선시키려는 노력의 증가, 특화된 연구의 증가, 특히 학교에서 국가주의/제국주의 의제의 감소, 그리고 1980년대 미국과 잉글랜드/웨일스에서의 국가 공통 지리 교육과정으로의 움직임이었다(비록 의견의 일치가 필요하지 않음에도 불구하고).

리처드 하트숀(Richard Hartshorne 1939)의 『지리학의 본질(The Nature of Geography)』은 그 당시의 지리의 성격과 목적을 분명히 하려는 의미 있는 시도였다. 그의 학문에 대한 전체적인 개관은 이례적으로 뛰어나므로 여기에 길게 인용할 만하다. 지리에 대한 그의 폭넓은 묘사를 살펴보면 다음과 같다.

> 지리는 세계의 지역 차(areal differentiation)에 관한 완벽한 지식을 습득하는 것을 추구한다. 그러므로 오직 지리적 중요성에 따라 세계의 다양한 곳에서 일어나는 현상들을 차별적으로 다루어야 한다(예를 들어, 지역의 전체 차별성과의 관계). 지역 차에 의미 있는 현상은 지역적으로 표출된다. 물리적 범위 측면에서 땅을 넘어서는 것이 아니라 그 지역의 특징에 걸맞은 덜하지도 더하지도 않는 분명한 범위이다. 결과적으로 지리적 현상에 관련된 연구를 하는 경우, 개별 혹은 관련 현상에 대해 지역적 표현을 나타내는 지도를 비교하

> 는 일에 기초적·근원적으로 의존하게 된다. (Hartshorne 1939)

물론 지도에 공간적 데이터를 표현하는 방법은 또 있을 것이다. 그러나 역사적으로 지도는 지리학자의 가장 기초가 되는 도구였다. 하트숀은 이전의 칸트와 훔볼트처럼, 지리를 그가 구조화된 과학이라 일컬었던 현상 연구에 기반한 지식의 종합이라고 묘사했다. 지리의 역할을 이들 현상에 관한 공간적 관계를 다루는 것이라 보았다.

> 다른 과학이 계층적으로 연구한 이질적 현상은 단순히 지구 표면 위의 물리적 병렬 면에서 섞여 있을 뿐만 아니라, 지역적 복합성(areal combination)에서 일상적으로 관계를 맺고 있다. 지리는 분리된 학문 연구를 종합해야 한다. (*ibid.*)

하트숀은 수학이나 생물처럼 별개의 현상과 연구를 가진 구조적 과학과 지지학적 과목 측면에서 지역을 분석하는 역사와 지리를 구별했다. 그러나 그는 그 학문들이 가진 고유한 학문적 권위를 침해하는 것이 아니라고 경고했으며, 각각의 총괄적 개념과 분류 체계를 발전시킬 필요가 있음을 강조했다. 지리의 지적인 역할은 다음과 같이 하트숀에 의해 묘사되었다.

> 지리의 역할은 현상들의 공통적 성격이나 이러한 현상들이 실제로 가진 공통적 성격을 확신 있게 기술한 현상적 복합성에 대한 일반적(generic) 개념을 형성하는 것이다. 이런 일반적 개념을 기초로 살펴보면, 지리는 어디에서나 일어나는 일련의 현상 간의 상호관계를 바르게 해석하기 위해서 같거나 다른 장소에서 일어나는 지리 관련 현상 사이의 관계에 관한 원칙을 세

우려는 것이다. (*ibid.*)

마지막으로,

> 지리 지식의 어떤 특정 파편도 그것을 뒷받침해 주는 다른 모든 부분과 관련지을 수 있도록, 지리는 상호연관된 체계로 세계에 대한 지리 지식을 체계화하는 것을 추구한다. (*ibid.*)

하트숀 또한 계통지리와 지역지리를 구분한다. 지리의 학문적 역할에 대한 하트숀의 이해의 명료성은 오늘날 지리 교육의 목적에 대한 논의와 대비를 이룬다.

제2차 세계대전은 서구적 사고의 전환점이었다. 나치즘과 홀로코스트(Holocoust)는 인종주의의 신뢰성을 저하시켰을 뿐만 아니라, 제국주의 간 경쟁을 발생시키는 국가주의의 역할에 대한 인식은 더 조심스럽고 덜 공공연한 국가주의 감정을 일으켰다. 또한 정치적 의제에 관한 외부적 연결이 느슨해진 사이에 지리는 내재적인 가치에 더 집중했다. 따라서 많은 지리 교과서들이 제2차 세계대전 이후 몇 십 년 사이에 출판되었으며, 이 책들은 의식적으로 정치적 분쟁과 국가주의적 색채를 줄이고자 하였다. 그럼에도 불구하고 국민국가의 중심성은 지리 교과서의 핵심으로 남아 있었으며, 서방 국가들이 개입된 분쟁들이 제시될 때에는 중립과는 거리가 멀었다. 이것은 즉, 1960년대의 냉전이 국내적·국제적 정치를 장악하기 시작했다는 것을 의미한다.

1950~1960년대의 학문적 지리는 그 이전 시대와 비교하면 심각한 휴지기를 가졌다. 지역주의, 행동주의, 환경결정론은 계량화(qualification), 모델링,

공간 법칙을 탐구하는 신(新)지리학의 도전을 받았다. 실증주의(positivism)는 1950년대 지리학자들이 선호하는 접근방법이 되었고, 1960년대에는 과학적 엄격함이 보다 심화되었다. 특히 괄목할 만한 연구는 리처드 촐리와 피터 하게트(Richard Chorley and Peter Haggett 1967)의 연구이다. 1960년대 초반, 그들은 학회를 개최하고 지리의 새로운 아이디어를 위한 여름 강좌를 개설했다. 콜리와 하게트의 지리 이론의 중심은 개념(concept)으로 정의된 공간의 관념(notion)이다. 그들의 강좌와 연구는 국내외적으로 많은 인기를 얻었으며, 지리 발전의 새로운 방향을 정립하는 데 도움이 되었다. 1960~1970년대는 몇 개의 교육과정 개발 프로젝트가 미국과 잉글랜드/웨일스에서 동시에 진행되고 있었다. 공간 모델링은 이들 교육과정의 중요한 요소였다.

교과서 및 학교 교육과정은 공간적 상호작용을 예측하고 모방하기 위해 복합 모델과 다이어그램을 함께 사용하기 시작했다. 이것은 크리스탈러(Christaller)의 중심지 이론, 튀넨(J.H. Von Thunen)의 고립국 이론, 칸스키(Kansky)의 수송망 모델, 버제스(Ernest Burgess)의 동심원 모델과 호이트(Homer Hoyt)의 선형 모델 등을 포함한다. 이 모델 중 몇몇은 새로운 것이 아니었다. 튀넨의 모델은 마을의 크기와 영향력이 확대되기 시작했다는 내용으로 1826년에 전개되었다. 이것은 1966년에 영어로 번역되었으며, 곧 미국과 영국의 교과서에 실리기 시작했다. 버제스는 1920년대의 시카고를 대상으로 연구하였으며, 그의 모델은 시카고가 중심업무지구로부터 동심원 형태로 발달한다는 것을 보여 주었다. 1939년 호이트는 버제스의 모델에 도시 성장 부분을 포함하여 수정할 것을 제안했다. 이 이론 역시 20세기 후반의 교과서에서 인기를 얻었다.

1960년대 초반 윌리엄 패티슨(William Pattison 1961)은 지리과의 일관성을 추구하고자 하였다. 이 시기는 지리 교과가 미국 초·중등학교와 대학교 교육과정에 남기 위해 애쓰던 때였다. 패티슨은 지리의 네 가지 전통(공간, 지역 연구, 자연과 인간의 상호작용, 지구과학)을 확립했다. 이 공간적 전통은 2세기 그리스의 위대한 지리학자 프톨레마이오스로부터 미국지리학자연합(American Association of Geographers)의 주요 창립자들에게까지 분명하게 이어져 왔다. 아주 간단하게, 공간적 전통을 "지도화를 통한 실재 공간적 측면의 배치 및 측정"과 동등하게 보았다(Pattison 1961). 지역 연구(area study)의 전통은 또한 고대로 거슬러 올라가 공간의 성격과 특징 및 차이점을 명확히 밝히려 한 스트라본의 연구로 대표된다(*ibid.* 1961: 212). 패티슨은 하트숀이 묘사한 지리의 지지적(chorography) 성격이 이 범주에 들어간다고 주장한다. 지리의 역사는 인간과 자연과의 관계, 그리고 그것이 지역적으로 어떻게 다른가에 관한 생각을 나타낸다. 패티슨은 또한 초기 지리의 대표적 연구를 한 그리스 외과의사 히포크라테스의 『공기, 물, 장소(On Air, Waters and Place)』를 언급한다.

위에 언급한 세 가지 전통은 인문지리나 최소한 자연현상과의 상호작용이라는 범주에 들어올 수 있다. 패티슨의 의해 인식된 마지막 전통은 지구과학으로, 대략적으로 자연지리에 가깝다. 지구과학의 전통을 가진 지리학자들은 자신들을 자연 발생 및 과정의 공간적 측면을 설명하는 것과 관련 있다고 하였다. 결론적으로, 패티슨은 각각의 지리적 전통이 독특한 기여를 한다고 강조했다. "공간적 전통은 현실의 특정한 측면을 추상화하고, 지역 연구는 그 관점에 의해 구분되며, 자연과 인간의 상호작용은 관계에 대해 강조한다. 지구과학은 구체적 대상을 통해 인식된다."(*ibid.* 1961: 215)

1960~1970년대는 또한 미국과 잉글랜드/웨일스에서 중요한 교육과정 실험이 이루어진 시기이다. 진보적 사고는 이 시기에 보다 대중화되었고, 이에 따라 전통과 현재 상태, 그리고 의사결정기관에 대한 의문이 끊임없이 제기되었다. 1970년대, 미국의 사회과는 '위기(in crisis)'로 묘사되었다. 진보주의

는 컨텐츠 역할을 경시하는 대신 교육의 과정에 초점을 맞추고, 학생을 채워져야 할 빈 그릇이라기보다 양성되어야 할 개인으로 보았다. 이 과정에 초점을 둔 전환은 다음 장에서 좀 더 논의할 것이다.

1960년대 패티슨의 네 가지 주제는 미국전문지리학회(American professional geography association)가 국가 지리 표준을 만드는 과정에서 더욱 발전하였다. 이 시기 미국 학생과 일반 대중의 지리 지식 결핍은 국가적 관심이 되었고, 곧 교육과정 안에서 지리 과목의 위상을 개선하려는 움직임으로 연결되었다. 교육에서 진보를 위한 전미협회(National Association for progress in Education, NAEP)는 고등학교 고학년에 대한 설문조사를 통해 그들에게 지역에 대한 지식이 부족하고, 지리 기술의 결핍과 지리 관련 도구 사용에 관한 능숙도가 떨어지며, 문화지리·자연지리에 대한 이해가 떨어진다는 사실을 발견했다(Allen et al. 1990). 1984년, 미국의 지리학자들은 학교 교육에서 반드시 다루어야 할 자세한 내용이 포함된 『지리 교육 지침(Guideline for Geographic Education)』을 출간했다. 이 책은 위치, 장소, 이동, 인간과 환경과의 관계, 지역 등 다섯 가지 주제로 구성되었다. 위치는 패티슨의 공간적 전통과 정확하게 대응되고, 자연과 인간의 상호작용은 오늘날 인간과 환경의 상호작용으로 읽힌다. 지역 연구는 장소(place)와 특정 지역(region) 연구로 나뉘었으며, 이동이 추가되었고, 지구과학은 더 이상 분리된 개념이 아니었다. 그 후, 지리교육국가실천프로젝트(Geography Education National Implementation Project, GENIP)는 애국심 있는 교사, 지리학자, 연구원 들이 지리 교육의 인지도와 위상을 개선시킬 수 있도록 도움을 주었다.

1994년, 『삶을 위한 지리: 국가 지리 표준(Geography for Life: National Geography Standards)』이 출간되었다. 이는 공통의 미국 지리 교육과정을 확인하기 위한 십여 년에 걸친 작업의 정점이었다. 『삶을 위한 지리』는 공간적 측면에서 본 세계, 장소와 지역들, 물리적 시스템, 인문적 시스템, 환경과 사회, 지리의 유용성이라는 주제 아래 18개 표준으로 알려지고 있다. 이 다섯 개의 주제는 교육과정 표준의 구조에는 명시적이지 않지만, 핵심 조직 개념에는 명확히 남아 있다.

국가 지리 표준을 만든 미국의 경험은 잉글랜드/웨일스의 경험과 정확히 반대되는 것이다. 아마도, 미국 학교에서 지리의 약한 위치로 인해 국가 지리 표준을 만드는 과정은 주로 지리학자들에 의해 주도되었으며, 정치적 개입은 미미했다. 이것은 미국의 지리 교육과정의 내용이 논쟁의 여지가 없다는 것을 뜻하지는 않는다. 제4장에서는 미국의 문화 전쟁이 어떻게 지리와 같은 교과목에 직접적으로 영향을 미쳤으며, 미국사회과교육학회(National Council for Social Studies, NCSS)가 이런 정치 과정을 반영하여 만든 사회과 교육 표준(social studies standards)을 살펴볼 것이다. 『삶을 위한 지리』가 문화 전쟁의 영향을 받지 않았다는 것이 아니라, 지리가 대부분의 학교에서 핵심 교과목이 아니었기 때문에 정치적 고려에 대한 반영이 비교적 적었다.

반대로, 잉글랜드/웨일스에서 지리 국가 교육과정의 개발은 매우 다른 상황에서 일어났다. 이는 주로 학교 교육에서 지리 교육의 강한 전통에 기인한다. 어떤 교과목이 국가 교육과정에 적당한지에 관한 논의가 시작되었을 때, 지리가 포함되는 것은 매우 당연한 일이었다. 매우 방어적이었던 1980년대의 진보적인 이념과 함께 엘리너 롤링(Eleanor Rawling 2001)은 지리교육학회(Geograpic Association)와 같은 지리 관련 조직이 1980년대 마거릿 대처의 보수당 정부하에서 필수 과목으로 확실히 채택되기 위해, 지리 교과목에 대해 '실용주의' 접근에 동의하는 것이 보편화되었다고 주장했다. 국가 교육과정에 관한 지리교육학회의 제안은 사실적인 지식의 실체를 강조하고 있다. 여기서 지식은 지리가 제공할 수 있는 세계와 야외조사 및 지도학습을 통해 개발될 수 있는 특정 지리 기술에 관한 것이다. 결과적으로 지리는 1988년 교육 개혁법을 통해 필수 과목이 되었다.

지리 과목 교육과정 문서 작성을 맡은 조직(Geography Working Group)은 장관, 교육부, 조사 담당, 산업계 대표, 학자, 프로젝트 리더, 수석 교사, 중등 지리과 수석 교사 등 모두 케네스 베이커(Kenneth Baker) 국무 장관에 의해 지명된 사람들로 이루어졌다. 롤링은 이 조직의 프로젝트 리더이자 의장인 레슬리 필딩 경(Sir Leslie Fielding, 전직 외교관, 후에 서식스 대학교 부총장), 부의장인 데이비드 토머스(David Thomas, 버밍엄 대학교 교수), 영국 교육기술부(Dpartment for Education and Skills, DES)와 HMI(Her Majesty's Inspetor)[3] 대표들에 의해 어떻게 논의와 결과물이 통제되었는지를 묘사했다. 그는 "지리 교육과정 작성은 의심의 여지없이 중앙정부의 조정에 의한 정치적 활동이었다."라고 말했다(Rawling 2001: 50). 정부와 진보주의 교육가들의 충돌은 월포드(Walford)가 묘사한 바와 같다. "만약 정부 측이 내용에 대해 지지한다면, 교육자들은 과정에 대해 지지를 해야만 했다."(Walford 2001)

이후 교육과정의 초고와 내용이 생산되는 동안 논쟁은 계속되었고, 교육과정 내용은 좀 더 교사 중심으로 재조직되었다. 최종본이 발표된 1991년 봄 무렵에 국무장관인 케네스 클라크(Kenneth Clark)는 「탐구 기술, 태도, 그리고 가치에 대한 참고자료(reference to enquiry skills and to attitudes and values)」를 통과시키기 위해 개입했다(Rawling 2001). 의회가 논쟁을 벌이던 1991년 4월, 그는 지리 체제의 역할을 "학생들이 여러 과목과 연관된 모호한 개념과 태도가 아니라 지리를 배우는 것을 확실히 하려는 것이고, 장소와 장소가 어디에 있는지를 배우는 것"이라고 설명했다(Hansard 29 April 1991; Rawling 2001: 64 재인

3 역주: 영국 교육기준청(Ofsted)이 고용한 학교 평가자

용).

이 첫 번째 국가 교육과정은 몇몇 교사들과 교육가들의 반대 속에 받아들여졌다. 이것은 지리적 내용, 지도, 우리나라와 다른 나라에 관한 위치 지식에 대해 크게 강조하고 있으며, 학생들이 공부해야 할 지역 등도 포함하고 있다. 이는 지리 기술, 공간에 대한 지식과 이해, 자연지리, 인문지리, 환경지리 등의 주제 아래 구성되어 있다. 그러나 진보주의 사고의 영향력 역시 지리 교육과정 문서에 남아 있다. 예를 들어 '탐구는 학생 활동의 중요한 부분을 형성해야 한다', '학생들의 흥미, 경험, 능력 등을 고려해야 한다'와 같은 내용이 포함되어 있다(Department for Education and Science 1991: 35). 또한 조사학습, 그룹학습, 문제해결학습을 특징으로 하는 학습을 위한 학생 중심 접근방법을 제시한다. 정치적으로 논란을 일으킬 만한 과정의 본질을 감안할 때, 그 결과로 일관성과 명료성이 부족한 덜 조직된 교육과정이 나타난 것은 어찌 보면 당연한 일이다.

그럼에도 불구하고, 끊임없는 정치적 논쟁에 비해 국가 교육과정 문서에 나타난 주제들은 제2차 세계대전 이후 교과서에 반영되고 학교에서 가르치던 것들과 크게 다르지 않았다. 이것은 경관과 지형학, 날씨와 기후, 자연재해, 인구, 주거, 이민, 경제활동, 수송, 토지이용(농업), 천연자원과 그 관리, 인간과 환경의 상호작용 등을 포함한다. 국가 교육과정 문서는 또한 학생들이 대조적인 위치를 공부하고, 지구의 다양한 장소를 알며, 지도를 읽고 사용할 줄 알고, 스케일, 지역, 개발과 같은 핵심 개념을 이해해야 한다고 제안한다. 국가 교육과정을 둘러싼 논쟁에서, 교사들은 전문가로서 교육과정의 내용과 교수법을 결정하는 권리를 정확히 지켜냈다. 국가 교육과정이 성립되던 시기(1980년대 후반~1990년대 초반), 지리 교육과정의 구성에 대한 정치적 성격에도 불구하고 학교에는 지리의 본질과 목적에 대한 명백한 개념이 있었다. 비건설적이고 비일관적인 교육과정 구성으로 인해 그다음 교육과정에서 수정되었지만, 지리 교육의 많은 내용이 국가 교육과정에 들어 있었다.

마무리 제언

이 장에서는 고대 그리스와 로마 인들, 유럽 탐험가들과 계몽주의 시대 지리학자들로부터, 19세기의 독립적 학교 교과목으로서의 성립과 20세기 이후의 진전에 이르는 지리의 기원과 자취에 대해 살펴보았다. 19세기 현대 과학의 시작과 함께 지리와 같은 과목들은 도덕적 의제에 의해 부속된 무언가보다는, 내재적인 특성들을 갖춘 학문으로 발달하기 시작하였다. 매킨더는 지리를 연구하기 위한 보다 과학적이고 조직화된 근거를 수립하는 데 중요한 역할을 하였으나, 지리를 국민 의식의 증진과 제국의 번성에 관련되는 것으로 여겼다. 하트숀과 같은 학자들은 지리 과목의 과학적이고 지적인 역할을 끌어내고자 하였다. 제2차 세계대전 이후 국가주의가 쇠퇴하면서, 지리학자들은 지리를 뒷받침할 강력한 근거를 필요로 하였다. 20세기 동안 미국과 잉글랜드/웨일스에서 지리는 공간적으로 연관된 현상을 연구하기 위한 과학으로 스스로를 정립하였다. 교육과정에서 지리의 위치는 학생들을 위한 본질적인 교육적 이익들에 의해 더욱 정당화되었으며, 지리는 학생들에게 위치, 장소, 지역, 국가 체계, 인간-환경 상호작용, 이동, 그리고 어떻게 현상들이 공간적으로 상호 관련되는지에 대해 가르쳤다. 당연히 다양한 교사들이 다양한 방식으로 지리 과목에 접근하여, 다양한 주제들을 강조하거나 다양한 방법론들을 활용하였지만, 모든 교사들은 학생들이 지리 지식과 기술들을 획득함으로써 자연현상과 인문 현상의 공간적 분포에 대한 이해를 학습할 것이라는 믿음을 공유하였다. 그러나 제2장에서는 이 내재적 특성들이 지리의 윤리적 전환에 의해 의문의 대상이 되었음을 보여 줄 것이다.

더 읽을거리

Chorley, R. and Haggett, P. (1967) *Models in Geography*, London: Methuen.

Hartshorne, R. (1939) *The Nature of Geography*, Lancaster, PA: Association of American Geographers.

Livingstone, D. (1992) *The Geographical Tradition: Episodes in the History of a Contested Enterprise,* Oxford: Blackwell.

Mackinder, H. (1887) 'On the Scope and Methods of Geography', paper given at the *Proceedings of the Royal Geographical Society and Monthly Record of Geography*, 31 January, London.

Marsden, W. (2001) *The School Textbook: Geography, History and Social Studies*, London: Woburn Press.

Mayhew, R. (2000) *Enlightenment Geography: The Political Languages of British Geography*, 1650-1850, New York: St Martin's Press.

National Council for Geographic Education (1994) *Geography National Standards: Geography for Life*, Washington, DC: National Geographic Society Committee for Research and Exploration.

Pattison, W.D. (1961) 'The Four Traditions of Geography', *Journal of Geography*, 63(5): 211-16.

Walford, R. (2001) *Geography in British Schools, 1850?2000: Making a World of Difference*, London: Woburn Press.

제2장

지리의 윤리적 전환

GLOBAL PERSPECTIVES
IN THE GEOGRAPHY CURRICULUM

핵심 질문

- **지리는 '세계가 어떤 곳인지 또는 세계가 어떻게 되어야 하는지'에 대해 설명해야 하는가?**
- **지리 교육에 윤리가 있다면 그 역할은 무엇인가? 윤리적 판단을 개별 학생에게 맡겨야 하는가, 혹은 가르쳐야 하는가?**
- **윤리와 지식은 개인과 문화에 따라 특수성을 띠는가, 혹은 보편성을 갖는가?**
- **주관적 지식과 객관적 지식의 차이는 무엇인가?**

지리가 새로운 시민성의 역할을 이해하는 데 중심이 되고, 글로벌 관점을 옹호하게 된 것은 1960년대부터 교과목 안에서, 그리고 보다 광범위하게는 사회 이론으로 일어난 변화이다. 이 변화의 방향은 1960년대 후반부터 1970년대의 이른바 반(反)문화 운동, 영국과 미국의 사회적·정치적 대변혁에 대한 대응으로 설정되었다. 반문화 운동은 자본주의부터 전통, 학문적 가치, 학문의 역할과 심지어 지식 자체의 기반에 이르기까지 사회적으로 용인되는 규범과 관습에 관한 광범위한 의문을 제기했다. 학문의 지적인 기반이 학문 그 자체와 학교 교사에 관한 질문을 던지면서 학문과 학교의 역할을 새롭게 해석하기 시작했으며, 정치적인 원인과 보다 직접적으로 연관을 지었다. 공정하고, 객관적인 연구는 엘리트주의자들과 현상 유지 세력을 불쾌하게 했다. 윤리적 근거는 연구와 교육의 정당화를 위해 점점 그 중요성을 더해 갔다. 이것이 바로 급진적·마르크스주의 지리의 영역에서 일어난 지리의 윤리적 전환이다. 때때로 지리에 있어서 윤리는 객관적인 연구를 거부하며 지리의 인간화로 기술된다. 그러나 이 장에서는 윤리적 역할에 대한 지리 연구는 지리 지식이 생성되는 맥락을 좀 더 바르게 이해할 수 있게 하는 동시에, 지리의 지적인 기반을 약화시키고, 궁극적으로 인본주의적 가능성을 약화시킨 결과를 알아보는 것을 목적으로 삼고자 한다.

지리의 윤리적 전환은 지리 교과를 (외부에서) 부가된 목표 달성 수단으로 사용하는 것을 당연시하는, 지리를 위한 이전의 도구적 의제와 구분된다. 도덕적·정치적인 의제들은 때로는 지리 교과가 추구하는 지적 자유를 방해하기도 하지만, 그 외의 경우 지리 교과는 온전히 남아 있었다. 반면, 윤리적 전환은 지리가 쌓아 온 지적·인본주의적 토대에 의문을 제기했다. 다시 말해, 의도와는 반대로 지리를 덜 윤리적·인본주의적으로 반드는 결과를 가져왔다.

문화 전쟁과 신사회과

지리의 급진주의와 윤리적 전환은 1960~1970년대의 반문화 운동과 광범위하게 연관되어 있다. 이 운동은 사회 전반에 충격을 주었으며, 결과적으로 미국과 영국, 특히 반문화 운동이 강하게 일어난 미국의 교육과정에 영향을 주었다. 그 결과는 자유민주주의의 작용 방식, 교육의 역할과 본질, 사회적 규범과 가치에 대한 전면적인 수정으로 나타났다.

반문화 운동은 다양한 형태로 표현되었다. 반체제, 반서구, 반자본주의, 반과학, 반권위, 반전(베트남 전쟁을 의미한다), 평화, 자연환경, 대안적 생활 방식의 추구, 시민 불복종 운동이 이어졌다. 이 시기 미국은 반베트남전과 시민권 운동, 친환경 시위의 시대였다. 역사상 처음으로, 미국 건국 당시 추구했던 가치와 삶의 질 보장, 아메리칸 드림에 관한 개념에 대해 의문이 제기되었다.

어른들이 그들의 세계에 관한 관점과 그들이 수호해야 할 가치에 대한 확신을 잃어버리면서 다음 세대에 지식과 가치를 전달할 능력이 감소하였다. 대부분 도덕 교육은 지적인 억제(intellectual inhibiting)로 매도되었고, 학문은 창의성을 누르는 것으로 여겨지도록 강요당했다. 자유민주주의에 참여하기 위한 준비에 초점을 두면서, 특히 사회과는 불확실성의 시대로 접어들었다(Shaver 1977 참조). 이런 위기에 대응하기 위해 미국사회과교육학회(NCSS)는 1971년 교육과정 지침을 출간했다. 멀런(Mullen)은 이 지침이 지난 10년간의 사회과에 관한 모호성을 반영하고 있으며, 다수의 모순적 진술을 포함하고 있다고 말한다. 그럼에도 불구하고 교육과정 지침은 사회문제와 자아실현에 대해 명백히 강조하고 있다(Mullen 2004).

교사들이 의무적으로 전달해야 할 규범, 가치, 지식에 관한 사회적 연속성의 부재는 교육의 과정에 중점을 두도록 이끌었다. 교육은 심리학에서 유래한 도덕적 권위와 과학적 용어로 여겨졌다. 피아제(Piaget)와 콜버그(Kohlberg)의 아이디어는 점점 인기를 얻어 갔고, 이는 보다 학생 중심의 접근을 이끌었다. 제롬 부르너(Jerome Bruner)의 『교육의 과정(The Process of Education)』(1960)과 『교육의 문화(The Culture of Education)』(1966)는 이러한 흐름을 전형적으로 보여 준다.

가치를 가르치는 것은 학생들이 사회적 이슈에 관한 탐구를 통해 스스로 가치를 결정하도록 기대함으로써 정치적으로 가치명료화로 대체되었다. 가치중립 교육은 이 시기에 신뢰를 얻었으며, 사회적으로 정의된 가치로부터 개인적으로 정의된 가치로의 전환을 반영했다. 그러나 이런 상대주의적 접근도 비난이 없었던 것은 아니다. 멀런은 한 교사가 사회과 교육과 관련하여 기고한 글에 언급한 내용을 인용했다. 그 교사는 다른 학회들이 이 시기에 '탈학교 운동(de-schooling movement)' 등과 같은 교육적 사고에 주목했던 반면, 미국사회과교육학회의 지침은 결국 '비교육과정(non-Curriculum)'과 같다고 말했다(Bowen 1981).

반문화 운동은 사회가 기반을 둔 가치에 대응할 뿐만 아니라 학문에서 이미 널리 사용되고 있는 과학적 연구 방법의 성격과 지식 기반 그 자체에 대해 재고하도록 하였다. 이 포스트모던적인 혹은 문화적인 전환은 인문학과 사회과학에서 지식의 사회적 구성주의 이론을 일으켰으며, 지리의 과학적 객관성에 대한 전제 조건을 약화시켰다. 사회적 구성주의자들은 그 지식이 생산된 사회적 맥락에 대해 탐구한다. 그들은 지식이 개인의 가치 체계 혹은 그것을 만들어 낸 개인에 의해 어떻게 영향받는지를 보여 준다. 그러나 혹자들은 대안적인 가치 체계를 가진 사람들이 절대 같은 결론에 이르지 못하는 것처럼, 지식이 전적으로 그것이 생성된 사회적 맥락에 뿌리내리고 있는지에 관해 논쟁하면서 사회적 구성주의를 극단적이라고 보았다. 강경한 혹은 깊게 뿌리박힌 형태의 사회적 구성주의는 개인이 그들의 특정한 상황을 뛰어넘을 수 있다는 가능성을 부정했다.

이에 따라 사회적 구성주의는 1960~1970년대, 현상 유지에 대해 도전했던 사람들에게 신뢰를 주었다. 거의 모든 형태의 현실을 동등한 것으로 여겨졌기 때문에, 비서구적(non-Western) 이야기는 사회와 역사의 주류 세력에 의해 말해지지도 들려지지도 않았다. 강경한 사회적 구성주의로 인해, 서구의 지식은 다른 관점 혹은 다른 형태의 지식에 대해 동일한 가치와 신뢰성을 지닌 유일한 지식의 관점이 있는 것으로 여겨졌다. 흑인이나 유대인의 역사가 서구의 그것과 다르다는 생각도 이러한 사고방식에서 비롯되었다. 같은 맥락에서 대부분의 사람들은 서구 문명을 다른 모든 문명과 동등하게 여겼다(제5장 참조).

골수 사회적 구성주의자들의 사고 결과는 객관적 진실의 토대에 의문을 제기하는 것이다. 만약 지식이 그것이 발생된 특정 사회적 맥락에서 온 것이 아니라면, 지식은 그것을 구성한 개인의 가치(혹은 편견)로부터 분리될 수 있을 것인지에 대한 의문이었다. 이와 같이 진실은 지식의 비도덕적인 상태를 부정했다. 사회적 구성주의로 인해, 지식은 그것을 구성한 개인이 지지하는 가치와 불가분의 관계라는 것이 밝혀졌으며, 이후 모든 지식은 정치적으로 조망되었고, 지식을 얻는 행위 자체가 정치적인 것으로 그려졌다. 따라서 진리는 진리들의 집합으로, 지리는 지리들의 집합으로 대체되어야 했다.

서구적 지식과 그 가치 체계에 관한 도전은 전반적으로 사회를 위한 심오한 함의와 그에 관한 특수한 교육 모델을 가지고 있다. 자유민주주의 교육 모델은 학생들이 그들의 윗세대에게 물려받았으며, 그것에 맞도록 사회를 변화시키면서 진리 탐구를 계속할 것이라는 점에 토대를 두었다. 그러나 만약 진리 탐구와 지식의 실체에 관한 인식에 의문이 던져진다면, 이는 즉 그것을 변화시킬 수 있는 사람들의 잠재력 역시 의문의 대상이 된다는 것을 의미한다. 만약 세상을 객관적으로 알 수 없다면, 어떻게 세상이 더 좋아지고 있는지를 알 수 있겠는가? 사회 변화와 교육에 관한 새로운 모델이 모색되고 있었다. 이 새로운 모델에서 사회 변화는 개인으로 옮겨졌다.

정치적 객관성과 개인의 통합은 모든 곳에서 나타났다. 예를 들어, 인종차별과 교육을 연구한 역사학자 엘리자베스 래시-퀸(Elizabeth Lasch-Quinn 2001)은 1970년대 미국에서 어떻게 개인과 정치가 얽혀 있는지를 발견했다. 시민권 운동이 개인에게 미치는 사회-정치적 조건의 영향에 대한 인식을 제기하는 동안, 래시-퀸은 사람들이 다른 삶(개인이 받는 교육에 따라 고착화된 사회-정치적인 조건에 따른)의 방정식이 있다는 것을 이해하기 시작했다고 말한다. 그녀는 "시민 참여와 사회 변화를 목적으로 하는 개인의 효과에 대한 관심은 자아상, 개인적 동기부여, 치료법에 관한 관심으로 결국 대체되었다."고 밝혔다(Lasch-Quinn 2001: 104-105). 인종 문제는 사회적·정치적 영역에서 개인의 고정관념과 가치의 문제로 재조명되었다. 사회 변화의 목적은 이와 같이 개인의 변화로 전환되었다.

사회과 교육에서 새로운 방향에 관한 조 킨첼로(Joe Kinchelo)의 연구는 동일한 결론에 도달했다. 그는 20세기 후반의 상황을 설명하고, 문화적 측면이 정치적 표현과 "사회적 문제에서 어떻게 개인적·개별적 수준"에서 재조명됐는지에 관한 연구가 얼마나 중요해졌는지는 묘사했다(Kinchelo 2001: 57). 멀런(2004)은 1970년대의 사회과가 어떻게 인종차별, 도시의 쇠퇴, 인구 폭발, 오염, 천연자원, 소수 집단의 권리 등과 같은 현대의 문제에 좀 더 관심을 갖게 되었는지를 살펴보았다. 예를 들어, 1971년 미국사회과교육학회의 지침은 교사가 교육과정을 구성하는 원천으로 이러한 문제들을 활용해야 할 뿐만 아니라 학생들을 문제해결에 참여시켜야 한다고 주장한다. 개인의 변화가 결과적으로 사회의 변화를 가져올 것이라는 발상은 브라질 교육철학자 파울로 프레이리(Paulo Freire)와 벨 훅스(Bel Hooks)에 의해 인기를 얻은 '비판교육학(critical pedagogy)'이라는 교육 이론으로 표현되었다.

지리과에서 일어난 학문 중심 교육과정에서 학생 중심 교육과정으로의 이동은 교육과정 실험을 야기했다. 이 교육과정 실험은 미국의 고등학교 지리 프로젝트(High School Geography Project, HSGP)를 진행하는 형태로 나타났다. 영국에서의 교육과정 실험은 교육과정 초기화나 마찬가지였다. 영국과 미국의 학습 과정에서 학생의 역할에 대해 강조하게 된 경향에 관해서는 제3장과 제4장에서 논의할 것이다.

1980년대 미국에서는 사회과 교육의 사회적·심리적 목적에 복합적인 초점을 두는 경향이 계속 되었다. 그러나 동시에 이전에 있었던 상대주의에 대한 반발이 뒤따르기도 했다. 학교가 사회적, 정치적 심지어 경제적 문제의 해결책이 될 것이라는 믿음은 점점 광범위하게 받아들여졌다. 1983년, 미국

정부는 미국의 교육 상황을 비난하는 「위기에 빠진 국가: 미국 2000(A Nation at Risk: America 2000)」이라는 보고서를 발간했다. 이 보고서는 학교에 '평범한 사람의 시대'가 도래했음을 알리며, 교육 시스템이 약화된 국가의 사회적 분절과 미국 경제 악화의 '희생양'이 되었다고 기술한다(Gordon 2003 재인용). 이 보고서는 지적 수준이 떨어지는 것뿐만 아니라, 교육기관에서 도덕적·정신적 강화가 결핍되는 사실 또한 언급하였다. 이 고발들은 미국인들이 느끼는 공통적인 감정, 즉 도덕적 불확실성, 전통과 사회적 행동, 그리고 아이들의 양육에 대한 걱정 등에 기인한다. 이러한 반응이 반(反)지성과 같은 가치명료화를 거부하려는 것은 아니었지만, 이를 비판적으로 바라본 사람들은 학생들의 심리적·사회적 발달에 초점을 두고 이러한 접근을 공동으로 합의된 가치로 대체하고자 했다. 예를 들어, 제퍼슨 인성 교육 센터(Jefferson Center for Character Education)는 신용, 책임감, 돌봄, 다른 사람에 대한 존중, 공정과 시민성을 학교 교육을 풍요롭게 하기 위한 여섯 개의 주요 인성 덕목으로 정했다(De Roche and Williams 2001 재인용). 교육자 파이 델타 카파(Phi Delta Kappa)가 실시한 설문 조사에 의하면, 많은 사람들이 학생들은 민주주의의 중요성, 정직, 책임감, 언론의 자유, 예의, 관용, 종교의 자유, 학교 통합[1]에 대해 배워야 한다고 생각하고 있다(Frymier et al. 1996). 이 설문 조사는 많은 학교들이 다시금 학문적인 성취와 인성(개인적·시민적 성격)이라는 두 마리 토끼를 잡는 데에 초점을 맞추도록 이끌었다.

헌터(Hunter 2001)는 1980년대 후반의 심리학적 상황(psychological regime)이 미국의 학교를 지배하게 되었으며, 더불어 자아존중감과 감성 지능이 교육의 중요한 목적이 되었다고 결론지었다. 예를 들어, 뉴저지 주는 1992년

1 역주: 학교의 성(性)적, 인종적 등 사회적 통합을 의미한다.

에 모든 학교가 인성과 가치의 발달에 관한 교육 계획을 수립할 것을 의무화했다. 여기서 '인성 교육'이란 개별 어린이들을 우리 사회의 공통적인 핵심 가치에 따라 육성하기 위해 의도된 계획을 말한다. 드 로체와 윌리엄스(De Roche and Williams)는 20세기 말, 미국의 절반 이상의 주(州)가 이와 같은 가치 교육을 법제화했다고 밝혔다.

1970년대와 1980년대의 잉글랜드/웨일스의 교육과정 실험은 주요 학교에서 학생 중심 교수법이 인기를 얻는 데 기여했다. 그러나 미국과는 달리 1990년대 초반 심리적·사회적 목적이 몇몇 과목, 특히 지리 과목을 변형시킬 때까지 교육과정은 여전히 과목의 지식과 기술에 중점을 두고 있었다.

급진주의 지리

리처드 피트(Richard Peet)에 의하면, "급진적·마르크스주의적인 지리는 학문을 변형하는 방식으로 1960년대와 1970년 초반의 정치적 사건에 대응했다."(Peet 1998: 109) 세계에 대한 좀 더 '인간적인' 이해의 추구와 지식의 포스트모던적 재해석이라는 지리의 본질을 근본적으로 바꾸기 위한 두 가지 흐름이 일어나기 시작했다. 다음은 어떻게 이러한 흐름이 지리에서의 윤리에 영향을 미쳤는지에 대한 기술과 설명이다. 데이비드 스미스(David Smith)는 이 변화에 대해 더 자세히 기술했다(2000).

앞서 언급한 대로 1970년대는 1960년대의 계량지리에서 다룬 추상적·통계적인 세계와 당시의 정치 풍토에 대응하여 소위 말하는 '급진주의 지리'가 급부상하였다. 지리학자들이 주제에 따른 보다 높은 학문적 엄격함을 추구하면서 계량적인 연구법과 통계학적 모델이 주요 연구 도구가 되었다. 그러나 1970년대에 접어들면서 사람들은 추상적 모델이 예측한 것처럼 개인이 이성적으로 행동하지 않는 경우가 다반사인 실생활에 추상적인 모델이 얼마나 통찰을 제공할 수 있을지에 대해 의문을 제기하기 시작했다. 이러한 비난은 의심할 여지없이 그동안 지리학자들이 실생활을 밝히는 데 충분한 관심을 쏟지 않았다는 것을 의미한다. 그러나 더 이상 추상적인 모델링과 객관적인 분석이 필요하지 않다는 결론에 이르면 곤란하다. 두 가지 방법론 모두 공간적 패턴을 인식하고 이해하기 위해 핵심적이기 때문이다. 계량 분석과 추상적 모델링에는 인간적 측면이 지나치게 결여되었으므로 급진주의 지리에서는 이를 탐색하는 연구가 뒤따랐다. 그러나 급진주의 지리는 그 이상이었다. 교육에서 급진주의 지리는 세계에 대해 묘사하고 탐구하는 데 그치지 않고, 사회 변화를 위해 현 상황에 도전하는 역할을 하였다.

급진주의 지리는 전통적인 자본주의 사회에 관한 도전으로 시동을 걸었다. 이후, 이 시기의 연구는 최소한 부분적으로 윤리적인 고려에 의해 동기화되었다. 급진주의 지리학자에게 인기 있는 연구 주제는 불평등, 제3세계의 발전, 사회정의, 인종차별, 정치적 영역, 환경 관리 실패 등을 포함한다. 특별히 데이비드 하비(David Harvey)는 도덕 철학과 지리의 연관 관계를 연구하기 시작했다.

지리의 주어진 속성 안에서, 지리학자들은 1960년대 후반과 1970년대의 환경 운동에 의해 부각된 환경 문제에 관한 연구에 특히 몰두했다. 제1장에서 다루었듯이, 근대 지리는 그 자체를 인간과 물리적 환경과의 접점을 탐구하는 학문으로 규정하고 있으며, 그 후로 인간이 자연에 어떤 영향을 주는지에 관한 분석이 주요 연구 주제가 되었다. 환경주의자들의 사고는 19세기 서구 사회에 뿌리를 내렸지만, 환경적 한계와 충돌 없이 미래의 진보가 가능한지에 대한 광범위한 의문이 제기된 첫 번째 시기는 1970년대였다. 이러한 사고는 단순히 급진적인 학생이나 학자들뿐만 아니라 국가의 지도자나 기업의 경영자에 의해서도 나타났다.

로마 클럽(Club of Rome) 보고서 「성장의 한계」에 묘사된 환경 의제는 정계, 재계, 학계로 수용되었다(Meadows et al. 1972). 10개국에서 온 30명의 과학자, 교육가, 경제학자, 인문주의자, 기업가, 공무원들로 이루어진 이 그룹은 로마의 아카데미아 데이 린체이(Accademia dei Lincei)[2]에 모이게 되었다. 이 보고서는 "인류가 직면하고 있는 문제는 복잡하고 매우 상호연관되어 있어서 전통적인 제도와 정치가 더 이상 그것을 해결할 수 없으며, 심지어 그 문제의 실체에 대해 이해하기조차 힘들기 때문에 급속한 변화의 필요성을 인식해야 한다."는 것을 강조한다(*ibid.*: 9). 문제의 긴박성은 우 탄트(U Thant) UN 사무총장에 의해서 간단히 아래의 문장으로 표현된다.

> UN 회원국은 10년 안에 고전적인 방식의 분쟁을 종식시키고, 군비 경쟁을 중단하고, 인간 환경을 개선하고, 인구 폭발의 뇌관을 제거하고, 개발 노력에 동력을 제공하기 위한 새로운 국제 협력의 시대를 열어야 합니다. 국제사회가 앞으로 십년 동안 협력하지 못한다면, 제가 언급했던 문제들은 우리가 통제할 수 있는 능력을 넘어설 것입니다. 저는 이 점이 두렵습니다.
>
> (*ibid.*: 17)

로마 클럽은 성장이 물리적·사회적 요소, 식량, 생산과 천연자원, 생태계, 교육, 고용과 기술의 진보에 의해 제한받을 것이라 믿었다. 이러한 결론의 일부분은 19세기 후반 토머스 맬서스(Thomas Malthus)의 연구를 연상시킨다.

이것은 환경보호에 대한 지리의 관심을 높이도록 했다. 사회의 환경적 영향을 보여 주는 연구들이 진행되었다. 궁극적으로 환경 문제는 과학적 혹은

2 역주: 이탈리아의 과학 학술 단체

기술적인 도구로 해결할 수 있거나 아니면 보다 강력한 규제가 필요하다는 식으로 조망되었다. 후에 인간의 세계 변화는 그 자체가 문제로 여겨졌다.

1970년 초반, 미국의 학교들은 첫 번째 '지구의 날(Earth Day)'을 기념했다. 미국의 지리 교과서는 환경 문제, 다문화적 감수성을 포함하기 시작하며 1970년대 말로 나아갔으나, 1980년대에 이런 현상이 두드러졌다(Standish 2006 참조). 이후에 잉글랜드/웨일스에도 이러한 변화가 찾아왔다. 일반적으로 반문화 운동의 강도는 유럽보다 미국에서 훨씬 강했으므로, 유럽에서는 1980~1990년대에 걸쳐 점진적으로 변화한 반면, 미국 사회에는 훨씬 심오한 영향력을 미쳤다. 물론 반문화 운동에 대한 반작용으로 미국과 영국에서 신보수주의자들의 반발이 있었다. 레이건과 대처는 시장주의 원칙, 개인주의와 전통적 가치에 관한 캠페인을 벌였다. 그러나 이는 지리의 윤리적 전환을 단지 일시적으로 상쇄시킬 뿐이었다.

1970~1980년대의 지리학자들은 지리적 주제와 윤리와의 상관관계에 대해 좀 더 세밀하게 탐구하기 시작했다. 이 푸 투안(Yi Fu Tuan)은 문화적 특수성을 포함하는 도덕적 이슈들에 대한 지리의 기여를 연구했다(Tuan 1977). 데이비드 스미스는 투안의 연구가 좋은 삶에 대한 개념, 여러 문화에 걸친 도덕적 경험, 윤리적 이해의 원천으로서 추상성과 특정성 사이의 갈등, 그리고 인간 문화의 표현 방식으로서 윤리와 미학 사이의 긴장 등에 관해 다른 지리학자들이 문화적 차이가 있음을 고려하도록 유도했다고 하였다(Smith 2000: 4).

1990년대 초반, 지리학과 윤리학의 결합은 직업적인 면에서 보다 광범위하게 나타났다. 1991년 영국지리학자협회의 사회 및 문화 지리 연구 그룹(Social and Cultural Geography Study Group of British Geographers)은 지리학자들이 도덕적·공간적 표현을 포함하는 윤리학을 결합해야 한다고 요구했다(Philo; Smith 재인용 1997). 몇 년 후, '메타이론: 윤리, 차이, 보편에 관한 제고

(Rethinking Metatheory: Ethics, Difference and Universal)'라는 주제의 미국지리학회 학술대회의 한 세션은 지리에서 도덕적 주제의 부상에 관해 접근했다. 새로운 저널 *Ethics, Place and Environment*은 이 확장된 영역에 관한 연구를 수집, 분석하기 위해 창간되었다. 1970년대 들어 인종차별에 항거하거나 혹은 자본주의에 의해 압박받는 사람들을 향한 윤리적 관심은 '타자'에 관한 좀 더 일반적인 영향으로 확장되었다. 이것은 문화적 혹은 민족적 소수, 여성, 장애인, 어린이, 정치적으로 박해받는 사람들, 경제적 약자에 관한 연구도 포함한다.

이 시기에는 두 가지 중요한 운동이 일어났다. 첫째, 인간 사회와 물리적 세계와의 연결이 도전을 받았다. 데이비드 스미스가 관찰한 대로, 인류와 물리적 환경 사이의 구분은 과학적·윤리적으로 문제가 있으며, 인류는 자연에 통합되어 있는 역동적인 그 일부이며, 그에 따른 책임도 져야 한다(Smith 2000: 2). 이에 따라 인간은 의도적으로 계획을 세워 사회를 건설할 수 있는 능력을 가졌기 때문에 자연과 구분된다는 근대주의적 가정은 뒤집어졌다. 환경적 윤리는 환경과 그 관리를 위한 해결책을 찾는 것 이상의 영향력을 갖게 되었다. 이것은 점차 자연과 통합되어 자연의 일부인 인간에게 적용되었다. 이러한 전환은 인간을 현재의 우월한 위치에서 끌어내리고, 가능한 한 자연을 알고 통제하려는 인간의 능력을 훼손시킨다. 대신, 새로운 환경결정론은 우리 스스로가 생태계에 어떤 영향을 미치는지 알 수 있도록 바뀌어야 한다고 주장한다.

둘째, 앞서 언급한 대로, 사회적·정치적 변화는 점차적으로 개인 수준의 변화로 옮겨 가고 있었다. 만일 개인들이 집단적으로 세계에 대한 태도를 바꾼다면, 그것은 논리적으로 사회 전체의 변화를 가져올 것이다. 여기에 지리학자들은 '차이'와 '정체성'에 관한 연구 및 어떻게 이것들이 공간적·문화적으로 다양한지를 밝히는 연구에서 그 틈새를 발견하였다. 지리의 새로운 윤리적·정치적 역할을 지지하면서, 클레어 라스무센(Claire Rasmussen)과 마이클 브라운(Michael Brown)은 정치가 정치적 주제의 내재적인 관심을 방어하려는 것이 아니라, 정치가 작동할 수 있는 주요 토대를 인식하고 주제를 구성하기 위한 피나는 싸움이라고 주장했다(Rasmussen and Brown 2002: 182). 이와 같은 지리의 확장 영역은 물질주의 세계를 넘어 정신세계의 영역으로 들어가고 있다. 이것에 관해서는 다음 장에서 좀 더 탐구하도록 하겠다.

도덕적 지리 탐구에 도전한 하나의 딜레마는 도덕적 권위가 보편적인 것인지 혹은 특수한 것인지에 대한 갈등이었다. 한편으로 도덕적 가치가 형성되는 특수한 맥락을 고려하지 않는 것은 현대 지리와 맞지 않는다. 일부 지리학자들이 도덕적 상대주의에 동의하는 것은 아니다. 많은 지리학자들이 보편적인 도덕성과 특수한 도덕성 간의 경계를 허물기 위한 다양한 방법을 고안하거나 과도한 이원주의를 거부했다. 세일라 벤하비브(Seyla Benhabib)는 모든 사람들이 논쟁의 여지가 있고 관점에 따라 다른 해결책을 가지고 있는 '도덕적 대화'에 참여해야 한다고 주장했다. 스미스는 "원칙은 반드시 상이한 것에서부터 추상화시켜야 하지만, 원칙의 특수성을 부정하는 인간적 주체에 대한 이상화된 고려는 전제할 필요가 없다."고 하였다(Smith 2000: 17). 다른 많은 지리학자들은 도덕성이 보편적인 설득력을 가지고 있지만 다른 맥락에서 다르게 적용될 수 있음을 논쟁하면서 비슷한 노선을 채택했다.

그러나 윤리학은 그 본질에 의해 스미스가 주장한 대로 '타자'에 관한 고려를 요구한다. "윤리적 숙고란 종종 사람은 모두 같은 환경에서 동일하게 취급받아야 한다는 보편화의 원칙을 예견한다."(Smith 2000: 18) 다른 사람에게 윤리적 입장을 적용해야 한다고 생각하지 않는다면, 그 윤리적 입장을 옹호한다는 의미는 무엇인가? 이 원칙은 임마뉴엘 칸트에 의해 연구되었다. 그는 올바른 도덕이란 모든 인류를 위하는 의지가 있어야 한다고 주장했다.

다수의 지리학자들의 보편적 도덕, 반대로 특수한 도덕에 관한 혼란은 윤리와 지리의 윤리적 전환을 가정하는 지식으로의 접근방법이 다른 것에 기인한다고 보았다. 사회적 구성주의자들은 이 지식이란 문화적인 상황에 놓여 있는 것이라고 주장하지만, 동시에 다수의 사람들은 환경결정론, 문화적 관용, 사회정의, 타자에 대한 관심 등에 관한 윤리적 가치에 순응해야 한다고 주장한다.

지리의 윤리적 전환이 어떻게 곧바로 지리라는 과목의 성격에 영향을 미쳤는지 생각해 보는 것은 매우 중요한 일이다. 이 윤리적 전환으로 독립적인 사유를 저해하는 20세기 초반의 접근이 약화되고, 지리 연구의 도덕적 목표가 다시 등장하게 되었다. 또한, 이것은 공간 현상의 이해와 과학적 탐구를 방해했다. 왜냐하면 윤리적 목적과 학문적 목적이 통합되어 있기 때문이다. 다시 데이비드 스미스의 말이 이 상황을 잘 설명해 준다.

> 그렇다면 문제는 지리가 긍정적인 또는 규범적인 노력인지가 아니라, 양쪽 모두의 관점으로 세상을 이해하고, 아마도 그것을 개선시키려는 시도가 필연적으로 내포되어 있다는 것을 뜻한다. (Smith 2000: 2)

그러나 어떻게 세상을 발전시킬 것인지를 결정하는 것이 과학자의 일인지 혹은 교육가의 일인지에 대해서는 질문을 던질 만하다. 과학자들이 세상에 대해 탐구하고 세상을 설명하는 동안 세상을 어떻게 바꿀지를 결정하는 것은 정치인들의 특권이었다. 그러나 그 규범적인 노력은 최근 몇 년 동안 점점 다른 과목들처럼 지리의 중심을 차지하고 있으며, 객관적인 과학으로서의 위치가 점점 줄어들고 있음을 반영한다. 지리가 미지의 세상에 대한 정확한 지도를 그리는 동안, 윤리학은 종종 지리에 새로운 근거를 제공한다. 이것은 특별히 지리 교육에서 매우 분명하게 나타난다. 지식의 습득이 자아 형성과 정치화의 과정으로 여겨진 이후부터, 학교 교육과정은 미숙한 시민으로서 정체성을 형성하는 데 핵심적인 역할을 하도록 만들어졌다(Mitchell 2003: 387).

보다 나은 세상을 위한 지리 교육

『보다 나은 세상을 위한 지리 교육(Teaching Geography for a Better World)』은 존 피엔과 로드 거버(John Fien and Rod Gerber 1988)가 쓴 책으로, 새로운 지리가 어떻게 교육에 적용되는가를 전형적으로 보여 준다. 이 책과 그 개정판은 최소한 영어권 국가 전체에 영향을 주었다. 지리의 윤리적 전환은 교실에서 다루는 가치 체계에 대해 교사들이 보다 지각하도록 하며, 교사들은 가르치는 과목에 대해 중립적으로 접근해야 한다는 개념을 약화시켰다. 물론, 실제 가르칠 때는 일정 수준에서 개인의 가치에 관한 의사소통 없이 교수 행위를 하는 것은 불가능하다. 교사들은 항상 그들 자신과 사회의 가치에 관해 암묵적으로 소통하려고 한다. 그러나 교사들이 정치적인 이슈에 관한 자신의 견해를 최소화하는 것을 지향해야 하는지에 관한 의문이 생긴다. 예를 들어, 지구 온난화에 대해 어떻게 대응해야 한다거나 옹호하는 입장을 취해야만 하는지에 관한 것이다. 20세기 대부분의 시간 동안 교사는 정치적 이슈에 대해 편견 없이 공정하거나 대안적인 견지를 나타내야 한다고 기대되었다. 지리의 윤리적 전환은 과목의 옹호를 위해 그러한 입장을 번복했다. 만약 지식이 태생적으로 정치적이라면, 교육도 마찬가지로 정치적 성격을 보여 주어야 한다. 지리의 윤리적 전환으로, 교수 행위는 정치 행위의 또 다른 형태로 간주되었다. 이것은 지리가 다양한 사회적·정치적 요인에 종속되도록 하는 물꼬를 튼 것이다.

영국과 미국에서, 지리의 강화를 주장하는 사람들은 지리가 '역동적인 사회과학적' 접근을 채택하고, 새로운 '정치지리'가 되거나(Steinberg 1997: 118) 학생들에게 '사람과 환경의 복리(well-being)를 위한 학문적 지리의 실천'을 장려하는 '변혁적 지리'가 되기를 원한다(Kirman 2003: 93). 또한 사회정의에 관해 가르치고(Merrett 2000), 학생들이 사회 변혁을 위해 행동을 할 수 있는 역량을 강화시키는 것(Dowler 2002: 68)을 통해, '유동적 과정'을 교육으로 보는 '여성주의 교육학(feminist pedagogy)'을 포괄하고, 심지어 진보 및 문제해결과 같은 사회적 결과를 달성하도록 하는 도구로서 지리를 조망하기를 바란다(Gerber and Williams 2002: 1). 다른 사람들은 '깊은 시민성(deep citizenship)'을 증진시키고, 지구적 관심(global concerns)을 '공적·사적 행동'과 연관시킬 것을 언급한다(Machon and Walkington 2000: 184). 이와 같이 지리의 윤리적 전환은 교실 안에서의 개인적 변화와 참여 및 학생들의 태도와 개인적인 가치에 관해 좀 더 깊은 강조를 수반한다.

그러나 역량 강화(empowerment), 사회정의, 시민 교육, 개인의 변화라는 미사 어구 아래에는 권위주의적 결과와 함께 강한 도덕적인 강제 및 강요가 놓여 있다. 새로운 윤리의 지리는 이전의 서구 중심적인 교육과정보다 표면적으로 좀 더 계몽되고 비서구를 고려하는 것으로 나타났을 수도 있다. 그러나 관용의 이면에는 새로운 불관용이 있다. 새로운 윤리의 지리 교육과정은 학생들이 그들의 도덕적 지평을 넓히는 것을 허용하지 않았다. 대신, 학생들이 배울 이슈와 문제들은 일련의 강력한 현대의 도덕적 메시지를 강화하기 위해 설계되었다. 그것은 환경결정론, 문화적 관용, 인권, 사회정의와 평등, 그리고 '타자'를 배려하는 것에 관한 아이디어를 기반으로 한다. 빌 마스덴(Bill Marsden)은 시민을 교육한다는 것과 비교하여 무언가를 위한 교육, 그것이 시민성이든 환경이든, 그 배후에 감춰진 권위주의적 충동에 대해 언급했다. "역사적 증거로부터 추론할 수 있듯이, '좋은 이유'를 내세우는 사람들은 외재적 목적을 가진 교육 환경에서 더 효과적인 세뇌가 이루어진다는 것을 알고 있었다." 명백히 이는 자유 탐구나 논리적인 추론과는 반대된다. 또한 이는 몇몇의 학자들이 언급한 것처럼 교육이 외재적인 '무언가'에 의해 좌우될 수 있음을 뜻한다. 무언가를 위한 교육(Education for something)이란 다음과 같다.

> 무언가를 위한 교육이란 반드시 교육 밖의 무언가 외재적인 목적이 있어야 한다는 것과 교육가는 외재적 목적을 위해 선호되는 결과가 무엇인지 제시하도록 요구받는다는 것을 함축한다. 그렇다면, '환경을 위한 교육'이란 슬로건은 그것에 최고의 답을 가지고 있다고 생각하는 사람들을 모으기 위해 언어적으로 유인하는 결과를 가져온다. (Jickling and Spork 1998: 332)

1980년대 미국의 교육과정이 가치 교육, 특히 환경적 가치와 문화적 감수성으로 되돌아간 반면, 1990년대 중요성이 증가한 도덕적 이슈는 교육과정에서 글로벌(지구적) 연관성의 개념을 논리 정연하게 하는 것이었다. 잉글랜드/웨일스의 교육과정은 1990년대 중·후반부터 급격한 속도로 '글로벌 시민'의 개념을 포용했다. 새로운 시민 교육 국가 교육과정(new citizenship national curriculun)은 글로벌 시민을 포용하고, 이것과 다른 학문과의 관계를 강조하는 것이다. 주요 지리학자들과 지리교육학회(Geographical Association)는 글로벌 시민 주제를 가르칠 능력이 있는 과목으로 지리 교육을 내세우기 시작했다. 영국과 미국에서, 몇몇 지리 교육과정은 눈에 띄게 글로벌 이슈, 지구적 연관성, 학생들이 고려해야 할 지구적 책무 등을 포함하기 시작했다.

개별 교사들은 학생들이 주어진 가치에 관점을 갖도록 장려하는 것을 망설일 수도, 아닐 수도 있다. 그러나 새로운 윤리의 교육과정은 전반적으로 학생들을 일련의 윤리적 문제에 대해 개인적으로 반응하도록 하는 시험과 연관되도록 설계되어 있다. 간단히 표현하면 이것은 학생들이 수용해야 하는 현대의 도덕적 책무를 강화시킨다 것이다. 글로벌 문제는 학생들이 사회적·정치적 행동의 잠재적인 방향에 관한 아이디어를 발전시킬 목적으로 진리, 지식, 의미를 알아보는 것을 쟁점화하지는 않는다. 대신 이것은 개인의 영역에서 발견된다. 그리고 종종 덜 소비하고, 아이를 적게 가지고, 자가용 대신 대중교통을 이용하고, 돈에 덜 집착하는 것 등을 권장하는 새로운 글로벌 가치 체계에 접목하는 형태로 제시되기도 한다. 한 출판물이 설명한 것처럼, "글로벌 차원(global dimension)은 장소와 사람과의 상호작용을 탐구하는 것이다. 이것은 오늘날 세계의 유사점과 차이점을 관찰하도록 하고, 그것을 우리의 삶과 관계시킨다."(Lambert et al. 2004: 2)

지리 교육의 목적이 바뀌었다면, 지리 교육의 새로운 윤리를 교육하는 데 적합한 새로운 교수 방법이 제시되는 것 역시 이해할 만하다. 전통적인 '분필 수업'이나 강의는 지나치게 교사 중심이라고 비웃음을 당하고 있으며, 배움에 대한 수동적인 접근으로 비판받고 있다. 비평가들은 학생들에게 답이 주어지기 때문에 그들 스스로 생각하는 법을 배우지 못한다고 지적한다. 대신 '유의미' 학습을 이끌어 낼 수 있는 몇몇 교수법들이 제안되었다. 탐구기반학습이나 문제해결학습은 학생들이 스스로 배움의 과정을 통제하는 것을 장려한다는 이유로 추천되었다. 학생들은 문제를 정의하고, 그들이 답해야 하는 질문을 밝히고, 어떻게 연구를 진행할 것인지 정하는 데 기여한다. 여기서 교사의 역할은 학생들을 배움으로 이끄는 조정자(facilitator)로 제안되었다. 또 다른 접근은 학생들이 지역사회에 도움을 주는 활동을 경험함으로써 공동체에 대해 배우고 또 그 안에서 그들의 역할에 대해 살펴보도록 하는 서비스 학습이다. 제6장에서는 글로벌 이슈와 윤리를 가르치는 데 사용된 교수법에 대해 좀 더 자세히 살펴보도록 하겠다.

교육에서 지리의 윤리적 전환에 대한 평가

지리의 윤리적 전환이 각각 다른 로컬리티(locality)을 지닌 다른 사람들의 삶과 이야기에 가치 있는 통찰에 기여하였음에도 불구하고 지리 교육의 윤리적 접근은 문제가 있었다. 특히 강한 사회적 구성주의는 지식으로서의 지리의 개념에 도전하였으며, 세계에 대한 감각(sense of world)과 그 의미를 가지고 학생들과 의사소통하는 지리 교육의 능력을 약화시켰다. 이론의 지리를 대신하여 문화와 로컬리티, 지리적 지식과 이론을 아우르는 통찰을 얻는 데 사용된 개념과 원칙들은 서로 관련되어 있으나, 확실히 큰 퍼즐의 조각이 아니며, 학생들에게 공간 현상에 관한 논리적이고 연속적인 이해를 제공하도록 조절된 작은 꾸러미들로 분열되었다. 이러한 발전은 단독으로 계몽 시대 이후 지리가 만들어 온 과학적 업적을 뒤집었다. 사회학자 프랭크 푸레디(Frank Furedi)가 관찰한 바와 같이 "진실과 관계가 없으면, 지식은 그 내재적 의미도 없다."(Furedi 2004: 7) 만약 모든 지식이 상대적이라면, 어떻게 지식이 모든 것을 설명할 수 있을까? 각기 다른 지역에 사는 개인들로부터 나온 주관적인 이야기는 흥미롭고 그들의 삶에 유용한 통찰을 제공하는 반면, 그들은 과학자들이 몇몇 사람들의 이야기를 인터뷰하고, 분석하고 어떤 결과를 이끌어 내도록 과학적인 방법을 이용하여 조사를 수행할 때까지 그 이상을 하지는 않았다. 이러한 실험적 방법은 개인적, 가치판단적 관찰의 전환 및 어떤 실재(사회적 혹은 과학적 실재)와 관련 있는 지식을 합리화하는 방법이다. 예일 대학교 법대 교수인 앤서니 크론먼(Anthony Kronman)은 다음과 같이 말한다.

> 감각의 한계로 인한 경험의 한정으로부터 실험적 방법(experimantal method)은 우리의 이성적 능력을 깨우는 기술이다. 동시에 경험 그 자체에 맞서 근거 추상화의 건전성을 시험할 수 있는 메커니즘을 제공한다.
>
> (Kronman 2007: 213)

방법적인 데이터 수집과 분석을 통하여, 개인의 이야기에서 어떤 통찰을 끌어낼 수 있고, 이는 구조와 경향을 인식할 수 있는 이야기의 집합으로 변모할 수 있다. 이는 과학적인 방법론을 이용하여 수집된 증거에 기반을 둔 관찰이기 때문에 그 집합은 더 이상 주관적이지 않다. 진정한 과학적 연구는 다른 사람이 연구 방법을 그대로 따라하면 동일한 결과를 도출할 수 있는 방법으로 수행된 것이다. 이것은 쿡(Cook), 훔볼트(Humbolt)와 같은 계몽주의 지리학자들이 그들의 연구에서 정확성에 높은 가치를 둔 이유이기도 하다. 지식의 정확성에 관한 철저한 점검은 동료들의 검토에 의해 이루어졌다. 연구가 발표되기 전에 그 분야의 다른 학자들에 의해 면밀히 검토되었다. 한 번 발표가 승인되면, 그 지식은 해당 주제의 지식이 확장된 형태에 기여한 것으로 받아들여졌다. 이는 그것(난데없이 만들어진 것이 아닌)을 발견한 개인을 뛰어넘는 객관적인 존재감을 갖게 했으며, 미래의 가설이나 심지어 이론의 기초로 쓰이기도 하였다. 연구를 하고자 하면, 연구와 연구자는 공적인 존재감을 얻었다.

새로운 지식은 종종 옛 지식을 대신했다. 다른 과학자들은 옛 지식이 부분적이고 불완전하며 심지어 잘못되었음을 증명한 새로운 증거에 의거하여 또 다른 통찰을 발견하기도 하였다. 새로운 연구가 정확한 한, 순수 과학자들은 그들의 연구 결과가 대체되는 것을 긍정적으로 생각했다. 왜냐하면 새로운 지식의 출현과 자신의 연구에 대한 애착을 뛰어넘는 통찰에 가치를 부여했기 때문이다. 다시 지식은 그것을 확산시키는 사람들을 넘어서는 존재감을 갖게 되었다. 객관적인 지식은 또한 우리가 매일 일상생활에서 사용하는 것이다. 사람들은 어떤 길로 운전할지, 어떤 방향으로 가야할지 등을 결정할 때 객관적인 지리 지식인 지명이나 지번 등을 사용한다. 사람들은 어디를 여행할지 또는 어떻게 그 장소에 가야할지를 결정할 때 지역에 관한 지식, 시간대, 기후, 문화와 지형을 이용한다. 또한 비행기 조종사나 항해사 들 역시 승객들을 안전하게 목적지까지 수송하기 위해 매우 정확하고 자세한 지도를 사용한다. 이런 모든 지식은 그것을 발견한 개인을 넘어서는 실재와 존재 모두에 기반을 두고 있다.

우리의 지식이 고정된 것이 아니라, 때때로 변화하고 있음을 인식하는 것 또한 매우 중요하다. 세상에 대한 우리의 이해는 불완전하며, 때때로 관찰과 측정에 오류가 있을 수 있다. 게다가 우리가 무언가에 대해 '진실'이라고 여기는 것은 때때로 새로운 지식이 발견되면 바뀐다. 변화하고 있음을 인식하는 것은 과학과 '진실'을 추구하는 과학자들, 그리고 그들의 궁극적인 목적으로서의 진실을 바른 길로 가게 해 준다.

지리를 객관적인 지식의 실체가 소통하는 과학으로서 보는 견해는 제1장에서 언급한 것처럼 20세기 지리 교육의 많은 부분에 영향을 미쳤다. 교육과정은 현실적으로 널리 알려지거나 지리학계에 의해 제한된 지식에 집중했다. 교사는 좀 더 지리 지식을 가르치는 데 집중하였고, 학생은 자신만의 견해로 발전시킨 지식의 세계를 얻었다. 이것은 자연지리 및 인문지리 지식의 장에서 학생들을 교육하는 것과 공간 기술과 지각을 발전시키는 것을 의미한다. 추상적인 지리 아이디어와 이론, 개념의 연결은 학생들의 일상적인 경험과는 동떨어지게 되었지만, 학생들은 가설 검증, 분석, 연역 추리, 평가 등의 지적 기술을 발달시켰다.

둘째, 지리 교육의 논리적 근거로서 진리와 객관적 지식에 대한 추구가 감소함에 따라, 윤리적 전환은 지리과에서 외부적 도덕 목표가 부활하는 결과를 가져왔다. 차이와 맥락을 존중하자는 옹호자들의 주장에도 불구하고, 윤리적 지리는 20세기 지리 교육과정에서 서구중심주의를 대체하지 못했다. 이것은 민족주의, 국가중심주의, 서구우월주의에 대한 강조가 역시 서구에서 기원하고 서구적 특성을 가진 새로운 윤리(환경결정론 · 문화적 관용 등)에 의해 설정된 교육과정으로 대체된 것을 의미한다. 학생들이 자유롭게 사회적 · 정치적 이슈를 생각해야 한다는 원칙이 약화되면서, 이 새로운 가치는 몇몇 지리 교육과정에서 중요한 위치를 차지하게 되었다. 그러나 옹호자들의 윤리적 근거를 약화시키는 도덕성과 지식을 추구하는 글로벌 시민 교육의 접근방법에는 명백한 모순이 있다. 즉 도덕성은 보편적인 성격을 지닌 것으로 보지만, 동시에 지식이 어떤 맥락에서 다음 맥락으로 전이될 수 있는 가능성을 부인한다. 그러나 지식에 대한 확신이 없다면, 교육에 옹호적인 접근을 장려하는 사람들은 어떻게 그들의 윤리적 근거에 대해 확신할 수 있을까? 웨인 벡(Wayne Veck)은 '해방적 연구(emancipatory research)'의 실행을 기대하는 논문에서 이러한 흐름을 발견하였다. "사회정의를 실행함에 있어 나는 논리적으로 진리를 추구할 의무가 있다. 만일 나의 연구 결과가 부당함을 밝히고, 무엇이 잘못되었는가를 공표하는 데에 목표를 둔다면, 나는 최대한의 정확성으로 사회적 부당성의 실재를 반영해야 한다."(Veck 2002)

마무리 제언

이 장에서는 최근 지리과에서 일어나고 있는 교육과정 개혁에 윤리적 전환이 기여한 바를 확실히 하기 위해, 지리의 윤리적 전환을 역사적·논리적으로 추적하였다. 이 윤리적 전환은 다양한 사람들과 장소에 대해 가치 있는 주관적 지식을 제공하고, 지식의 사회구성적 성격에 대한 이해를 증진시키며, 서구중심적인 근대 지리를 드러냈다. 그러나 윤리적 전환은 또한 추상화의 가능성과 공유된 문화의 이해를 부정하면서, 지식은 그것이 만들어진 사회적 맥락에 뿌리를 두고 있다는 개념을 대중화시켰다. 이러한 견해는 지식의 실체로서 지리를 보는 관점과 모든 학생들이 그들의 문화적 배경에 상관없이 도달해야만 하는 기술(skills)을 약화시켰다. 모든 지식이 동등하게 가치 내재적이라는 생각은 몇몇 사회 이론가들이 실재에 뿌리를 내린 것과 그렇지 않은 것의 차이를 부정하도록 했다. 이것은 다양한 외재적 목적, 교육과정 내용의 정치화, 도덕화를 향한 지리과의 문을 열게 했다. 이어지는 제3장과 제4장에서는 미국과 잉글랜드/웨일스의 교육과정의 재도덕화를 추적할 것이다.

더 읽을거리

Gerber, R. and Williams, M. (eds) (2002) *Geography, Culture and Education*, London: Kluwer Academic Publications.

Kincheloe, J. (2001) *Getting beyond the Facts: Teaching Social Studies/Social Sciences in the Twenty-First Century*, New York: Peter Lang.

Machon, P. and Walkington, H. (2000) 'Citizenship: The Role of Geography?' in A. Kent (ed.) *Reflective Practice in Geography Teaching*, London: Paul Chapman, 179-91.

Peet, R. (1998) *Modern Geographical Thought*, Malden, MA: Blackwell.

Smith, D. (2000) *Moral Geographies: Ethics in a World of Difference*, Edinburgh: Edinburgh University Press.

Tuan, Y.F. (1977) *Space and Place: The Perspective of Experience*, Minneapolis, MN: University of Minnesota Press.

제3장

반문화 운동부터 글로벌 가치까지 -미국의 지리 교육과정

GLOBAL PERSPECTIVES
IN THE GEOGRAPHY CURRICULUM

핵심 질문

- **미국의 지리 교육과정이 국가주의적 관점으로부터 다원적 관점으로 전환하는 과정에서 주요하게 영향을 미친 것은 무엇인가?**
- **가치 교육에 대한 집중이 지리의 새로운 글로벌 지향성과 어떻게 연관되는가?**
- **가치 교육은 지리 교육의 본질을 어떻게 바꿨는가?**

'교과서나 다른 교육 자료들에 반영된 사회적 가치'와 '학생들의 가치 체계를 바꾸기 위해 의식적으로 교육과정을 활용하는 것'을 구분하는 일은 상당히 유용하다. 다시 말하지만 때때로 이 두 가지는 동시에 나타나기도 하는데, 예를 들어 20세기의 많은 교과서들에서 발견되는 국수주의적 편견(National bias)이 여기에 해당한다. 이 장에서는 윤리적 전환의 결과에 따라 어떻게 미국의 지리 교육과정이 후자의 범주에 들어가는 목표들을 꾸준히 수용하였으며, 지리에서 비학문적인 목표들이 늘어나는 결과를 가져오게 되었는지를 보여 줄 것이다. 이러한 전환은 모든 과목들이 시민 교육(citizenship education)에 기여하고 있음을 입증하는 보다 큰 그림에 들어맞는 것이었다. 시기에 따라 차이가 있지만, 이전 장에서 논의했던 바와 같이 미국과 영국에서 지리를 가르치는 것은 학문 그 자체에 대한 요구보다는 점차적으로 사회적·정치적인 고려로 채워지게 되었다.

20세기 동안 미국의 교육과정은 단일한 국가주의적 관점을 전달하는 것에서 다원적·글로벌 관점을 제안하는 것으로 바뀌어 갔다. 이러한 전환은 시간이 흐름에 따라 미국 사회 내 소수집단들의 영향력이 커지고 다문화적인 국가 구성이 인정을 받으면서, 1960~1970년대에 나타난 문화 전쟁에 대한 반작용으로 시작되었다. 진보적 교육 사상에 기반을 두고 과거 존재했던 소수 집단에 대한 사회적 불평등을 바로잡는 일에 의식적으로 학교가 참여했던 시기가 있었다. 그러나 과거 지배적이었던 앵글로아메리칸 중심 관점의 붕괴한 이후, 새롭고 통합적이며 대표적인 담론이 부상하는 대신에 국가(학교를 포함하여)는 다원성을 포용하고 서로 다른 문화적 정체성을 공표하였다. 이에 따라 사회 통합을 촉진하기 위해 학생들의 정체성을 함양하는 것이 교육학 이론의 중요한 부분이 되었다.

1980~1990년대에 증가했던 글로벌 과정(process) 및 글로벌 상호연관성(interconnectivity)에 대한 관심은 국민국가에 대한 집착이 쇠퇴했음을 보여 주는 것이었다. 지리는 학생들에게 글로벌 상호연관성과 글로벌 책무성을 가르칠 수 있는 학문으로 생각되기 시작했다. 특히 1990년대의 지리 교과서는 '글로벌 관점'의 전달과 '글로벌 가치'에 다시 초점을 맞추었는데, 이는 계속적으로 교육의 중점을 학생들의 대인 관계의 기술 및 태도에 둔 것이었다.

제2차 세계대전 이후의 지리 교육과정은 국민국가와 미국의 국익을 우선시한다는 면에서 비판받았다. 한편, 이 시기 대부분의 교과서들은 최소한 학생들이 교육과 사회적 경험을 통해 공적인 역할을 수행하는 시민으로서 성장해야 한다는 가정에 기초하고 있었으며, 일부 저자들의 경우 정치적 내용과 국가적 갈등을 본문에 포함시키지 않기 위해 특히 주의를 기울였다. 학생들이 시민으로 성숙할 수 있도록 그들의 공적 역할에 영향을 미치려고 노력하는 대신, 몇몇 글로벌 가치들이 지리 교육과정의 핵심으로 장려되었다. 이는 학생들이 자신만의 도덕적 잣대를 발전시킬 수 있는 능력이 부족하기 때문에 주어진 가치 체계에 따라 지도받아야 한다는 가정에서 출발한다. 지리의 윤리적 전환은 지리의 핵심을 학생들이 지리에서 만족할 만한 수준에 이르기 위해 얻어야 했던 주요한 지리 지식 및 기술로부터 개인의 도덕적·심리적 구조에 대한 초점으로 이동시켰다. 한때 지리학자들이 학생들에게 세계가 어떤 모양인지, 왜 그러한지에 대해 최고의 지리적 통찰을 제공했을 때, 교육자들은 서로 다른 진실들과 지리들에 대해 교육하도록 장려되었다. 지리 교과서들은 하나의 세계관을 전달하는 대신 글로벌 이슈들과 서로 다른 관점들에 대해 다루기 시작했다. 따라서 국가 지향에서 세계 지향으로 전환되는 과정에서 교육의 본질 그 자체에 대한 근본적인 변화—자유민주주의에 참여하기 위한 준비 과정으로서 학문적·국가적 가치와 사회적 이슈들에 대해 학습했던 것으로부터 개인의 사회-심리적 발전을 양성하는 것으로의—가 일어났음을 강조하는 것은 매우 중요하다.

미국 지리 교육과정에서 다문화적·환경적 가치

1970년대 이래 학교 교과서를 이용한 연구는 당시에 어떤 지식 분야의 사고방식에 대해 신뢰할 만한 통찰을 제공하는 중요한 방법론이 되었다. 따라서 이러한 연구법은 시간의 흐름에 따른 교육과정의 변화를 나타내기 위한 잠재력을 보여 주었다. 학생들을 교육하는 데 있어 교과서의 중심적인 역할은 충분히 증명되어 왔다(Woodward, Elliot and Nagel 1998; Johnsen 1993; Marsden 2001b). 우드워드 등(Woodward el. 1988)은 미국 학교에 대한 설문 조사를 통해 75~90%의 학교 수업이 교과서에 의해 구조화되어 있다고 결론지은 바 있다. 비록 연구에 착수한 이후 인터넷의 도입으로 인해 이러한 현상이 감소했을 개연성에도 불구하고 말이다. 교과서 사용의 단점은 학문적 변화를 반영하는 데 시간이 걸리는 경향이 있다는 것이다. 그 시차는 10년이 될 수도 있으며, 극단적인 경우에는 그 이상이 걸리기도 한다(Jackson 1976). 보다 성공적인 교과서들은 각각 수정과 개정의 과정을 거친 여러 개의 판으로 만들어진다. 이때 새로운 학문적 발상과 개념이 제대로 추가될 수도 있겠지만, 최소한 완벽히 새로운 교과서가 출판되기 전까지는 그 과목에 대한 전반적인 접근방법이 크게 바뀌지 않는다. 미국 학교의 경우 최근 몇 십 년 간 지리 교육과정이 사회적·정치적 압력을 받아왔으며, 그로 인해 지리 교과서에 이러한 광범위한 압력들이 뚜렷하게 반영되어 있다.

미국에서 다문화 교육은 새로운 것이 아니다. 다양한 이민의 역사가 존재하는 상황에서 20세기 초 이래 미국의 학교들은 문화적 동화를 위한 수단으로 여겨져 왔다. 듀이(Dewey)와 헤럴드 러그(Harold Rugg)와 같은 진보주의자들에게는 사회민주주의로의 통합이 중요한 목표였다. 레이철 두보이스(Rachel DuBois)는 1920년대에 뉴저지(New Jersey)의 고등학교에서 교편을 잡고 있는 동안 문화 간 교육의 개념을 개척하였다. 1930년대 중반에 그녀는 문화간교육위원회(Service Bureau for Intercultural Education)의 수장이 되었다. 두보이스는 소수 그룹에 속해 있는 개인들의 사연을 교육과정에 포함시키고, 법이 어떻게 평등한 사회적·정치적 참여를 가로막았는지에 대해 가르치는 한편, 학생들의 삶의 모습을 수업에 적용하는 방법 등을 통해 학생들의 태도에 도전하였다(Pak 2004). 할렘(Harlem)과 디트로이트(Detroit)에서 인종 폭동이 발생하고, 제2차 세계대전 기간 동안 유럽 내 유대인들의 경험을 사람들이 알게 된 시기에 그녀의 아이디어는 반향을 일으켰다. 미국 서해안의 시애틀 공립학교 위원회는 이와 유사하게 '인간에 대한 존중, 사회정의, 사회적 이해, 비판적 판단, 관용, 글로벌 시민성, 민주주의에 대한 헌신'을 목표로 하는 교육을 추진하였다(Pak 2004: 64). 나아가 미국사회과교육학회(NCSS)는 힐다 타바(Hilda Taba)와 윌리엄 반 틸(William van Til)이 저술한 문화 간 이해에 대한 회보를 발행했는데, 이는 1940년대 베스트셀러에 올랐다. 그럼에도 불구하고 윤 박(Yoon Pak 2004)은 "주로 백인"인 교사 및 강사들이 "보다 큰 주류 사회로 나아가기 위한 동화를 목적으로 문화 간 교육을 실행하였다."고 언급하였다(Pak 2004: 58). 그러므로 이 시기의 문화 간 교육은 1970년대부터 발전했었던 것과는 상당한 차이를 보이고 있으며, 학생들이 성장하여 사회 내에서 활발한 정치적 역할을 수행하는 시민이 될 것이라는 기대를 전제로 한 것이기도 했다.

고등학교 교과서에는 1960년대의 반문화 운동에 이어 수십 년 동안 나타났던 동질적인 국가 문화로부터 다문화주의로의 전환이 명확히 기술되어 있다. 1950년대 세계지리 교과서들은 학생들에게 미국과 다른 국가들 사이의 관계에 대해 고려하기에 앞서 미국의 지리를 중점적으로 가르치려 했으며, 이러한 접근은 미국의 경제적·정치적 국가 이익의 측면에서 이루어진 것이었다. 이에 대한 좋은 예가 *World Geography: Economic, Political and Regional*이다(Pounds and Cooper 1957).

1960년대에 미국의 국제적 역할은 그 중요성을 더해 갔으며, 이에 맞춰 지리 교과서 역시 아프리카와 아시아의 개발도상국들의 문제 및 요구 사항들에 대해 보다 중점을 두게 되었다. 한 교과서의 저자는 대부분의 미국인들에게 있어 외교 정책에 대한 관심은 새로운 발전이었다고 언급했다. "이제 미국은 자유 진영의 리더가 되었으므로 우리는 우리의 친구들과 동맹국들에 대해 가능한 한 많이 알아야 한다."(Jones and Murphy 1962: 91) 이 시기 문화지리는 분명히 두드러지는 주제이자 접근방법이었다. 예를 들어 *The Wider World*(James and Davis 1967)는 서구 사상이 세계 곳곳으로 전파된 것에 대해 조사했는데, 이는 이러한 전파가 긍정적인 과정이며, 모든 국가들이 이러한 사상을 공유한다면 보다 나은 삶을 살게 될 것이라는 가정하에 이루어진 일이었다.

미국 지리 교과서에서 다문화주의로의 전환은 1970년대에 시작되었으나

1980년대에 이르러 보다 분명하게 나타났다. 예를 들어 *World Geography: The Earth and its People*에서는 서로 다른 문화들의 기여를 가치 있는 것으로 보려고 노력하면서, 지역들을 '문화 지역(cultural region)'으로 칭하고 이전에 비해 보다 덜 서구 모델 중심적으로 표현하고자 하였다. 더 이상 미국의 문화는 동질적인 것으로 묘사되지 않았다. 예를 들어 "미국의 인구는 다양하고" 모든 이민자들은 이러한 문화에 기여를 하였다."라거나, "북미 원주민을 제외한다면 모든 미국인들은 이민자이거나 1500년 이후 북미에 정착했던 이민자들의 후손이다."(Bacon 1989: 209)라는 식이었다. 달리 말하면, 이전에 지배적이었던 앵글로아메리카 문화는 미국 문화에 기여한 다른 디아스포라의 그것과 차이가 없었고, 그 결과 미국의 문화는 보다 다양하게 나타났다는 것이다. 이로 인해, 베이컨(Bacon)은 미국을 용광로(melting pot) 또는 '문화다원주의의 완벽한 사례—사람들이 그들의 전통문화의 일부분을 유지하면서도 공동의 문화를 공유하는 생활 방식'으로 묘사하였다(Bacon 1989: 217).

그럼에도 불구하고 이 시기의 교과서들은 '국가 문화'의 구성 변화에는 아랑곳하지 않고 여전히 강력한 국가주의를 유지하고 있었다. 이는 국제적 규모의 논의를 하는 책에서 자주, 그리고 분명하게 나타났다. 플레밍(Flemming 1981)은 1975~1979년 사이에 출판된 6개의 세계지리 교과서를 대상으로 연구를 진행했다. 그는 이 교과서들이 각각 다른 국가들에 접근하는 방식이 매우 다르다는 것을 밝혀냈는데, 몇몇 교과서는 정치적 차이점을 강조한 반면 나머지는 그러한 이슈들을 회피하였다. 대부분의 교과서들은 '민주주의', '자유 진영' 등의 기술을 통해 미국과 서구 사회를 긍정적인 시각으로 묘사했지만, 공산주의는 때때로 '전체주의'나 '선전'과 연관되었다(Flemming 1981: 379).

1980년대에 지리는 다른 문화들에 대한 학습과 보다 밀접하게 연관되었다. *World Geography* 교사용 지도서의 저자는 학생들의 학습용 교과서의 목표에 대해 다음과 같이 개요를 서술하였다. "학생들이 세계 여러 지역의 고유한 사람들과 문화에 대해 이해할 수 있도록, 그리고 그들 자신의 문화에 대한 시각을 세계의 다른 문화들과 관련시켜 개발할 수 있도록 도와주어야 한다."(Goss 1985: TG5) 이와 유사하게 *Health World Geography*에서 저자는 "모든 문화들은 유일무이한 것"이라고 명시하였으며, "서로 다른 문화에 속한 사람들은 서로 다른 시각을 가지고 있다. 심지어 그들이 유사한 방식으로 행동한다고 하더라도 그들은 그 행동을 하는 데 서로 다른 이유를 가지고 있을 것이다."라고 하였다(Gritzner 1987: 125). 그리츠너(Gritzner)는 이러한 사례로 소를 보호하는 서로 다른 문화적 이유를 들었는데, 힌두교의 경우에는 소를 신성시하기 때문이었고, 세렌게티 초원의 경우에는 소가 지위를 상징하기 때문이었다. 1980년대의 교과서들은 서로 다른 사회적 여건하에서 어떻게 문화적 규범과 가치들이 유래되었는지에 대해 인식하였으며, 이러한 차이들에 대해 판단을 내리는 경향은 점점 줄어들었다.

1970년대와 1980년대에 발생했던 두 번째 중요한 변화는 지리의 내용과 그 전달 방식에 있어서 '환경 가치(environmental value)'의 중요성이 증가하였다는 점이다. 환경 가치는 이전의 천연자원에 대한 관리와 사회에 대한 인간중심적인 접근에서 생태계에 개입 또는 관리하는 인간의 능력과 정당성에 대한 회의적인 접근으로 강조점이 전환된 것을 반영한다. 대신 자연계에는 인간의 노력을 넘어서는 본질적인 가치나 권위가 부여되었다. 제2장에서 언급했던 바와 같이, 환경 교육을 도입하고 환경 가치를 옹호하는 것은 1960~1970년대의 환경 운동을 일으켰던 사회 규범의 변화로 인해 나타난 결과였다. 환경 교육에 대한 공식적인 정의는 1969년 미시건 대학교(University of Michigan)의 윌리엄 스탭(William Stapp) 박사에 의해 내려진 바 있다.

> 환경 교육은 생물물리학적 환경과 그와 연관된 문제들에 대해 식견이 있고, 이러한 문제들을 해결하기 위해 도울 수 있는 방법에 대해 잘 알고 있으며, 그 해결책을 위해 일하고자 하는 동기를 지닌 시민들을 양성하는 데 목적을 둔다. (North American Association for Environmental Education 2003 재인용)

곧이어 1970년에 환경교육법이 통과되면서, 환경 교육은 법 안에 정식으로 도입되었다.

환경 교육은 몇 가지 프로젝트의 형태로 학교에 도입되었다. 1970년대의 '나무 배우기 프로젝트(Project Learning Tree, PLT)'는 학생들에게 숲의 가치와 숲을 돌보는 것에 대해 가르쳤으며, '야생 프로젝트(Project Wild)'는 야생동물과 생태계를 강조했다. '나무 배우기 프로젝트'는 미국삼림협회(American Forest Institute, 현재의 미국삼림재단, American Forest Foundation)와 서부지역환경교육위원회(Western Regional Environmental Education Council, 현재의 환경교육위원회, Council of Environmental Education)에 의해 개발되어 초·중등 학생들을 위한 교육 프로그램으로 성장하였다. 서부지역환경위원회는 미국교육청(US Office of Education)으로부터 15만 달러의 지원금을 받아 3년짜리 프로젝트로 설립되었다(Project Wild 2003). 1980년대에는 'Project WET(Water Education for Teachers)', 'GREEN(Global Rivers Environmental Education Network)'과 같은 두 개의 프로그램이 추가로 도입되었다.

환경운동가들의 수가 늘어감에 따라 1971년 이들에 의해 미국환경교육협회(National Association for Environmental Education)가 설립되었다. 협회의 영향력은 미국 국경 너머까지 미쳤으며, 이후 이를 반영하여 북미환경교육협회(North American Association for Environmental Education)가 되었다. 디싱어(Disinger)는 협회가 초기에는 지역 전문대학(community college) 수준에 이르는 것조차 의도하지 않았음에도 예상보다 많은 기대를 모았다고 보고했다. 그는 "'교육'에 초점을 둔 조직이 모든 범위의 교육 대상들에게 그들의 친환경적 메시지를 전파할 수 있는 열린 기회를 제공할 수 있으며, 그러한 기회를 제공해야 한다고 생각했었던" 환경운동가들이 학회에 모였으며, "그러한 메시지들은 때때로(항상 그렇지는 않았으나) 교육이라기보다는 선전에 가까웠다."고 언급했다(Disinger 2001: 5).

명백히 이런 프로젝트들을 통해 환경 교육은 실질적으로 미국 전역의 수많은 학생들과 교사들에게 전달되었다. 그러나 맥퀸(McKeown)과 홉킨스(Hopkins)가 밝힌 바와 같이 이러한 진전은 "개별 교사들이 환경 주제 단원(thematic unit)을 고안하고, 그것을 실제 교실에서 교육과정 안에 통합시켰기 때문"에 이루어진 것이었다(McKeown and Hopkins 2003: 121). 이러한 접근은 1980년대 후반부터 정부에 의해 주도된 주/국가 단위의 계획들과 대조된다.

지리 그 자체가 환경 교육 프로젝트의 일부는 아니지만, 환경 가치를 포함하고, 환경에 대한 교육만이 아닌 환경을 위한 교육이 이루어지면서 눈에 띄게 인간과 자연 간의 관계에 대한 새로운 접근법을 내면화하기 시작했다. 또한 역사적으로 지리에서 인간과 자연환경 간의 점이지대가 공간적 변화를 이해하는 데 중심이 되었던 점을 고려할 때, 지리는 인간과 자연환경 간의 상호작용을 다루는 논리적 공간이다. 그러나 이전에는 이러한 상호작용은 인간이 지구를 가능한 한 최대한 활용하려고 하는 인간중심적인 관점에서 탐구되었다. 이러한 시각이 자연 보호와 합리적인 환경 관리를 방해하지는 않았지만, 대개는 어떻게 하면 인간에게 가장 알맞은 것인지에 대한 견지에서 이루어졌다. 반대로, 환경 가치를 옹호하는 입장은 도구적 또는 미적인 목적 외의 다른 이유로 자연환경의 가치를 강조하였다.

지리 교과서에서의 이러한 현상은 인간–자연의 시스템이 학생들에게 제시되는 방식을 변화시켰다. 1950~1960년대의 교과서들은 대체로 자연환경과 인간의 상호작용에 대해 긍정적인 용어를 사용하여 묘사하였다. 오염과 여타 잘못된 관리들에 대해 언급하더라도, 이는 주로 산출 극대화와 부의 창출을 위한 천연자원 활용이나 강과 같은 자연환경을 길들이는 것에 중점을 둔 것이었다. 1970~1980년대에 쓰인 교과서들에서 천연자원은 이제 '(사람의 것이 아닌) 지구의 자원'이며 '손상되기 쉬운', '위협받고 있는', 사람들로부터 '학대'받고 있는 것으로 기술되었다. 예를 들어 *World Geography: The Earth and its People*은 전 세계 물 공급이 "취약한 자원"이며 "지표수의 오염이 가장 흔히 나타나는 오용"이라고 보고하였다(Bacon 1989: 113). 또한 "미국의 지하수 역시 위협받고 있다."고 주장하였다(*ibid.*).

더 이상 인류는 자연으로부터 떨어져 있는 특별한 경우가 아니었다. 인간을 포함한 전체가 서로 연결되어 있는 상태로서의 생태계를 새롭게 강조하게 되었다.이러한 접근의 전형적인 예가 *Health World Geography*에 나타나 있다. "생태계는 자연에서 나타나는 균형을 대표하며" "인간의 활동 역시 생태계 내부와 그 사이에서의 균형을 변화시킨다."(Gritzner 1987: 96) 나아가 이 책에서는 쓰레기를 강에 버린다거나 숲에서 나무를 베는 것과 같은 인간의 사소한 행위도 생태계를 심각하게 파괴한다고 주장하였다. "작은 변화라고 할지라도 수천 배로 증폭되면서 생태계 전체에 손상을 가할 수 있다."(*ibid.*) 이전 교과서들이 천연자원을 상품으로 변형시키는 사람들의 생산력에 대해 강조했던 것과 달리, 1980년대의 교과서들은 자원의 공급이 제한되어 있고, 증가하는 인구로 인해 고갈되기 쉬운 것으로 표현하였다. *World Geography*에서 고스(Goss)는 학생들에게 "싸고 풍부한 화석연료의 시대는 끝났다."(Goss 1985: 247)라고 알리면서 "만일 새로운 에너지원이 준비되기 전에 지구의 화석 연료가 고갈된다면, 분명히 다가올 위기로부터 우리 자신들을 어떻게 보호할 수 있을까?"(*ibid.*: 256)라고 덧붙였다. 이는 지리의 경제적 초점을 생산에서 소비로 옮겨 놓았는데, 이러한 양상은 오늘날에 더욱 현저하게 나타나고 있다.

그러나 이와 동시에 1980년대에 만들어진 미국의 지리 교과서들은 여전히 강한 지리적 서사들을 포함하고 있었다. 환경 가치와 문화적 민감성이 몇몇 주제들에 대한 접근방법을 바꾸었을지도 모르지만, 교과서들은 여전히 학생들에게 세계에 대해 묘사하고 설명하기 위해 노력했다. 실제로 1980년대의 교과서들은 1960~1970년대에 만들어진 것들에 비해 기후, 경관, 자원, 문화와 인구 등의 지리적 주제와 이론에 대해 더 많은 페이지와 단원들을 할애하였다(그림 3.1 참조).

교과서 편찬과 문화 전쟁

미국 교과서들에서 비학문적 가치에 대한 강조가 증가한 주요 이유 중 하나는 교과서가 문화 전쟁의 장이 되었기 때문이었다. 1960~1970년대의 시민권 운동 이후, 역사에 대한 비서구권의 기여와 미국 사회의 다양한 문화적 특성들을 보다 잘 나타낼 수 있는 교과서들을 만들려는 움직임이 나타났다. 1976년 캘리포니아 주는 '사회과 내용 표준(social content standard)'을 제정했다. 이 기준은 교과서 검정 위원회에게 오로지 다음과 같은 책들만 승인하도록 요구하였다.

> 모든 역할에 있어서 남성과 여성의 기여… 아메리칸 인디언, 아프리카계 미국인, 멕시코계 미국인, 아시아계 미국인, 유럽계 미국인, 그리고 다른 민족적·문화적 집단 구성원들의 기여를 포함하여, 우리 사회의 문화적·인종적 다양성에 대해 정확히 나타낼 것. (Finn and Ravitch 2004: 8 재인용)

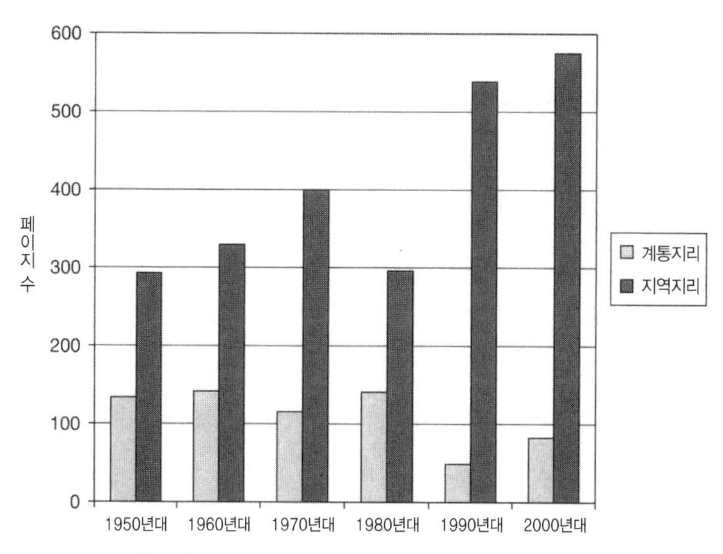

그림 3.1 미국의 고등학교 세계지리 교과서 내의 계통지리와 지역지리 분량(1950년대~2005년)

그러나 이 감탄할 만한 진취성은 극단적인 정책으로 번졌다. 사회과 내용 표준은 어떤 교과서도 '특정 사람들에 대해 그들의 인종, 피부색, 종교, 민족적 태생, 혈통, (혹은) 성별로 인해 불리하게 반영될 수 있는 문제들'에 관한 내용을 담을 수 없음을 꾸준히 명시하였다. 이러한 요구의 결과로 교과서들은 비록 대부분의 이슬람 국가 여성들의 낮은 지위와 같이 현실을 공정하게 반영한 것이라고 하더라도, 어떤 집단의 사람들에 대해서든 부정적으로 묘사하는 것을 피하게 되었다. 다른 조건으로는 교과서들이 영양적 가치가 낮은 음식들을 보여 주어서는 안 된다는 '정크 푸드 규칙'과 같은 것이 있었으며, 교과서들은 사람들이 환경을 보살피는 긍정적인 이미지를 보여 주도록 지시받았다.

캘리포니아 사회과 내용 표준은 교과서에서 앵글로아메리카 전통의 우월성에 대한 도전에 반응한 것이었을 뿐만 아니라, 나아가 교과서 교과 내용에 대한 합법적 도전에 이르는 길을 열었다. 캘리포니아에서 이런 시도는 대부분 정치적 좌파에 기인한다. 이들은 정체성 정치학을 전적으로 수용했으며, 이에 따라 소수집단과 성별을 동등하게 대표하고자 노력했다. 1990년대에 이미 교과서의 다문화적 내용 증가에 따른 정치적 우파들의 대응이 나타났으며, 이는 특히 텍사스에서 나타났다. 멜 게이블러(Mel Gabler)와 노마 게이블러(Norma Gabler)는 그들에게 기독교적·미국적 삶의 방식에 반대하는 것으로 여겨지는 교과서 내용을 찾아내는 데 막대한 자원을 쏟아부었다(Johnsen 1993 참조). 이와 유사하게 '미국애국여성회 텍사스 지부(Texas Society of the Daughters of the American Revolution)'에서는 170개의 '체제 전복적인(subversive)' 교과서 목록을 출간하였다. 교과서를 둘러싼 논쟁이 매우 격해지고 국가적으로 주목을 받게 되면서, 교과서의 내용은 더욱 정치적이 되어 갔다(Keith 1991; Zimmerman 2002 참조).

출판사들은 곧 캘리포니아 주의 사회과 내용 표준과 위에서 나타난 반대에 신중히 대처하게 되었다. 그들은 가능한 한 많은 소수민족들을 같은 분량으로 교과서에 싣고자 했고, 성별 역시 평등하게 표현하였으며, 어떤 집단의 사람들도 부정적인 시각에서 묘사하지 않았고, 생각할 수 있는 모든 집단 혹은 정체성에 대해 잠재적으로 공격적일 수 있는 내용을 교과서에서 제거했다. 출판사들은 여러 집단들에 의해 제기된 특정한 이의에 대응하기 위해서뿐만 아니라, 그 출판물의 미래에 나타날 수 있는 논쟁거리들을 피하기 위해 자체 검열을 시작하였다. 1968년 McGraw-Hill사는 편견과 민감성에 대한 지침을 자체적으로 만들었다. 이 출판사가 1993년 출간한 『다양성의 반영: 교육 전문가를 위한 다문화 지침(Reflecting Diversity: Multicultural Guidelines for Educational Professionals)』은 이 과업의 중대함으로 인해 28명의 직원과 63명의 컨설턴트가 참여해 만들어졌다. 저자들은 많은 요구들 속에서 긍정적인 롤 모델을 사용해야 했으며, 남성과 여성, 그리고 서로 다른 문화의 사람들에 대한 정형화된 이미지를 피해야 했다. 예를 들어 아프리카계 미국인이 요란한 색의 옷이나 밀짚모자, 하얀 정장을 입은 것으로 노출되어서는 안 됐고, 북적거리는 다세대 주택이나 혼란스러운 길거리에 있는 모습으로 묘사되어서도 안 되었다. 저자와 편집자들은 건축 공사를 하는 남성 일꾼과 같은 전통적인 사고방식을 기피하였다. 대신 그들에게는 남성 간호사나 여성 기술자 등과 같이 통상적이지 않은 역할을 맡은 사람들의 모습을 보여 줌으로써 고정관념에 도전하는 것이 장려되었다. 이는 소수 집단과 고령자들에 대해서도 적용되었다. 나이든 사람들은 더 이상 기력이 쇠하고 노쇠한 것으로 그려지지 않았으며, 혈기 왕성하고 건강한 것처럼 보여야 했다.

이와 비슷하게 Harcourt사에서 출판된 편견과 민감한 주제에 대한 지침은 저자들에게 "아메리카 또는 아메리칸과 같은 용어를 사용함에 있어 지리적 쇼비니즘(chauvinism)을 조심하도록" 지도하였다(Ravitch 2003 재인용). 예를 들어 그들은 '아메리카'라고 불리는 장소는 존재하지 않는다고 주의를 주었으며, 오리엔트나 오리엔탈리즘, 중동(서남아시아)과 같은 용어들도 금지되었다. 지침은 이러한 용어들에 식민지 시대의 의미가 내포되어 있다고 보았다. 라비치(Ravitch 2003)는 당시 이러한 지침들이 사람들의 문화적·역사적 역할에 대해 거짓말하는 것과 같다고 평했다. 명백하게, 출판사들은 교과서의 인종적 편견과 비록 부정적일지라도 문화적 패턴에 대해 설명하고 기술하는 내용을 제거하는 것을 구분하는 데 실패했다.

출판사들이 행한 자체 검열의 결과 가운데 하나는 교과서 집필에 있어서 상당량의 상상력과 생생함이 사라졌다는 것이다. Scott Foresman-Addison Wesley사가 1996년에 출간한 지침은 저자들을 위해 정치적·사회적으로 옳고 그름에 대해 정의하는 161쪽에 달하는 규제 조항을 싣고 있다. 라비치가 지적한 바와 같이, 누군가 글을 쓰는데 그 정도 높은 수준의 통제는 "생각과 표현의 자유의 가능성을 파괴한다."(*ibid.*: 49) 타이슨-번스타인(Tyson-Bernstein)이 찾아낸 바에 따르면, 이렇게 무기력한 교과서들에 대해 설명하기 위해서는 1980년대까지 긴 시간을 되돌아가야 한다.

또 다른 결과는 교과서 집필의 목적이 혼란스러워졌다는 것이었다. 과거 대다수의 저자들이 학생들에게 주로 그들의 학문(그리고 아마도 애국심도 끼워 넣어서)에 대해 이해시키고 흥미를 돋우기기 위해 노력했던 반면, 오늘날 교육과정에서 사회적·정치적 목표가 중요성을 더해 감에 따라 교과서 집필을 저해하고 있다. 예를 들어 Scott Foresman-Addison Wesley사의 지침은 "학문적 교육과정의 궁극적인 목표는 다문화주의를 발전시키는 것"이라고 주장한다(*ibid.*: 40 재인용). 과거 많은 교과서들이 국수주의적 편견으로 인해 비난받던 것과는 달리, 오늘날 교과서 편찬에 있어서는 새로운 윤리적 목표들이 중요하게 성장했다.

이러한 발전은 대의제가 개인이나 단체의 정체성을 손상시키지만 교육을 통해 긍정적인 도덕적 가치와 태도를 육성할 수 있다는 신념과 정체성 정치학으로의 전환을 반영한다. 앞선 장에서 언급한 것처럼, 사회적 변화는 개인을 변화시키는 일로 축소되었으며, 그 결과 사회적, 정치적 심지어는 경제적 변화를 위한 수단으로서 학교 교육의 중요성이 증가하게 되었다(Lasch-Quinn 2001 참조). 지리 과목은 이제 어떻게 학생들의 지적 가능성을 개발하는지보다는 어떻게 그들의 사회적·심리적 '복리'에 기여하는지를 증명하도록 요구받게 되었다.

사회적·정치적 목표들에 더해 1980년대의 교육은 국가의 경제적 운명에 종속되어, 그에 대한 책임 또한 지니는 것으로 나타났다. 1983년의 「위기에 빠진 국가」라는 보고서는 국가에 교육 수준의 추락을 경고하였으며, 학교와 고용주의 수요를 연결지어 이를 국가와 대중의 인식에 심어 놓았다. 이러한 경향은 지리와 같은 학문이 직업 전 훈련(pre-vocational skills)으로서 읽기, 쓰기, 자료분석하기, 의사소통하기, 문제해결하기 등의 능력들에 대해 초점을 맞추도록 하였다. 위의 능력들은 1980년대 교과서에 도입되었으며, 1990년대와 2000년대에 출판된 교과서들에서 매우 중요하게 강조되었다.

개인적 의무로서의 환경보호주의

문화 다양성에 대한 존중과 함께, 환경 이슈와 가치는 지리 교과서의 주요한 주제가 되었다. 세계가 환경 문제를 보다 중요하게 생각하게 되면서, 지리는 인간과 자연환경 간의 관계에 초점을 둔다는 이유로 환경 문제들을 가장 잘 다룰 수 있는 학문 중 하나가 되었다. 이에 따라 1970년대와 1980년대의 환경 교육이 환경과 관련된 국가적 관심사들을 다루었던 반면, 1980년대 말과 1990년대 초에는 중요한 변화가 일어났다.

지금까지의 환경에 관한 노력이 성공적이지 못했다고 생각한 몇몇 환경보호론자들은 새로운 방향을 추구하기 시작했다. 이들 중에는 오랜 기간 환경교육 옹호론자였으며, 나중에 지구교육협회(Institute for Earth Education)의 책임자가 된 밴 매트레(Van Matre)도 있었다. 매트레는 그의 책 *Earth Education*에서 (그동안의) 교육 프로젝트들이 사람들의 생활 방식을 변화시키는 데 실패했기 때문에 "날려 먹었다(blew it)."라고 하였다(Van Matre 1990: 4). 환경 교육을 받은 학생들은 환경 가치를 내면화하지 않았으며, 서로 다른 세계관을 발전시키지도 않았다. 매트레는 이러한 '실패'의 몇 가지 이유들에 대해 다음과 같이 제시했다. 우선 그 프로젝트들은 환경 문제를 개인으로서의 우리들의 내부에 존재하는 것이 아닌, 외부에 존재하는 것으로 외재화하였다. 또한 과학은 환경 교육에 충분히 적당한 영역이 아니었다. 왜냐하면 과학은 해결

방법이 생활 방식의 변화가 아니라 과학적 수단에서 비롯된다고 주장하기 때문이었다. 그뿐만 아니라 프로젝트의 내용은 일관된 프로그램이라기보다는 여기저기 산재해 있었기 때문에 학생들은 에너지의 흐름과 같은 기초적인 환경 개념을 받아들이지 못했다(*ibid.*). 이와 비슷하게 데이비드 오어(David Orr 1992)는 고등교육에서의 환경교육 실태에 대해 요약했다. 환경보호론자들은 1960년대 이후 환경에 대한 그들의 급진적인 의제가 근대적 주류 사상에 포함되었다는 것에 실망했다. 환경상의 문제점들을 인식하기는 했지만, 사람들은 과학과 기술을 적용함으로써 그 문제를 바로잡을 수 있다고 생각했다. 자원의 재분배가 요구되었지만 한편에서는 자본주의가 계속하여 발전했다.

그럼에도 불구하고 변화는 진행 중이었다. 현대 사회가 만들어진 근대적 토대에 대해 전반적인 의문을 불러일으킬 수 있는, 환경보호주의에 대한 새로운 접근이 지지를 받았다. 지속가능한 발전의 개념을 통해 정교화된 새로운 접근방법은 매트레가 추구했던 것으로, 환경 문제를 우리 외부에 있는 것으로 보지 말고 우리 스스로를 변화시켜야 한다는 것이다. 즉 사회는 자연과의 관계에 대해 다시 생각해 볼 필요가 있었다. 인간을 더 이상 자연계로부터 분리된 것이나 자연계의 지배자로 여기는 대신 인간 그 자체를 자연의 일부분으로 생각해야 한다는 것이었다. 1987년 열린 세계환경개발위원회(World Commission On Environment and Develop ment)의 결과인 지속가능한 발전은 지지를 받았다. 위원회 보고서의 저자인 그로 할렘 브룬틀란(Gro Harlem Brundtland)은 지속가능한 발전을 "미래 세대의 필요를 충족시킬 수 있는 가능성을 손상시키지 않는 범위에서 현재 세대의 필요를 충족시키는 발전"으로 규정하였다(World Commission on Environment and Development 1987: 43).

대니얼 시타쓰(Daniel Sitarz 1998)는 『지속가능한 아메리카: 21세기 아메리카의 환경, 경제, 그리고 사회(Sustainable America: America's Environment, Economy and Society in the Twenty-First Century)』에서 지속가능성을 설득력 있게 제시하였다. 그는 냉전의 종식 이래 등장한 글로벌 경제와 인구의 성장 및 기술의 발달은 사람들이 자연계에 점차 더 큰 중요성을 부여하도록 했다는 점에서 세상을 근본적으로 바꾸었다고 주장하였다. 현재의 소비 및 지출 수준은 지속가능한 정도에 해당하지 않는다. 이 '새로운 세상'에서 살아남기 위해서는 경제적·환경적·사회적 도전에 대한 새로운 접근이 요구된다. 시타쓰가 제시한 바에 따르면 지속가능한 접근은 지구를 잘 보살피고 '청지기로서의 책무(sense of stewardship)'를 개발하는 것을 의미하는데, 이는 과학이라기보다는 관점에 가깝다. 시타쓰에게 지속가능한 미국이란 경제적 번영과 깨끗한 환경, 인구 수준, 자연, 안정적 공동체와 교육을 유지하는 것을 의미했다. 이와 비슷하게 앨 고어(Al Gore 2009) 전 미국 부통령은 환경보호주의가 냉전 이데올로기에 의해 제공된 이데올로기적 '접착제'를 대신하여 사회를 구성하는 새로운 가치가 될 것이라고 주장하였다.

지속가능한 발전과 지속가능성에 대한 해석은 다양하기 때문에 그 주제를 혼란스럽게 만들기도 한다. 그러나 그러한 해석들은 모두 사회적·경제적·환경적 현상이나 시스템이 연결되어 있고, 인간은 그러한 연결이 가지는 환경적·문화적 영향력을 고려하여 그 지평을 수정해야 한다는 가정을 공유한다. 따라서 휠러(Wheeler)는 지속가능성에 대한 교육이 "이러한 세 가지 복잡한 시스템들 간의 연관성과 상호작용을 구축하고 이해하는 방법에 대해 학습하는 것"이라고 기술하였다(Wheeler 2000: 2). 휠러는 지속가능성에 대한 교육은 사고방식과 관련된 것으로서 미래에 대한 생각과 공동체에 대한 이해, 천연자원의 관리, 경제적 자원뿐만 아니라 지적·사회적·자연적·정신적 자원을 포함한 경제학에 대한 보다 넓은 해석, 지역적 이슈와 글로벌 이슈 사이의 관계에 대한 이해를 필요로 한다고 주장하였다. 유사하게 오어(Orr 1992)는 지속가능성과 시민성, 민주주의가 밀접하게 연관되어 있으므로 오로지 민주적 참여와 교양 있는 시민성을 통해서 지속가능성이 달성될 수 있다고 결론지었다.

지속가능성은 인간과 자연 간의 관계뿐만 아니라 장소 간의 관계에 대해서도 초점을 맞추면서 환경 문제의 초국가적 특성을 강조했고, 환경 문제를 글로벌 해법을 필요로 하는 글로벌 문제이자 우리 모두가 공헌해야 하는 것으로 보았다. 따라서 환경 문제는 이제 모든 개인들의 의무로서 제시되었다. 이와 같이 환경보호주의는 단순한 과학적 이슈가 아닌 보다 도덕적 이슈로 변화했다. 이러한 변화는 지속가능한 개발 교육의 개념에 반영되어 있으나, 그 가정은 점차적으로 미국의 환경 교육 프로그램과 몇몇 지리 교육과정에 포함되었다.

1992년 리우데자네이루에서 열린 지구정상회의(Earth Summit)와 그 보고서인 「의제 21(Agenda 21)」은 국제적으로 힘을 얻었으며, 많은 정부들에 대해 환경 이슈들을 위한 행동에 나서고 변화를 가능하게 하는 환경 관련 교육에 박차를 가하게 하였다. 시타쓰는 「의제 21」이 "인류가 지구 상에서 보다 조심스럽게 나아감으로써 다음 세기를 향한 길을 열 수 있도록 포괄적인 청사진을 제공"했으며 "이 기념비적인 협의는 인류 사회에 심오하고 극적인 변화를 제안하였다."라고 보고했다(Sitarz 1993: 1). 그에 따르면 이 보고서는 교육이 사람들의 태도를 바꾸는 데 필수적이 될 것이라고 주장하였으며, 이에 따라 각국 정부들에게 3년 내에 그들의 교육 제도 안에 환경과 개발을 포함시킬 것을 촉구하였다. 그 실현 가능성을 보장하기 위해 「의제 21」은 다음과 같이 정부를 위한 몇 가지 전략을 추천하였다.

교육과정에 대한 철두철미한 검토 … 환경과 개발의 이슈들을 총망라하는 학제적 접근의 존재에 대해 보장할 것 … 국가적인 환경 교육 자문 조정 기관을 세울 것 … 환경과 개발의 본질 및 방법에 대해 다루는 모든 교사 및 관리자들을 위한 재직 전/재직 중 훈련 프로그램을 만들 것 … 모든 학교들은 학생들과 직원들이 참여하는 가운데 환경보호 활동 계획을 만들 것 … 모든 국가들은 환경 및 개발 교육을 위한 대학 활동과 네트워크를 지원해야 한다. (Sitarz 1993: 294-295)

보고서에 나타난 표현은 개발과 환경의 연계를 통해 사회적 · 경제적 · 환경적 이슈가 연결되어 있다는 개념을 분명하게 지지한다.

1970~1980년대의 미국 정부는 환경 교육을 제한적으로 지원했으며, 1990년대에 이르러서야 환경/지속가능한 프로젝트들이 주류 교육에 현저한 충격을 줄 수 있을 정도의 지원이 이루어졌다. 이러한 진전은 1990년 두 번째 환경교육법과 함께 시작되었다. 이 법은 미국 환경보호국(Envirnmental Protection Agency, EPA) 내의 환경교육부(Office of Envirnmental Education), 환경 교육 및 훈련 프로그램(후에 EETAP로 알려진), 환경 교육 보조금, 환경 교육과 관련된 학생 단체들, 청소년환경보호대통령상(Presdent's Envirnmental Youth Awards), 연방태스크포스(Federal Task Force)팀과 국가자문위원회(National Advisory Council), 국립 환경 교육 및 훈련재단(National Environmental Education and Training Foundation, NEETF)을 재가했다(North American Association -one for Environmental Education 2003). 일련의 새로운 기관과 계획 대부분은 공식적인 교육 그 이상을 담당하였으나, 그들은 어떠한 형태로든 환경보호주의 주류화를 지향하며 활동했다. 2001년 주(州) 표준을 작성한 저자들에 대한 설문조사는 이러한 형태의 환경 교육이 "많은 주들에 있어 공식적 · 비공식적 교

육 기반에 발판을 마련한 것"이었으며 "미국 환경보호국은 환경 교육의 잠재력 향상을 위한 재원을 마련하는 것을 가장 중요한 목표로 했다."고 전했다(Ruskey et al. 2001: 13).

환경 교육은 지속가능성에 대한 교육보다 먼저 등장했다. 때문에 매우 최근에야 '지속가능성'이라는 용어가 미국 지리 교과서에 나타나기 시작했으며, 종종 지나가는 말 정도로만 언급되었다. 이 용어는 주 표준 교육과정에서 점차 중요해지고 있다. 그럼에도 불구하고 1990년대 교과서들은 환경 문제에 대해 글로벌 용어를 사용하여 기술하였는데, 이는 명백히 지속가능성의 개념에 의해 영향을 받은 것이었다. 이와 같이 *World Geography: Building a Global Perspectives*에서 저자는 "관료들은 현재의 자원 사용을 제한하고, 장기적으로 자원을 보전하는 것이 미래로 이어지는 가능성을 높일 것이라고 희망하고 있다."고 하였다(Baerwald and Fraser 1995: 544). 실제로 저자는 이것이 열대우림의 원주민들조차도 사냥, 고기잡이, 농사와 여타 활동을 위한 접근을 제한받는다는 것을 의미한다고 하였다. 이 시기의 교과서에는 전반적으로 인간이 자연을 돌이킬 수 없을 정도로 손상시켰기 때문에 환경 위기가 발생했다는 의식이 담겨 있었다. 예를 들어 *Geography: People and Places in a Changing World*에서 저자는 전례 없는 과학 및 기술의 힘이 인구 증가와 결합된 결과에 대해 다음과 같이 기술한다. "결과적으로 인간은 지구의 땅, 공기, 물과 같은 삶의 기본 요소들이 글로벌 관심사가 될 정도로 빠르게 변화시키고 있다."(English 1995: 70) 저자는 "인간의 활동의 결과로 나타난 환경 문제들은 우리가 현재에도, 미래에도 마주하게 될 주요한 문제들 중 하나일 것"이라고 추측하였다(English 1995: 75).

미국의 환경 교육에 대한 비판이 없을 수는 없었다(Holt 1999: 1 참조). 일련의 연구들은 환경 교육의 중요성보다는 학교에서 환경 교육에 접근하는 방식을 주제로 삼았다. 예를 들어 한 조사는 환경 교육이 어떻게 '생태계 기저에 있는 과학적 원칙과 정보들을 삶으로' 가져올 수 있는지에 주목했으나, 많은 학교 수업들이 "기초는 생략한 채 학생들이 지식의 과학적 기본을 쌓기도 전에 그들에게 멸종 위기에 처한 종과 같이 복잡하고 논쟁적인 주제들을 밀어 넣고 있음"을 발견하였다(Sanera and Shaw 1999: 1). 저자는 이 사례에서 "교육이 감성주의와 정치적 활동주의보다 못한 취급을 받을 수 있다."고 결론 내렸다(*ibid.*). 이러한 종류의 비판으로 인하여 독립환경교육위원회(Independent Commission on Environmental Education)는 교실에서 사용되는 환경과 관련된 교수 자료들에 대해 전반적으로 검토해 줄 것을 요청받았다. 최종 보고서는 어떤 자료들은 균형 잡힌 정보에 의해 접근하는 반면, 다른 경우에는 "사실과 다른 점이 흔하게 나타나고", "많은 환경 과학 교과서들이 심각한 결점을 지니고 있으며", "다른 교과서들에는 과학과 그에 대한 지지가 분별없이 섞여 있다."고 밝혔다(Independent Commission on Environmental Education 1997).

미국 지리 교육과정상의 글로벌 이슈

1980년대 후반과 1990년대 초반은 사회과 교육에 있어 중요한 시기였다. 국제화된 경제 비중의 증가와 냉전이 종식은 전통적인 국가 시민권에 대한 세계화와 도전의 새로운 시대를 열었다. 1970~1980년대 사회과 교육과정에 수용된 윤리적 가치들은 글로벌 교육 또는 국제 교육으로 변화의 일부분으로 체계화되었다. 이때 시민 교육의 글로벌 지향성에 대한 새로운 강조는 자유민주주의에 참여하기 위해 준비하는 과정이라고 보기 어려우며, 도덕 교육과 훨씬 유사한 면이 있다.

1990년 조지프 스톨먼(Joseph Stoltman)은 지리가 사회과 교육과정 내에서 발판을 유지하기 위해 시민성과의 관련성을 만들 필요가 있다고 보았다. "지리 교육에 있어 시민성은 주요한 목표로 여겨지지 않았으나, 시민성에 대한 연구와 저술들은 지리가 그에 있어 중핵적 역할을 수행해야 함을 제안한다." (Stoltman 1990: 37) 여기서 스톨먼은 전통적 사회 제도들(교회, 가족, 결혼과 같은)이 몰락하고 있는 상황에서 학교가 학생들에게 가치관을 주입할 수 있는 기관으로 여겨지고 있음을 들어 사회가 변화하고 있다는 사실을 언급하였다. 사회과학에서 시민성과 윤리에 대한 강조의 증가와 사회 내 도덕적 위기의 만연 사이의 연결은 곳곳에 나타났다(Smith 2000; Proctor and Smith 1999).

1990년대는 많은 시민 교육 학자들이 미국의 민주주의 상황에 대해 질문을 던진 시기였다(Ravitch and Viteritti 2001). 학교에서도 전통적인 시민성 수업들은 인기를 얻지 못했으며, 이 주제에 대한 학생들의 이해 역시 형편없었다는 사실은 충분히 입증되었다(Cotton 1996; Braungart and Braungart 1998). 1999년 미국 교육부가 실시한 설문 조사는 단지 20%의 청소년만이 미국의 헌법과 정부의 토대가 되는 원칙들에 대해 제대로 이해하고 있다는 사실을 발표했다(Ravitch and Viteritti 2001). 당시 미국 학생들 사이에서 전통적인 역사 수업들에 대한 흥미가 감소하고 있었는데, 학생들은 그 수업들이 오늘날의 세계와 관련성이 있는지에 대해 의문을 가지고 있었다(Jarolimek 1990). 국가 문화와 정치적 삶의 위축은 일정 부분 앞에서 설명했던 다문화주의와 다원적 시각으로 전환된 결과이기도 했다. 라비치는 편견 및 민감성에 관한 출판사들의 지침이 "우리나라 문화의 전파를 적극적으로 막고 있다."라고 평가했다(Ravitch 2003: 49). 그녀는 공동의 국가 문화를 유지하면서 동시에 다른 비미국적 문화들의 중요성에 대해 선포하는 것은 불가능하다는 것을 지적했다. 후자는 전자를 약화시킨다. 국가 수준에서는 정치의 폭이 줄어들고 사람들의 삶과 관련이 감소한 반면, 국제 무대에서는 정치적인 계획들과 조직들이 출현하였다. 이러한 계획과 조직들이 비록 항상 성공적이었던 것은 아니었지만, 힘차고 역동적이었다. 이렇게 세계화된 시대에 정치적·경제적·사회적·환경적 문제들은 점차 국제적인 관점에서 바라보게 되었다. 이는 국가의 주권에 대한 인도주의적 개입과 국가의 권리 위에 존재하는 개인적 권리의 촉진을 불러일으켰다.

전반적으로 사회과 연구들은 보다 학생들과 '관련된' 주제로서 글로벌 이슈들을 수용하였으며, 다양한 수준에서 정의된 시민성을 통해 국가 시민성 모델에 도전하였다. 현재 미국사회과교육학회 표준은 다음과 같은 소개와 함께 글로벌 연관성(global connection)을 연구해야 할 10개의 주제 중 하나로 포함시키고 있다.

> 글로벌 상호의존의 현실은 점점 중요해지고, 다양해지는 세계 여러 사회들 간의 글로벌 연관성과 국익 및 글로벌 우선순위 사이의 빈번한 긴장들에 대한 이해를 요구한다. 학생들은 건강 관리, 환경, 인권, 경제적 경쟁과 상호의존, 해묵은 민족적 적대감, 정치적·군사적 동맹 등과 같은 글로벌 이슈에 대해 다룰 수 있어야 할 것이다. (National Council for Social Studies 2003)

미국 정부에 대한 학습은 권력, 권위, 거버넌스라는 주제 내의 한 부분으로 약화되었으며, 시민의 역할은 공동체, 국가, 세계라는 서로 다른 수준에서 논의되었다. 또 다른 눈에 띄는 변화는 미국교사교육인정위원회(National Council for Accreditation of Teacher Education)의 '전문 직업적 개발을 위한 표준(Standards for Professional Deveopment)'이 새로 추가된 것이었다. 이 새로운 기준은 '다문화적, 글로벌 관점(NCATE Standard 4)'을 개발하기 위한 것이었다(Hayl and McCarty 2003).

문화 전달 도구로서 교육 제도는 글로벌 가치들에 정통한 새로운 세대를 만들기 위한 구체적인 시도에 동참하였다(Strouse 2011; Stromquist 2002). 글로벌 변화에 대한 교육은 국제기구에 한정하지 않고 급성장하고 있는 분야이다(Mortensen 2000). 글로벌 시민 교육은 단순히 글로벌교육미국포럼(American Forum for Global Education)이나 뉴욕글로벌교육협회(Global Education Associates in New York), 혹은 변화를 위한 글로벌 시민 모임(Global Citizens for Change) 등 글로벌 교육에 관여하는 비정부기구뿐만 아니라 미국사회과교육학회나 전미교육협회(National Education Association)와 같은 전문 단체들의 도움을 받는다. 나아가 아시아소 사이어티(Asia Society), 골드만삭스(Goldman Sachs) 및 빌 & 멜린다 게이츠 재단(Bill and Melinda Gates foundation)으로부터 후원을 받는 롱뷰 재단(Longview Foundation) 등의 영향력 있는 다양한 교육 단체들로부터도 지원을 받고 있다. 이러한 점은 최근 몇 년 간 적어도 27개의 주에서 글로벌 교육의 발전을 위한 주 차원의 계획들이 시작되는 결과를 가져왔다(Asia Society 2008).

Geography and World Affairs(Jones and Murphy 1962)의 사례처럼 몇몇 지리학자들과 지리 교과서들은 이전부터 국제화와 세계 평화의 장점에 대해 옹호해 왔으나, 글로벌 시민성의 개념이 인기를 얻게 된 것은 탈냉전 후 세계화의 시대에 이르렀을 때이다. 이러한 인기는 학교 교육과정에 더 많이 포함되고 대학 준비 과정에서 인문지리 AP(Advanced Placement) 과정을 수강하는 학생 수가 급증한 것을 통해 증명되었으며, 미국에서 지리가 부흥하는 데 기여하였다. 2007년 2월과 3월에 Teaching Geography Is Fundamental Act 법안이 110번째 의회에 재상정되었다. 만일 이 법이 통과된다면 1965년의 고등교육법에 대한 개정이 이루어져 유치원부터 12학년까지의 지리 리터러시(geographic literacy) 향상을 위해 연간 1500만 달러가 제공된다. 이는 연방정부의 지리 교육에 대한 첫 번째 재정 지원이 될 것이다.

미국의 몇몇 지리학자들은 미국에 대한 국제적 관심이 증가함에 따라 그들의 학문과 글로벌 시민권을 1980년대까지 거슬러 올라가 연관시키기 시작했다. "오늘날 지리 수업은 점차 세계화되어 가는 사회에서 학생들의 시민성을 준비시켜야 한다."(Anderson 1983: 80)는 관점이 증가하였다. 1992년의 '국제지리교육헌장(International Carter on Geographic education)'에서는 학생들이 지리를 통해 "환경의 질과 모든 사람들의 평등권에 대한 존중, 인류 문제의 해결 추구를 위한 헌신 등의 관심사"를 관통하는 태도와 가치들을 발달시켜야 한다고 명시하였다(International Geographic Union; Edwards 2002: 31 재인용). 주요 정책 조언자들은 '연관성(connectivity)' 문제의 극복에 있어서 지리 과목의 역할에 대해 검토하기 시작했다(Wilbanks 1994). 이전까지 소홀히 여겨졌던 미국 지리 교육과정은 1994년 '교육 목표 2000: 미국교육개혁법(Education Goals 2000: Educate America Act)'에서 다섯 가지 중핵 교과 중 하나에 포함되었다. 시민 교육에서 지리의 역할을 진흥시키는 것은 때때로 글로벌 시민성과 연관되었다. 이런 맥락에서 세라 베드나즈(Sarah Bednarz)는 "시민성에 대한 정의는 사실상 국가 범위에서 세계 범위까지 넓어졌을 것이다."라고 주장하였다(Bednarz 2003: 74).

Pearson사의 *World Geography: Building a Global Perspective*와 같은 지리 교과서들은 이러한 변화의 바다에 빠르게 편승하였다. 그러나 교과서들은 대개 '글로벌 시민성'이라는 용어를 사용하는 것을 삼갔다. 이는 아마도 상당한 규모의 애국 로비 활동을 거스르지 않기 위해서였을 것이다. 따라서 지리 교과서들은 계속해서 국가적 상징과 국기들을 강조하였다. 그러나 교과서 안에는 '글로벌 이슈', '글로벌 연관성', '글로벌 공동체' 등을 다루는, 지리에 대한 새로운 접근법이 등장하였다. 예를 들어 Pearson사의 교과서에는 전 인류에게 중요한 이슈를 배우는 것을 목표로 '글로벌 이슈에 대한 사례 연구:

지역적 관점에서'를 배우고, '세계 인구, 분쟁과 해결, 인권과 같은 이슈들의 글로벌 함의'에 중점을 둔 부분이 포함되어 있다(Baerwald and Fraser 1995: T20 재인용). 다른 교과서들도 이와 유사하게 글로벌 이해의 중요성을 지지한다. 몇몇 교과서들이 여전히 지역을 기술하는 데 국민국가를 참고로 했던 반면, 앞서 말한 교과서들은 그 관리에 국제 공동체가 우선적으로 권리를 보유하고 있는 글로벌 관심사를 빈번하게 문제로 논의하고 있다. 다른 교과서들은 국민국가의 정치적 국경보다는 그 지역들의 사람이나 문화에 대해 검토하였다(Standish 2006 참조).

세계지리 교과서들에서 논의된 몇몇 '글로벌 이슈들'은 다음과 같다. 근대화·개발·서구화의 위협, 문화적·정치적 갈등과 그 평화 유지 및 조정을 위한 UN의 역할, 삼림 파괴, 오염(대기, 수질, 토양의), 사막화, 개발도상국의 인구 증가, 무역, 소비 패턴, 개발도상국 여성의 사회적 지위 향상, 개발, 빈곤, 질병과 건강, 도시화, 토지 이용 갈등, 마약 거래, 이민, 난민, 최근의 테러 등을 포함한다. 이러한 이슈들에 대한 논의는 지리 교과서에 있어 새로운 것이 아니다. 그러나 지리적 이슈들에 대한 논의에 해당하는 교과서의 내용이 증가했다는 점을 발견할 수 있는데, 그 비중은 1950년대의 11%에서 2000년대에 15.3%로 증가하였다(그림 3.2). 그래프가 보여 주듯이 글로벌 이슈들은 지리 교과서에 있어 결코 새로운 것이 아니었다. 제2차 세계대전 이후 몇십 년간 교과서들은 식민지주의와 해방, 국제 평화, 제3세계의 개발과 냉전 이데올로기의 문제들에 대해 다루었다. 데이터가 보여 주듯 비록 최근 수십 년간 상승세의 상당 부분이 국가 수준의 스케일에서 나타나는 이슈들에 기인하기는 하나, 이것이 전부를 설명하지는 않는다. 변화한 것은 바로 이러한 이슈들이 교과서상에 표현되는 방법이다. 오늘날 종종 국가적 이슈들은 보다 큰 글로벌 이슈의 한 부분으로 나타난다.

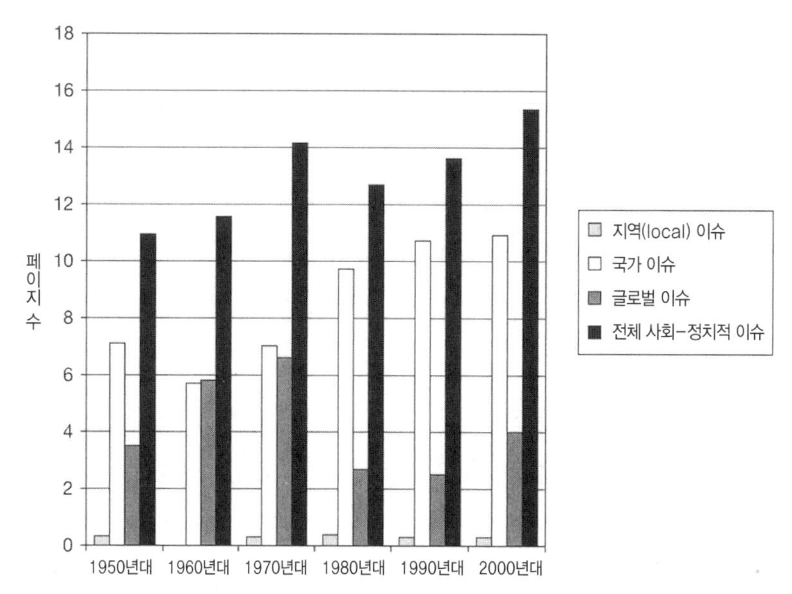

그림 3.2 미국의 세계지리 교과서 내의 사회-정치적 이슈(1950년대~2005년까지)

1990년대까지 교과서 저자들은 통상적으로 글로벌 이슈를 국민국가의 특권으로 해결해야 할 것으로 논의하였다. 비록 경우에 따라서 원조 전달이나 두 국가 간 평화 협상을 위한 국제기구를 언급하기는 했지만 말이다. 그러나 1990년대부터 책임의 경계는 희석되었다. 특히 UN, 세계보건기구 같은 국제기구와 옥스팜(Oxfam)[1], 세이브더칠드런과 같은 비정부기구의 역할이 이전보다 분명히 자주 언급되었다. 한편 지구 온난화나 소비, 문화의 이해와 같은 넓은 범위의 글로벌 이슈들이 책을 읽는 학생을 포함한 모든 이들

1 역주: 옥스팜은 영국 런던의 옥스퍼드에 본사를 두고 전 세계 빈곤 해결과 불공정 무역, 환경 보호를 위해 활동하는 기구이다. 교육, 캠페인, 구호 등의 활동을 펼치고 있다. 교육 활동에서는 학교에서의 글로벌 시민 교육을 위한 자료 개발 및 공유, 실천을 통해 글로벌 시민 교육에 앞장서고 있다. 공식 홈페이지는 www.oxfam.org/ 이다. 글로벌 시민 교육 관련 자료를 참고할 수 있다.

의 책임으로 그려지기도 했다. '글로벌하게 생각하고, 지역적으로 행동하라(Think global, act local)'는 모토가 교과서와 교육가들에 의해 사용되었다. 이는 '온라인 국가 지리 표준의 18 표준(Standard 18 of the online national geography standards)'인 '현재를 해석하고 미래를 계획할 때 지리를 어떻게 적용할 것인가'에 인용되기도 하였다(National Council for Geographic Education 2003). 글로벌 이슈들의 사례와 그것들이 제시되는 방법에 대해서는 제7장에서 살펴볼 것이다.

지리에 대한 새로운 글로벌 접근에서 다문화적이고 환경적인 가치들의 중요성이 증가하였으며, 때때로 학문의 주요 목적으로 인용되기도 하였다. 지리가 다른 문화들에 대한 학습에 점점 더 초점을 맞추고 있다는 사실은 리그스-살터(Riggs-Salter)가 쓴 교사용 *World Geography: Building a Global Perspective* 도입부에 명확히 드러나 있다. "지리 연구는 그 자체로 서로 다른 문화들에 대해 중점을 두는 방식이다."(Baerwald and Fraser 1995: T9 재인용) '글로벌 관점을 구축한다'는 어구의 사용은 학생들이 얻게 될 지식보다는 그들의 태도와 가치에 중점을 둔다는 것을 나타낸다. 불행히도 교과서는 이 용어에 대한 정의를 제공하지 않는다. 그러나 미국교사교육인정위원회는 글로벌 관점을 다음과 같이 묘사한다.

> 세계 여러 나라와 사람들 사이의 상호의존성, 정치적·경제적·환경적·사회적 개념들, 국경 안팎의 삶에 영향을 미치는 가치에 관한 이해는 사건과 이슈에 대해 다원적 관점으로 탐구할 수 있도록 한다.
>
> (National Council for Accreditation of Teacher Education 2006: 54)

이러한 접근은 학생들이 세계와 사람들을 상호연관된 것으로 바라봄으로써 그들의 국가를 특출하다고 여기거나 자기 이익을 추구하는 행동으로부터 변화하도록 장려하는 데에 목적을 두고 있다. '글로벌 관점'이나 '다원적 관점'을 가르치는 것의 의미와 그 결과는 제5장에서 살펴볼 것이다. 여기서는 윤리적 고려들이 지리 교육을 정당화하는 데 이용되었다는 것에 주목하는 것이 중요하다.

1990년대 내내 국가 및 주 수준에서 일어난 표준화 운동은 교과서에서 다룬 지리 및 글로벌 연관성 주제를 한층 더 폭넓게 향상시켰다. 따라서 오늘날 대부분의 지리 과목의 표준들과 교과서들은 여전히 제1장에서 확인한대로, 지리에 과학적·지식적 신뢰를 가져다 준 학문적 전통의 많은 부분을 간직하고 있다. 이는 상당 부분 1980년대 지리 국가 교육과정 작업으로 시작되어 1994년『삶을 위한 지리』라는 책을 편찬해 낸 표준화 운동의 결과였다.

몇몇 주의 표준안은 국가 표준에 밀접하도록 조정되어 있으나 몇몇 주는 다른 주 혹은 국가 표준과 다르게 가닥을 잡고 있다(Kaufhold 2004 참조). 또한 텍사스 주에서는 표준의 토대를『삶을 위한 지리』에서 제시한 표준안과 매우 밀접하게 하기로 정했는데, 이는 미국 지리의 행운이나 마찬가지였다. 텍사스 주는 캘리포니아 주, 플로리다 주와 함께 가장 커다란 교과서 시장 중 하나이기 때문에, 이러한 선택은 4개의 선두 출판사(Prentice Hall/Pearson, McDougle-Littell, Glencoe/McGraw-Hill and Holt, Reinhart & Winston)들의 후속 교과서의 내용에 상당한 영향을 미쳤다. 넓은 텍사스 주 시장에 교과서를 공급하기 위해 이러한 출판사들은 국가 지리 표준을 수용해야만 했다(Bednarz 2004). 베드나즈가 설명했듯이 "텍사스의 교육과정이『삶을 위한 지리』에 맞춰져 있으며, 부분적으로 텍사스 주가 교과서 제작을 주도하기 때문에 누구든 이 점이 교과서 내용에 영향을 미칠 것이라고 추측할 수 있었다."(Bednarz 2004: 21) 베드나즈는 4대 출판사의 2003년판 고등학교 세계지리 교과서에서 국가 표준이 대체적으로 수용되어 있음을 발견하였다.

글로벌 연관성에 관한 주제는 많은 주의 사회과와 지리 교과 표준에서 또한 발견된다. 예를 들어 위스콘신 주의 지리 표준에서는 시민성이 다양한 수준에서 식별되어 있으며, 학생들은 4학년 말에 "지역 공동체와 위스콘신/미국/전 세계의 다른 지역들 간의 연관 관계에 대해 인식할" 수 있을 것으로 기대된다(Standard A4.7, Wisconsin Department of Instruction 2006). 한편 중등 과정에서 학생들은 글로벌 이슈와 그에 대해 어떻게 반응해야 하는지에 관해 배운다. 예를 들면 다음과 같다. "글로벌 시장의 확장, 개발도상국의 도시화 현상, 천연자원의 소비, 멸종과 같은 현재의 글로벌 이슈의 원인과 결과에 대한 사례를 제시하고, 다양한 개인과 단체들, 국가들에 의한 가능한 대응책을 제시하라."(Standard A8.11, Wisconsin Department of Instruction 2006)

뉴저지 주의 지리 표준은 지리를 서로 다른 스케일에서 제시한다. 중등 수준에서는 글로벌 상호의존성의 개념이 다시 제시된다. "글로벌 상호의존성에 대해 설명하고 그 예를 제시하라."(Statement D7, New Jersey Department for Education 2006) 등을 예로 들 수 있다. 이에 비해 고등학교 학생들은 지속가능한 개발의 덕목을 배우도록 요구받는데 "지구가 미래 세대에 대해 자원 공급을 확실히 할 수 있도록 인류가 인구, 에너지, 공기, 물, 땅을 포함한 모든 자원을 존중하며 지식을 기반으로 관리할 필요성을 분석하라."(Statement E6, New Jersey Department for Education 2006) 등을 배운다.

그럼에도 불구하고 국가 표준은 지리 교과서에서 점점 더 중요해졌으며, 또한 글로벌 가치와 글로벌 시민성에 대한 주제들도 마찬가지였다. 교과서가 문화 전쟁에 휘말리면서 교과서의 내용은 당시 유행하는 사회적·경제적·환경적·정치적 이상을 수용하며 점차 정치화되었다. 그 결과 교과서들은 빈번히 모든 사람들이 원하는 모든 것을 갖추고자 했고, 무엇이든 논쟁의 소지가 있는 것은 피했다. 나아가 학생들은 교실 안에서 교과서를 가지고 공부할지라도, 교과서와 교육과정이 동의어가 아니라는 사실을 기억하는 것이 매우 중요하다. 다수의 사회과 교사들의 교육 연수에 지리 교육의 토대가 부족하고, 잉글랜드나 웨일스에 비해 미국에서 지리 교과서들이 더 폭넓게 사용되기는 하겠지만, 교사가 교과서를 활용하는 방법은 매우 다양하다. 인터넷 역시 많은 교사들이 이용하는, 언제라도 사용 가능한 방대하고 대안적인 지리 자료들을 제공한다. 따라서 내셔널 지오그래픽(National Geographic)과 같은 지리 교육 자료를 제공하는 유명한 웹사이트들 역시 고려 대상이 되어야 하는데, 이는 특히 교사들이 새로운 경향과 발상에 보다 빠르게 대응할 수 있도록 해 주기 때문이다.

내셔널 지오그래픽의 캠페인 My Wonderful World는 수많은 지리 교육 단체들의 지지를 받고 있으며, 다수의 글로벌 시민성 주제들을 채택하고 있다. 캠페인은 "가정과 밀접한 글로벌 연관성을 찾는다. … 학생들을 다른 나라와 문화로부터 온 사람들과 연결시킨다. … 학생들이 그들의 미래를 상상할 수 있도록 도와준다."와 같이 '학생들에게 세상을 주는' 10가지 방법을 제시한다(National Geographic Society 2006). 다시 말하자면, 이 캠페인은 지리 과목을 증진시키고 있으며, 분명히 학생들에게 세상의 다른 부분의 지리에 대해 가르치는 것을 목표로 하고 있다. 그러나 도덕적 함의 또한 존재한다. 교사들에게 학교를 '지리적으로 준비'하도록 장려하는 부분에서, 이 캠페인은 각 학교의 임무에 "문화적 이해의 촉진 … 다름에 대한 인식 및 다양성의 강점 찾기 … 글로벌 시민으로 발전시키기와 학생들이 글로벌·다문화적인 사회에서 살 수 있도록 준비시키기" 등을 포함시켜야 한다고 주장한다(*ibid.*). 이를 위해 다른 문화권의 유물 전시, 영어가 아닌 다른 언어로 깃발과 라벨 만들기, 표지판 만들기, 교사의 다양성 및 문화적 감수성에 관한 연수 참가 등이 실천 방법으로 제시되었다. 이 캠페인은 지도, 기술 활용 안내서, 교수학습과 정안처럼 교사들에게 유용한 자료들을 상당히 많이 보유하고 있다.

과거와 달리, 사람들이 더 이상 주요한 목적들을 위해 교과서를 꼭 사용하지 않게 되었다는 점에서 변화가 있었다. 제1장은 과거에 어떻게 이것이 나타났는지를 묘사했다. 그러나 지리의 윤리적 전환은 학문의 지적, 인본주의적 토대에 대한 질문을 던졌으며, 이와 같은 글로벌 가치에 대한 도덕적 주장들이 지리 교육에 보다 견고한 기반을 제공하게 되었다. 앞서 논의한 바와 같이 상대론적 접근은 해당 분야 전문가들이 그 학문의 지식의 실체가 (그것을 형성하게 한) 주관적인 관점으로부터 독립적이라고 하기가 점점 어려워지면서 학문적 지식의 위기를 촉발시켰다. 이는 교육과정상에 정치적인 간섭을 할 수 있도록 물꼬를 튼 것이며, 학문은 지적인 목표보다는 윤리적, 심리적 혹은 직업적 목표를 통해 교육과정에서 과목들의 위상을 정당화하였다.

만일 학문들의 목표가 변화한다면 지리의 성격과 그 내용 역시 변화할 것이라는 사실은 의심할 여지가 없다. 오늘날 타문화에 관한 연구는 공간적 분포에 대한 이해나 변화하는 역학 관계보다는 학생들이 다른 문화들을 존중할 수 있도록 그 문화들의 관습과 성과를 나타내는 것에 더 집중하는 것으로 보인다. 이러한 변화는 새롭게 촉진되고 있는 특정한 도덕적 가치(여기서는 다른 문화에 대한 존중을 의미)가 교육과정상에서 학문의 원칙보다 비중 있게 내용과 제시 방법에 영향을 미치고 있다는 점에서 중요하다. 이러한 현상이 어떻게 문화지리의 내용을 바꾸었는지가 바로 제5장의 주제이다.

마무리 제언

이 장의 목표는 미국 지리 교육과정의 방향과 내용상의 변화에 대해 검토하는 것으로 특히, 이러한 변화들을 강조하는 데 역점을 두었다. 그러나 앞서 밝힌 변화가 결코 모든 지리 교사들과 지리 수업들에 적용되는 것은 아니라는 것을 인식해야만 한다. 여전히 많은 지리학자들이 그들의 학문적 토대를 쌓고 있으며, 글로벌 이슈와 가치들보다는 지리학을 가르치는 데 열심이다. 특히 국가와 주의 표준과 같은 형태의 공식적인 지리 교육과정은 지리의 지적 전통을 유지하고 있으며, 학생들에게 과목에 대한 견고한 기초를 제공하고 있다. 대부분의 주 표준은 국가 표준의 내용을 상당수 반영하고 있으며(Kaufhold 2004), 미국지리교육위원회(National Council for Geographic Education)는 이와 유사하게 교육과정 문서에서 지리의 전통적 역할을 증진하고 있다. 예를 들어 미국지리교육위원회는 지리의 학문적 전통에 기반하여 접근하는 필 거쉬멜(Phil Gersmehl)의 『지리교수법(Teaching Geography)』을 장려하고 있다. 거쉬멜은 『지리교수법』의 서문에서 "지리의 세계에 온 것을 환영합니다. 이것은 사물들이 위치한 장소와 왜 그곳에 위치해 있는지, 그리고 사물들의 위치들이 어떤 차이를 가져오는지에 대해 다루는 인문학/과학입니다."라며 독자들을 유혹한다(Gersmehl 2005: 3).

교사와 교과서 저자들은 지리 공동체가 그들의 교육적 역할에 따라 나뉘어 있으며, 누군가는 글로벌 시민권과 도덕 교육에 대한 연계성을 강조하는 반면, 누군가는 보다 전통적인 접근을 하고, 누군가는 그 둘의 조화를 추구한다는 것을 분명히 했다. 이와 비슷하게 4대 출판사들의 최신 고등학교 세계지리 교과서는 국가 표준의 내용 대부분을 포함하지만(Bednarz 2004), 동시에 지리는 학생들이 지녀야 하는 윤리적 가치에 대해 알린다는 관점을 가지고 글로벌 이슈들에 대하여 탐구하는 학문이라고 널리 알리고 있다.

모든 사람들에 대해 모든 것을 갖춘 교과서가 되기 위하여 교과서들은 극단적으로 거대해졌고, 지리의 목적은 혼란스러워졌다. 교과서 도입부에서는 대체로 지리의 특별한 전통과 그것의 국가 표준으로의 편입과 같은 지리의 기원에 대해 다루는 반면, 교과서의 상당 부분은 '글로벌 이슈들'과 '다문화적 시각'에 대해 탐구하는 코너들과 섞여서, 세계에 대해 사실적인 탐구를 하는 것처럼 보인다. 윤리적 목표들의 포용은 교과서의 중심 목표를 혼란스럽게 하고, 지리적 경향을 분석하는 것을 방해하고 있다. 방향성의 부재와 오늘날 교과서 제작 시스템은 결국 일관적인 내러티브가 부족한 피상적인 본문이라는 결과를 가져왔다.

더 읽을거리

Bednarz, S. (2004) 'US World Geography Textbooks: Their Role in Education Reform', *International Research in Geographical and Environmental Education*, 13(3): 16-31.

Finn, C. and Ravitch, D. (2004) *The Mad, Mad World of Textbook Adoption*, Washington, DC: Thomas Fordham Institute.

Independent Commission on Environmental Education (1997) *Are We Building Environmental Literacy?* Washington DC: George C. Marshall Institute.

Mortensen, L. (2000) 'Global Change Education: Education Resources for Sustainability', in K. Wheeler and A. Bijur (eds) *Education for a Sustainable Future: A Paradigm of Hope for the Twenty-First Century*, New York: Kluwer Academic/Plenum Publishers.

Sitarz, D. (1993) *Agenda 21: The Earth Summit Strategy to Save our Planet*, Boulder, CO: Earthpress.

Woyshner, C., Watras, J. and Crocco, M. S. (eds) (2004) *Social Education in the Twentieth Century*, New York: Peter Lang.

제4장

잉글랜드와 웨일스에서의
글로벌 시민 교육과 지리 교육과정

GLOBAL PERSPECTIVES
IN THE GEOGRAPHY CURRICULUM

핵심 질문

- **잉글랜드와 웨일스의 지리 교육과정에서 변화를 이끈 주된 동력은 무엇인가?**
- **잉글랜드와 웨일스의 새로운 지리 교육과정은 미국의 교육과정에서 나타난 변화와 어떤 차이점과 유사점을 갖고 있는가?**

전통적으로 영국의 학교 교육과정에서 지리는 다른 지역에 비해 상당히 확고한 위치를 차지하고 있다. 이는 과거 식민지 정책과 무관하지는 않다. 여기서 눈여겨볼 것은 스코틀랜드와 북아일랜드가 그 지역 자체의 독립적인 학교 시스템을 가지고 있는 것에 반해, 잉글랜드와 웨일스는 통합된 교육과정을 가지고 있다는 것이다. 미국과는 달리, 1980년대까지만 하더라도 잉글랜드와 웨일스의 교육과정은 정치적 논쟁으로부터 자유로운 편이었다. 1991년에 출발한 최초의 지리 국가 교육과정도 과거의 전통적인 지리 내용이었던 지형, 강, 기후, 인구, 취락, 도시화, 개발, 그리고 영국 및 기타 세계 여러 지역에 관한 학습 등과 같은 지리적 지식과 기술을 포함하였다. 이러한 지리 지식 내용 중심의 지리 교육과정은 1960년대 이후 지속적으로 탐구 중심의 교육을 주장해 온 진보주의 교육학자들을 당황시킬 정도였다. 그러나 1990년대 후반, 아동 중심 교육과정은 글로벌 시민 교육을 지리 교육과정에 포함하기 위한 기초를 정하였다. 이러한 변화는 지리 국가 교육과정의 실행을 포함한 뉴라이트 대처주의(New Right Thatcherism) 시기에는 일어나지 않았으며, 냉전의 종식 이후에 글로벌 옹호의 시대를 이끌어 냈다.

잉글랜드와 웨일스에서 지리 지식과 기능에 기반한 교육과정이 1990년대 중반 이후, 글로벌 시민 교육에 새롭게 초점을 두게 된 것은 다음의 역동적인 세 가지 요인의 영향 때문이었다. 첫째, 정부 교육 정책이 새로운 시민 교육 국가 교육과정에 의거하여 예시된 심리-사회적 목적에 맞는 정책으로의 전환, 둘째, 국가 교육과정 문서화와 일반적인 교수 자료 개발에 있어서 비정부기구의 영향력 증가, 셋째, 일부 두각을 나타내는 지리학자들에 의거한 글로벌 시민 교육으로서 지리의 재탄생이다. 이러한 전환은 1997년 신노동당(영국에서 1990년대에 토니 블레어가 이끌게 된 새로운 모습의 노동당)의 등장으로 더 많은 힘을 얻게 되었다. 정치와 교육에 대한 토니 블레어의 제3의 길(Third way) 접근은 전통적 교과목에 대한 회의를 이끌었고, 심리-사회적 목적에 부합하는 완전한 교육의 재발견을 요구하였다. 이는 미국 교육 시스템에서 이미 존재한 것들과 유사한 것이었다. 이 장은 1970년대 교육과정의 발달에서부터 시작할 것이다.

1970년대 교육과정 실험

1970년대는 '지리 교육과정 개발 시기'로 기술된다(Rawling 2001: 27). 추진력과 자본은 학교운영위원회(Schools Council)로부터 나왔다. 1964년에 설립된 학교운영위원회는 잉글랜드와 웨일스의 교육과정 개혁과 개발에 대한 책임을 지고 있었다. 따라서 위원회는 교육과정 연구 및 개발을 위한 여러 가지 영향력 있는 지리 프로젝트를 학교에서 실시하기 시작했다. 때마침 당시는 학교들의 포괄적인 조직 개편이 일어나고 있는 시기이기도 했다. 정부의 개입 없는 교육과정은 교사들에 의한 실험의 무대가 되었다.

Geography for the Young School Leaver(GYSL)는 에이버리힐 사범대학(Avery Hill College of Education)에서 1970년에 기획한 프로젝트였는데, 이는 14~16세의 평균 이하 성적을 갖고 있는 학생들과 평균 성적을 갖고 있는 학생들의 교육에 대한 지리 학습의 기여를 조사하는 것이었다. 이 프로젝트는 1967년, 14~16세 학생들의 학교 이탈 비율 증가에 대한 대응책이었다. 이 아이디어는 고등교육에서 목표로 하고 있지 않은 '덜 학문적인 유형들'에 대한 '더 관련성 있는' 교육과정을 만들자는 것이었다. 이 프로젝트는 양질의 참고 자료를 생산하고자 하였고, 주제기반 접근(theme-based approach) 방법을 받아들였다.

같은 해, Geography 14−18 (Bristol) Project에서는 왜 많은 학생들이 이 수준에서 실패하는지를 발견하기 위해 해당 교육과정과 14~16세 학생들의 평가 결과를 점검하였다. 이는 사실에 기반한 묘사적 시험 요강과 편협한 에세이 스타일의 평가 때문이었다. 오럴(Orrell 1990)은 "처음부터 Bristol Project는 더 유능한 학생들이 자신의 지리적 탐구를 수행할 기회를 가져야 한다는 관점을 열어 주었다."고 하였다(Orrell 1990: 39). 새로운 O 레벨[1]은 '더 유능한' 학생들이 "그들의 '덜 유능한 동료들'만큼 지리로부터 자극과 흥미를 가질 수 있도록 개발되었다."(Walford 2001: 178) 그리하여 교사들이 교육과정 설계 및 코스워크(course work) 평가(일종의 내신) 모두에 참여하면서, 의사결정, 문제해결과 코스워크는 학생들을 위한 혁신적인 교육과정의 중요한 부분이 되었다. 이 모델은 1986년에 도입된 중등교육자격시험(GCSE)의 표준이 되었다.

이어서 1976년에 Geography 16−19 Project가 런던 대학교 교육연구소(Institute of Education, IOE)에서 시작되었다. 이 프로젝트에서는 지리가 특별히 인간-환경 간의 관계 측면에서 탐구기반 학습을 하도록 하였다. 홀(Hall 1991)은 A 레벨[2] 의사결정 논문에서 탐구기반 문제의 한 사례를 제시하였다.

1 역주: Ordinary Level. 영국 고등학생들이 10 또는 11학년에 치르는 일종의 졸업 자격 시험이다. 출제 기관으로는 Edexcel, Cambridge University, International Examination이 있다.

2 역주: Advanced Level. 영국 고등학생들이 12 또는 13학년에 치르는 시험이다. 각 교과는 A~E

학생들은 맨체스터 동부의 한 지역에 대한 주요 문제들을 검토하고, 그 지역의 재개발을 위한 우선순위를 설정하도록 하는 과제를 받았다. 그 과제를 수행하기 위한 조건은 다음과 같다.

> 사진, 거주민들의 진술, 지도, 그래프, 통계 등의 자료를 통해 넓은 범위의 구역을 다룰 수 있는 사람. 그런데 이 사람은 리포트 준비를 위해서 언어적인 의사소통 기술뿐 아니라 공간 분포, 패턴, 계량화를 포함한 데이터 처리에 상당한 기술을 갖고 있어야 한다. (*ibid.*: 23)

위와 같은 과제를 완수하기 위해서는 위에서 언급한 기능들 외에도 도시 지역에 대한 사회적·경제적 지식이 요구된다. 또한 홀이 언급한 대로, 위의 예시는 '가치 분석에 대한 중요성 증가'도 강조하고 있다. 교육과정과 시험 요강들은 이러한 전체적인 틀에서 나왔다. 롤링(Rawling)은 1970년대의 학교운영위원회 프로젝트를 교육과정의 전체적인 변화 과정에서 교사들의 참여가 있었다는 점에서 모범적이었다고 평가했다. 상식적으로도 이것은 "지속적이고 효과적인 개발 작업을 위한 가장 효과적인 방법(way)"이라고 할 수 있다(Rawling 1990: 37).

이러한 교육과정 개발은 부분적으로는 학생 중심 교육 이론의 대중성이 증가한 결과로 볼 수 있다. 제1장에서 언급한 대로, 1970년대의 '급진'지리는 사회 이슈에 초점을 두었는데, 부분적으로는 반문화 운동에 대한 반응이었을 뿐만 아니라 1950~1960년대의 추상적이고 계량지리 이론들에 대한 반작용으로도 볼 수 있다.

5단계로 평가되며, 모두 주관식이다. 대입, 특히 명문대 입시에 반영된다.

영향력 있었던 플라우든 보고서(Plowden Report)[3] 이후, 영국에서 진보 교육(progressive education)은 처음에는 초등교육에서 나중에는 중등교육으로 보다 널리 확산되었다(Department for Education and Science 1967). 학생 중심 교육은 학습에 대한 교사 중심 접근이 약화되어야 한다고 주장하였다. 지식은 학생들이 이미 알고 있는 것에 기반해서 형성되어야 한다는 것이다. 그러므로 교육의 시작점은 ' 교사가 무엇을 알고 있는가'가 아니라 '학생들이 무엇을 알고 있는가'에 있음을 알아야 한다는 것이다. 학생들의 발달 정도가 지식의 교수보다 더 중요하다는 것을 강조하였다. 저명한 지리학자 마스덴(Marsden)이 언급한 대로, 이에 따른 결과는 "과정이 점차로 내용보다 상위에 있다."는 것이다(Marsden 1997). 이러한 접근으로 지리는 가르쳐야 할 과목이라기보다는 학생이 성장하도록 도움을 주는 매개체가 되었다. 결과적으로 교실 수업은 내용 면에서는 덜 구조화되었고, 보다 활동 중심으로 바뀌었다.

교육과정 실험과 혁신은 학생들에게 세계에 대해 가르치기 위한 신선한 아이디어와 방법을 이끌어 내고, 흥미로운 자료와 교수법들이 학교운영위원회 프로젝트를 통해 개발되도록 하였다. 특히, 촐리와 하게트(Chorley and Haggett)에 의해 촉진 · 개발된 새로운 공간 모델링 접근방법은 프로젝트 자료들에 통합되었다(제1장 참조). 또한 탐구적 접근은 교사들에게 교과에 접근하기 위한 대안적인 방법으로 제시되었다. 프로젝트 작업이 실제 상황에 근거한다고 볼 때, 이는 지적 요구이자 매우 유의미한 작업이었다고 할 수 있다. 효과적으로 가르치면, 학생들은 의미 있는 방식으로 문제를 제기하는 방법, 어떤 질문들이 조사되어야 하는지를 결정하는 방법, 그 문제들을 다루는 방

3 역주: 1967년 영국에서 25명의 전문가들로 구성된 중앙교육 심의위원회(Central Advisory Council for Education)의장인 플라우든(Plowden)이 정부의 요청으로 자국의 초등교육을 진단하여 발표한 보고서

법, 자료 및 정보 수집 장소와 자료들의 조직화·표현·해석하는 방법과 도달할 결론에 이르는 전반적인 과정을 배우게 된다는 것이다. 이러한 과제를 수행한다는 것은 연구 기술에 능통해지는 방법을 학습하는 것으로 볼 수 있다.

그러나 많은 교사들에게 있어서 학생 중심 교육을 옹호하는 탐구학습은 단순히 학생들에게 프로젝트 수행을 위한 방법을 가르치는 것 이상을 의미한다. 그것은 학생이 학습 과정에 아주 많이 참여하고, 교사의 역할이 감소하는 교육으로의 접근을 채택하는 것이다. 이러한 접근방법이 갖고 있는 한 가지 문제는 학생들에게는 교사가 갖고 있는 지식적인 개요와 경험이 부족하다는 점이다. 학생들은 무엇이 가장 중요한 질문이고, 그들이 배울 필요가 있는 개념들은 어떤 것이며, 어떤 순서로 배워야 하는지를 알지 못하며, 교사들처럼 방법론과 연구 자료들에 대한 지식을 갖고 있지 않다. 그것은 탐구학습 방법을 통해 프로젝트 과제를 수행하는 학생들이 교사로부터 훨씬 더 많은 지도를 필요로 하는 이유이며, 동시에 그것이 지식의 기초로서 교과목을 대신할 수 없는 이유이기도 한다. 월포드(Rex Walford)는 탐구적 접근이 기초적인 지식과 개념들을 희생시키면서 교육과정을 주도해 왔다고 주장하였다. 즉 "능숙하지 않은 (탐구학습) 실행으로 인해 기술의 근본적인 요소는 놓치게 되었고, 교육과정의 혼란을 초래하였으며, 학생들을 혼란 속에 빠뜨리고 있다."(Walford 2001: 141)

진보주의 교육 이론에서 학생 중심 접근은 교과 내용을 향한 암묵적 회의주의와 같은 더 큰 문제를 함축하고 있다. 마스덴의 연구에 의하면, "교육 이론가들은 주제기반 요강을 단지 사회적 구성물이나 역사적 사건과 같은 것으로 취급하면서 강력하게 통합을 선호하였다."(Marsden 1997: 249) '통합(integration)'에 대해 마스덴은 진보주의 교육 이론에서 각광받고 있는 주제적 접근이라고 하였다. 또한 마스덴은 이러한 특정 주제 중심에서 물러나는 경향에 구조주의, 급진주의, 포스트모더니즘의 힘이 작용하고 있다고 부언하였다(*ibid.*: 249). 시민성의 개념과 지리 교육에 대한 포스트모던 사고의 영향은 제2장과 제8장에서 다루고 있다.

자세히 살펴보면, 매우 다른 교육 목표들이 탐구기반 프로젝트를 통해 추구된다는 것을 확실히 알 수 있다. 몇몇 프로젝트들의 경우, 그 프로젝트의 중요성은 학생들이 유능한 지리학자가 되기 위해 획득해야 할 지식과 기술보다는 사회적·정치적 사건들에 대해 지녀야 할 가치와 태도에 초점을 두고 있다. 롤링은 그러한 프로젝트들에 대해 다음과 같이 설명하고 있다.

> 학생들로 하여금 환경, 삶의 질과 관련한 이슈와 갈등에 직면했을 때 그들 자신의 가치와 태도, 자세를 명확히 하도록 한다. 이러한 측면에서 볼 때, 지리는 넓은 의미에서 정치적 능력과 시민성 함양을 위한 중요한 매개체가 되고 있다. (Rawling 1990: 36)

마스덴은 사회적 이슈들에 대해 가르치는 것이 지리 교과의 근본에 대한 혼란을 야기할 것이라고 경고한다. 즉 "이슈 주도는 지리의 특색 일부를 포기하는 것이다."(Marsden 1997: 249) 마스덴에 의해 확인된 더 큰 문제는 1970년대 이후, 학교 지리에 대한 지리학자들의 관심이 감소한 것이다. 이는 또다시 지리 이론의 실증주의적 기초에 대한 환멸을 가져왔다.

시민 교육 및 도덕 교육을 지리와 연결하려는 시도는 1970년대 시작되었는데, 이는 1990년대 후반 지리교육학회(Geographical Association)와 정부의 주된 관심 분야였다. 그 중간 시기는 1960~1970년대 진보주의에 대항했던 뉴라이트에 의해 주도되었다. 그 결과는 탐구중심 접근과 교과 내용 지식이 혼합된 혼란스러운 국가 지리 교육과정이었다.

지리를 위한 실용적·진보적 목표 등장

1976년 캘러헌의 러스킨 대학 연설(Collaghan's Ruskin Speech)[4] 이후에 교육과정은 더 이상 교사들에게 자유의 장소가 되지 못하였다. 마거릿 대처의 재임 기간 중에 영국과 다른 유럽 국가 사이의 '기술 격차(skills gap)'의 개념이 일반화되었으며, 교육은 면밀히 검토되었다. 세 가지 학교운영위원회 프로젝트들이 지리에서의 이러한 경향을 예증해 주고 있다. 첫째, 1984년에 시작된 '지리, 학교, 그리고 산업 프로젝트(Geography, Schools and Industry Projects)'는 학교와 산업계를 연결하고 경제적 이해를 위해 지리가 기여할 수 있는 부분을 확대하고자 하였다. 둘째, 1987년과 1988년의 GYSL/TRIST(Tvei-Related In-Service Training Schemed) 프로젝트는 직업 전 과정(pre-vocational courses)을 장려하였다. 셋째, 1988년에 인문학과 정보기술은 역사와 지리를 통해 어떻게 정보기술을 가르칠 수 있는지 점검하였다. 위의 세 영역은 모두 지도 그리기 및 대상 해석과 같은 지리적 특징에 해당하는 기술들과 읽기, 쓰기, 의사소통, 정보기술의 활용, 의사결정과 문제해결과 같은 보다 폭넓은 응용성을 가진 기술들을 강조하고 있다(Rawling 1990). 기술 교육과 직업 전 교육 중시주의(pre-vocationalism)는 중등교육자격시험 형성의 토대가 되었다. 국가교육과정에서 지리의 실용성의 중요성은 제1장에서 언급하였다.

진보적 교육 아이디어들은 이 기간 동안 사라지지는 않았지만, 대신 뉴라이트에 의해 방어적인의 위치에 있었다. 예를 들어, World Studies 8−13 Project(1980~1989)는 개인적, 지구적, 정치적 이슈를 지리와 연계시킬 것을 강조하였다. 훌은 지리가 어떻게 개인적 성격의 사회적 요소와 심리적 요소

4 역주: 이 연설은 1976년 러스킨 대학(Ruskin College)에서 당시 노동당 수상이었던 캘러헌이 공교육의 본질과 목적에 관해 언급하면서 당시 교육 시스템을 공개적으로 비판한 연설이다.

에 영향을 미칠 필요가 있는지를 개별화/자아 정체성, 자기 존중의 개념으로 기술했다(Hall 1991: 24). World Studies 8–13 Project(1980~1989)는 지리와 개발 교육, 환경 교육, 평화 교육 나아가 옥스팜, 세계자연보호기금(World Wide Fund for Nature)과 같은 비정부기구 간의 제휴가 증가하는 것을 보여 준다. 1980년대 환경 이슈들은 영국에서 보다 폭넓은 공적 관심을 받기 시작했으며, 지리학자들도 환경 이슈에 관심을 보였다. 롤링(Rawling 1990)은 '급진주의적'인 *Bullitin of Environmental Education*이 지리학자들에게 널리 유행하였으며, World Studies 프로젝트를 위해 만들어진 교육과정에도 영향을 주었다고 지적하였다. 홀은 "생태학적으로 지리의 녹색화(greening)는 지리 교과의 인본주의적 관점과 잘 연결될 수 있는데, 이 시점에서 시의적절하게 지리 교과의 주요 강점으로 등장하고 있다."고 하였다(Hall 1991: 24). '인본주의적' 접근에 의해, 홀은 인간에 의해 생성되고, 지리 과목에서 구체화된 세계에 대한 지식보다는 "가치, 태도, 희망, 두려움의 측면에서 자신과 다른 사람들에 대한 학생들의 이해"(*ibid.*)에 대해 언급하였다.

환경 교육이 1970년대 초반 미국에서 시행되었지만 글로벌 이슈는 이후에 국제적 수준으로 유럽권 국가들에서 더 많은 관심을 받기 시작했다. 여기서 중요한 것은 벨그라드 헌장(Belgrade Charter 1975)이다. 이는 트빌리시 선언(Tbilisi Declaration)으로 비준되었는데, 1977년 조지아(당시 소련) 트빌리시에서 개최된 정부 간 환경 교육 컨퍼런스의 최종 보고서의 일부분이었다. 벨그라드 헌장은 국가 간 환경 교육 프로그램을 개발하고자 하였다.

> 환경 및 그와 관련된 각종 문제들을 인식하고 관심을 가질 수 있도록 세계 사람들을 계몽시키기 위해서는 그에 대한 지식, 기술, 태도, 동기, 그리고 개인적·집단적으로 현재의 문제점들을 해결하고, 앞으로의 문제들을 예방

하기 위한 활동이 이루어져야 한다. (UNESCO-UNEP 1978)

10년 후, UN 총회의 요청에 따라 환경과 개발에 관한 세계 위원회(World Commission on Environment and Development)에서는 「우리 공동의 미래(Our Common Future)」를 발간하여 국가 지도자들을 촉구하였다.

환경 이슈와 개발 이슈들을 비판적으로 재검토하기 위해서, 그리고 그것들을 취급하기 위한 실제적인 제안을 하기 위해서; 이러한 이슈들에 대한 새로운 유형의 국제적 협동을 제안하기 위해서; 각종 문제들에 대한 이해의 수준을 높이고 동시에 개인, 자원봉사 단체, 제도, 정부 차원의 실천 수준을 높이기 위해서 (World Commission on Environment and Development 1987: 3)

이 보고서 이후, 유럽공동체(European Commuity, EC)는 1988년 위원회 모임에서 다음과 같은 사실을 확인하였다.

환경 교육의 향상을 위한 구체적인 단계를 취할 필요가 있는데, 이는 유럽 공동체 전반에 걸쳐 포괄적인 방법으로 강화될 수 있다.

(Palmer and Neal 1994: 15)

후에 이 환경 교육에 관한 결의안은 "환경보호를 위해 적극적이고 충분히 안내된 개인의 참여와 신중하고 합리적인 천연자원 이용의 토대를 마련하는 것"으로 받아들여졌다(*ibid.*: 16). 1990년대, 환경 가치는 지속가능한 개발 교육의 형태로 잉글랜드와 웨일스 교육과정에 도입되었다. 이에 따라 정부의 교육 정책은 교과 지식에서 사회 이슈로 전환되기 시작하였는데, 이는 가치 교육과 시민 교육의 형태로 진보주의 교육학자들과 공통된 견해를 보여 주는 것이었다.

1990년대 중반까지 지리 국가 교육과정의 내용은 이미 일부 제외되고 있었다. 많은 지리 교사들은 초기 국가 교육과정의 규범들이 과부하 상태이며, 작동하지 않고 있음을 알았다(Walford 1995). 특히, Programmes of Study[5]와 Statements of Attainment[6] 사이에 혼란이 있었다. 영어와 수학 시험에서 문제점이 발견된 후, 많은 교사들은 국가 교육과정 시험 참여를 거부하기로 결정하였다. 새로운 국무장관 존 패튼(John Patten)은 1993년 4월, 전체 교육과정을 검토하기 위해 론 디어링 경(Sir Ron Dearing)을 초청하였다. 이 검토 과정은 1995년 지리 교육과정에서 내용의 감축과 단순화를 초래하였다. 많은 성취 목표들이 감소하였고, 그러한 구조는 각각의 Key Stage가 무엇을 요구하는지 더 명료하게 제시하였다. 그러나 이때, 정부는 지리와 역사가 더 이상 Key Stage 4(14~16세)에 필수교과로 있을 필요가 없다고 결정하였다. 이는 두 교과에 있어서 엄청난 위기였다.

이 기간 동안 교육과정에 대한 정치적 논쟁은 더 적었다. 그것은 거의 실용주의적 수용으로, 지리 국가 교육과정이 취하고자 하는 형태였으며, 그사이 많은 교사들이 적합하다고 볼만큼 충분한 융통성이 있다고 생각했다. 지리교육학회는 학교교육과정평가원(Schools Curriculum Assessment Authority, SCAA), 새롭게 구성된 교육과정평가원(Qualifications and Curriculum Authority, QCA)과 긍정적으로 협력 관계를 유지할 것이라고 발표하였다. 지리교육학회의 *Curriculum Guidance* 시리즈 등과 같은 여러 출판물들은 이러한 협력

5 역주: 국가 교육과정에서 가르쳐야 할 각 단계별 학습 계획을 의미한다.

6 역주: 국가 교육과정에서 제시한 성취 기준을 말한다.

적 관계를 보여 준다. 이러한 변화는 뉴라이트의 소멸과 전통적 교과들의 주장에 대한 논쟁으로 촉진되었다. 존 메이어(John Major) 정부는 대처리즘의 단순한 회색 그림자였다. 1990년대 시민 교육 국가 교육과정의 발전은 변화뿐 아니라 이러한 두 정부 간의 지속성을 설명해 준다.

(글로벌) 시민 교육 국가 교육과정 만들기

1990년대, 정부의 여러 계획들은 시민성을 학교 교육의 명백한 목표로 만들기 시작했다. 시민성에 대한 문제는 교육에 관한 하원 발언자 위원회(The House of Commons Speaker's Commission on Education, 1990), 국가교육과정위원회(The National Curriculum Council, 1990), 사회정의위원회(The Commission on Social Justice, 1994), 시민성재단(The Citizenship Foundation, 1995)에 의해 조사되었다. 1997년 백서 「학교에서의 우수성(Excellence in Schools)」에 따라 시민 교육 교육과정을 학교에 도입하기 위한 권장 사항을 만들기 위해 시민 교육에 대한 자문그룹이 구성되었다. 이 자문그룹의 대표인 버나드 크릭(Bernard Crick)은 시민 교육을 위한 이론적 논거를 다음과 같이 기술하였다.

> (시민 교육에 관한) 내용, 방법 면에서 아주 다양한 조정되지 않은 지역적 이니셔티브들을 더 이상 방치할 수 없다. 이는 민주적 가치를 지닌 공통의 시민성을 기르기 위해서도 적합하지 않다.
>
> (Advisory Group on Citizenship 1998: 7)

시민 교육에 대한 자문 그룹의 목적은 최소한 국가의 '정치적 문화'를 변화시키는 것이며, 한편으로는 "주(州)별 복지 제공과 책임감 사이에서, 다른 한편으로는 공동체와 개인의 책임감 사이에서 강조점의 이동"을 가져오는 것이었다(Advisory Group on Citizenship 1998: 10). 실제로, 이러한 책임감의 이동은 국가로 하여금 교육과정을 통해 젊은이들이 '사회적으로 책임 있는' 태도와 행동을 갖도록 하는 데 보다 직접적인 역할을 하도록 하는 것이었다. 그럼에도 불구하고 이는 자신의 의사결정에 대한 책임 의식을 덜 갖는 젊은이들을 양성하는 결과를 가져왔다.

새롭게 등장한 시민 교육을 위한 국가 교육과정의 목적과 내용은 다소 혼란스러웠다. 그러나 이는 시민 교육의 전통적 모델과 정확히 일치하지는 않았다. 문서는 대부분의 교과들(즉 지리, 영어, PSHE[7] 등)이 영국의 시민 교육에 기여할 필요성에 대해 논의하였으며, 다양한 스케일에서 시민성 아이디어를 개발하도록 하는 국가 정책에 대한 학습과 영국의 시민성을 강조하였다. 새로 등장한 시민 교육 국가 교육과정에 대한 글로벌 시민성의 핵심 내용은 정부/비정부기구 연합에 의해 2000년에 출간된 *Developing a Global Dimension in the School Curriculum*에 의해 제시되었다. 이 책자는 학교 관리자, 정부 관료, 그리고 그 교육과정을 설계하고 적용하는 데 책임이 있는 교사들을 대상으로 제작되었다. 왜냐하면 "글로벌 커뮤니티의 일원으로서 젊은이들이 그들의 역할과 책임감을 인식하도록 도와주는 데 있어서 교육의 중요성이 점점 더 중요해지고 있기 때문이다."(Department for Education and Skills/Department for International Development 2000) 이 보고서는 교육과정이 글로벌 차원에서 개발되는 방법을 다음과 같이 제시하였다.

가르쳐야 하는 내용은 국제적, 글로벌 문제들로 구성되어야 한다. 이를 통

7 역주: 개인, 사회 및 건강 교육(Personal, Social and Health Education). 이는 영국 학교에서 가르치는 교과목 중 하나로 개인의 정서적·사회적 발달 및 건강, 마약, 인간 관계와 관련된 쟁점들을 다룬다.

해 학생들은 글로벌 사회에서 그들의 삶을 영위할 방법을 준비하며 … 지역적, 글로벌 수준에서 지속가능한 발전, 상호의존성, 사회정의와 같은 이슈들을 다루며 … 이는 핵심 기술과 태도뿐 아니라 지식과 이해를 길러낸다.

(Department for Education and Skills/
Department for International Development 2000: 2)

이 문서는 옥스팜의「글로벌 시민 교육과정(A Curriculum for Global Citizenship)」(1997)으로부터 많은 부분을 빌려 왔는데, 글로벌 시민 교육과정의 창출에 비정부기구의 직접적 개입이 있었음을 강조한다. 옥스팜 교육과정은 미국을 포함한 다른 나라 교육가들에 의해 널리 활용, 인용되어 왔다. 옥스팜이 제시한 '글로벌 시민(Global Citizen)'에 대한 정의를 살펴보면 다음과 같다.

글로벌 시민은
더 넓은 세계를 인식하고, 글로벌 시민으로서 자신의 역할을 인식한다; 다양성을 존중하고 가치화한다; 세계가 경제, 정치, 사회, 문화, 기술, 환경적으로 어떻게 작동하는지를 이해한다; 사회 부정의에 대해 저항한다; 지역 수준에서 글로벌 수준까지 다양한 수준의 공동체에 참여하고 기여한다; 세계를 보다 지속가능한 장소로 만들고자 하는 행동을 지향한다; 자신의 행동에 대한 책임 의식을 갖는다. (Oxfam 1997)

영국에서 글로벌 시민 교육에 기여한 두 개의 중요한 문서는 *A Framework for the International Dimension for Schools in England*(Central Bureau and Development Association)와 *Citizenship Education: The Global Dimension* (Develop-ment Association 2001)이다. 전자의 책은 "글로벌 차원이 시민 교육과

같은 발의를 위한 더 폭넓고 관련성 있는 맥락을 제공한다."고 주장한다(Central Bureau and Development Association 2000: 7). 후자의 책은 정치적 능력, 사회적·도덕적 책임 의식, 커뮤니티에의 참여와 같은 세 가지의 시민 교육 국가 교육과정 연구 프로그램들 각각에 대해 글로벌 차원을 세부화한 보다 실제적인 문서였다. 각각은 또한 다른 국가 교육과정 교과목 영역들에서 글로벌 시민 교육이 어떻게 다루어지고 있는지를 보여 주었다.

옥스팜이 새로운 시민 교육과정에 기여한 유일한 비정부기구는 아니다. 또 다른 영향력 있는 비정부기구들도 글로벌 교육/글로벌 시민성을 향상시키기는 데 열심이었는데, 대표적인 기관들로는 국제 교육 및 연수 중앙국(Central Bureau for International Education and Training), 환경교육협의회(Council for Environmental Education), 글로벌시민교육협의회(Council for Education in World Citizenship), 개발교육협회(Development Education Association), 누필드 재단(Nuffield Foundation), 유니세프, Commonwealth Institute, ActionAid, CAFOD, Comic Relief, Voluntary Service Overseas, Worldaware, On the Line 프로젝트와 관련된 기관들이 있다. 글로벌 교육이 표면적으로는 30년 이상 동안 비정부기구에 의해 진행되었지만(Hicks 2003 참조), 글로벌 교육 운동 안에서의 어떤 일관성이 나타나기 시작하고, 글로벌 시민 교육의 수용 증가를 위한 공동의 토대가 마련된 것은 냉전 종식 이후 일관성과 국가적 목적을 유지하고자 하는 국가들의 노력이었다. 교육 이론가 마셜(Harriet Marshall)은 글로벌 교육의 영역 안에서 교육과정의 특징을 설명할 수 있는 7개의 핵심 변화들을 확인시켜 주었다.

> 글로벌 교육 비정부기구의 조정과 글로벌 교육 전통들의 강화; 몇몇 핵심 개인들의 지속적인 중요성; 교사들의 과제 수행에 대한 강조 증가 … 그리

고 교사 교육; 글로벌 교육에 대한 공적 또는 정부 교육 제도와 개인들의 증가된 관심; 글로벌 의제에 대한 언론 보도의 확대; 세계화와 그 의미, 그리고 사회(그리고 교육)에 대한 영향과 그에 대한 관심의 증대; 글로벌 교육과 이해에 대한 새로운 요청을 불러일으키는 새로운 세계의 위협 요인들

(Marshall 2005: 78)

마셜이 제시한 가장 중요한 변화는 공식적으로 정부가 글로벌 시민 교육을 승인했다는 것이다. 무엇보다도 중요한 것은 비정부기구들의 글로벌 시민 교육 수용에 대한 관심 증대, 많은 비정부기구들의 글로벌 시민성 주제에 대한 구체적 교수 자료 제작, 특히 정부 교육기관들에 의한 글로벌 시민 교육에 대한 옹호이다. 또한 비정부기구들 간의 동의도 중요하다. 인권 교육, 환경 교육, 지속가능한 교육, 반인종주의 교육, 세계화, 개발 교육, 세계화 교육에 대한 옹호자들은 글로벌 시민 교육의 수용이라는 공통점을 발견하였다. 많은 비정부기구들은 학교에서도 교육할 수 있는 글로벌 시민 교육 주제에 대한 세부적인 교수 자료들을 제작하였다. 예로, 앰네스티(Amnesty)는 *Learnig about Human Rights through Citizenship*과 같은 여러 개의 인권 관련 교수 자료를 가지고 있었다. 영국 유니세프는 *For Every Child*와 *Discussing Global Issues: What on Participation?*을 포함하는 글로벌 이슈와 아동 인권에 대한 교수 자료를 개발하였다. 그리고 컴브리아 개발 교육 센터(Cumbria Development Education Centre)는 *Survial Pack for Future Citizen: Global Issues and Sustainable Development for Key Stage 2*(7~11세)와 *Exploring Values for Key Stages 3 and 4*(11~16세)를 개발했다. 그럼에도 불구하고 마셜이 지적했듯이, 가장 중요한 변화는 정부 교육 단체들에 의해 이루어진 글로벌 시민 교육에 대한 새로운 옹호였다.

2000년 9월, 시민 교육은 잉글랜드와 웨일스 초등학교 국가 교육과정의 일부분이 되었다. 글로벌 시민 교육에 대한 정부의 공식 승인을 제공한 크릭 보고서(Crick Report)의 시행에 따라, 시민 교육은 2002년 9월에는 중등학교에서 독립된 과목으로 의무교육이 되었다. 이에 따라 정부, 정치, 영국 역사에 대한 지식이 포함되면서 동시에 개인의 가치와 공동체 참여, 민주주의의 실천과 글로벌 시민성도 학습 영역이 되었다. 이러한 후자의 요소들과 PSHE, 지리, 그리고 전통적으로 글로벌 시민 교육과 관련된 교과목이 아니었던 영어에 대한 강조는 시민 교육에 대한 새로운 접근을 제시하는 것이었고, 더 이상 국민국가에 한정하지 않는다는 것이었다.

따라서 교사들은 학생들에게 영국이 어떻게 통치되고 있으며, 학생들이 국가 민주주의 과정에 어떤 기여를 해야 하는지에 대해 가르치도록 요구받았다. 그러나 국가는 지역적인 것에서 글로벌적인 것에 이르기까지의 연속적인 정치 단계 중 단지 하나의 스케일로만 제시되는 것이다. 예로, Key Stage 2(7~11세)에서 학생들은 사회정의에 대한 감각과 도덕적 책임감을 개발하도록 요구되며, 그들의 선택과 행동이 지역적, 국가적 또는 글로벌 이슈에 영향을 끼칠 수 있음을 이해하도록 요구된다(Qualifications and Curriculum Authority 2002a). 일단, 국가는 정치가 행해지는 여러 수준들 중의 하나가 되면 그 자체의 특성을 상실하게 된다. 따라서 오늘날 개인들은 국민국가에 대한 우선적인 헌신을 넘어서는 다른 수준들에 존재하는 정체성을 보여 주어야 한다고 논의되어 왔다(Isin and Turner 2002). 시민 교육 국가 교육과정의 다른 부분들은 글로벌 스케일을 강조한다. Key Stage 3(11~14세)에서 교사들은 학생들에게 "글로벌 공동체로서의 세계, 정치, 경제, 환경, 사회적 함의, EU와 UN의 역할"을 가르친다(Qualifications and Curriculum Authority 2001). 마찬가지로 Key Stage 4에서 학생들은 "지속가능한 개발과 지역 의제 21(Local

Agenda 21)을 포함하여 글로벌 상호의존성에 대한 폭넓은 이슈와 과제들, 그리고 이에 대한 책임감"을 배우도록 되었다(Qualifications and Curriculum Authority 2002b).

시민 교육 국가 교육과정의 가장 두드러진 주제는 다른 교과 영역들을 통한 촉진이다. 사람, 장소, 자연환경의 상호의존성에 대한 강조로, 지리는 논리적으로 시민 교육 '내용'을 교육하기 위한 중요한 교과로 인식되었다. 예로, Key Stage 3에서 학습 설계는 지리가 다음의 역할을 통해 학생들에게 시민성에 어떻게 기여할 수 있는지를 보여 준다.

> 영국과 더 넓은 세계에서 문화 다양성과 정체성을 이해하고; 글로벌 상호의존성에 대한 이슈와 과제를 이해하고; 장소와 환경에 관한 상황에서 그들 자신의 행동 결과를 반영하고; 다른 사람과 환경에 대한 권리와 책임을 이해한다. (Qualifications and Curriculum Authority 2001)

지리 공동체의 많은 사람들은 지리가 시민 교육에 기여해야 한다는 생각에 기꺼이 동의한다. 그러나 잉글랜드와 웨일스에서 글로벌 시민 교육으로서 지리의 재탄생은 학생들에게 세계의 지리를 가르치기보다는 관련 없는 정치적·심리적 의제들에 더 많은 관심을 가진 진보적 생각을 가진 사람들에 더 조응하고 있다.

글로벌 시민 교육으로 재발견된 지리

1990년대 중반의 주요 관심은 국가 교육과정 교과로서 지리의 위치를 개발하는 것이었다. 포스트-디어링 교육과정(post-Dearing curriculum)의 Key Stage 4에서 새로운 선택적 상태를 포함하여 여러 방향으로부터 위험 신호들이 나타나기 시작하였다.

영국 교육기준청(Ofsted) 보고서는 지리 교수법의 약점을 감지하기 시작하였다. 롤링은 "1996년 이후 영국 교육기준청 조사는 지리가 어린이들의 실력 향상과 교수의 질 측면에서 다른 교과와 비교하여 우세한 위치에 있지 않음을 드러내기 시작했다."고 언급했다(Rawling 2001: 74). 또한 지리에서 A 레벨과 중등교육자격시험을 획득하려는 학생들의 숫자 감소도 한몫하였다. A 레벨권 학생은 1994~1996년 사이에 8.5% 감소하였는데, 1990년 4번째 인기 과목에서 1998년에는 7번째 과목으로 전락하였다(Walford 2001: 230-233). 지리는 또한 학교에서 직업 자격(vocational qualification)을 획득하기 위한 새로운 정부 유인책의 압력하에 놓이게 되었다. 일반직업자격(General National Vocational Qualifications, GNVA)[8]은 1985년에 계획되어 1991년에 시행되었다. 이는 여가 활동과 관광을 포함하였는데, 이로 인해 지리는 큰 위협을 당하게 되었다. 이와같이 1996년의 새로운 중등교육자격시험 과정은 인문학을 포함한다고 발표하였다. 국가 교육과정 교과목으로서 지리의 위상은 학교교육과정평가원에 의해 의문시되어 왔다. 즉 "지리에 대한 보고서에서 핵심 이슈는 교과 서열에 대한 요구라기보다는 교육과정에서 지리가 차지하는 위상이다."(Schools Curriculum Assessment Authority 1997: 74)

교육과정에서 지리의 위치를 정당화하기 위한 압박이 상당하던 이 시기에 주요 지리학자들은 당시 유행하던 글로벌 시민 교육의 주제로 아마도 보다 쉽게 유인되었다. 1998년 1월에 출범한 교육과정평가원은 14~19세를 위한 교육과정에서 지리와 역사의 성격, 위치, 미래를 검토하기 위한 컨퍼런스를 개최하였다. 이 컨퍼런스에서는 "학생들에게 다른 사람과 문화에 대한

8 역주: 졸업 후 취업이나 대학 진학을 위한 실용 전문 과정의 일종이다.

관용을 포함하여 개인적, 사회적 기술과 책임 있는 방법으로 도덕적 딜레마들을 다룰 수 있는 능력을 길러 줄 필요성"에 대해 논의하였다(Geographical Association 1998: 125). 정부와 지리 공동체 간에는 학생 개인의 가치와 사회적 발달에 초점을 두고 있는 글로벌 시민 교육에 대한 명백한 공통점이 있었다. 그리하여 새롭게 탄생한 정부와 지리 공동체 간의 협동은 특별히 신노동당의 집권으로 인해 더욱 촉진되었는데, 신노동당은 교육을 당시 집권당의 사회적, 경제적, 정치적 정책 발의용으로 활용하였다. 토니 블레어 총리가 최우선적으로 '교육, 교육, 그리고 교육'을 내세웠을 때, 푸레디는 학교를 위해 이것이 '정치, 정치, 그리고 정치'와 동일시되어야 한다고 지적했다(Furedi 2007). 뉴라이트와 대조적으로 토니 블레어 정부는 학생 중심의 교육을 내세웠다. 그러나 교육은 계속해서 직업 전 훈련으로 진행되었다. 신노동당하에 나타난 다양한 발의와 접근들은 일관된 이데올로기적 관점에서 나왔다기보다는 학교를 통해 현재 이루어져야 하는 정치적 문제를 해결하기 위한 시도에서 나온 것으로 보인다.

1990년대 말에 정부와 주요 지리학자들은 개인을 변화시킴으로써 사회를 개혁하려는 노력에서 공동의 목적을 찾았다. 이러한 지리학자들과 지리 협회들은 지리를 환경주의, 지속가능성, 인권, 평등, 민주주의, 사회정의 등의 글로벌 이슈들을 포괄하는 글로벌 시민 교육을 수행할 수 있는 교과로 발전시키기 시작하였다(Grimwade et al. 2000; Lambert and Machon 2001 참조). 여기에는 지리의 새로운 임무를 수행하기 위한 엄청난 논문들과 관련 문헌들이 뒤따랐다. 1999년 4월, 지리교육학회는 지리에 대한 새로운 시민성의 역할을 설정하고 새로운 위치를 발표하였다. 지리의 새로운 목적들 중 하나는 "우리 주변 세계에 대한 정보화된 관심 개발, 지역적·지구적으로 긍정적인 행동을 이끌어 낼 수 있는 능력과 의지의 개발"이었다(Geographical Association 1999:

57). 2000년 9월에 시작된 개정 지리 국가 교육과정은 지속가능한 개발, 글로벌 시민성, 가치와 태도, 위치 지식과 같은 4가지 요소를 강조하였다(Department for Education and Employment/Qualifications and Curriculum Authority 1999).

2000년에도 지리교육학회는 초등 및 중등교육을 위한 다른 형태로 *Geography and the New Agenda: Citizendhip, PSHE and Sustainable Development*를 출판하였다. 주요 지리학자들에 의한 이러한 출판은 보다 명확하게 지리의 새로운 방향을 제시해 주었다. 이러한 새 의제(New Agenda)의 의미는 논문과 관련 문헌의 설명을 통해서 얻을 수 있다.

당연히 지리학자들은 세계화에 대한 1990년대 논의로 이동하였다. 지리학자들은 세계화를 조사하는 데 매우 열심이었다. 왜냐하면 세계가 어떻게 변화하는지를 묘사하는 것이 바로 시간/공간의 개념이기 때문이다. 그러나 사람들은 종종 글로벌 상호의존성을 말할 때 이러한 것보다 훨씬 더 많은 무언가를 의미한다. 물적 변화의 묘사에는 다른 사람과 자연에 대한 우리의 책임성 논의가 수반되었다. 싱클레어가 설명하듯이, "세계화는 다른 사람과 그들의 환경에 대한 우리 개인적 연결에 관한 것이다."(Sinclair 1997: 162) 그것은 도덕적 기준으로 문제를 효과적으로 해석하려는 하나의 틀이 되었다. 글로벌 이슈는 단지 이해되야 하는 것이 아니라 모든 사람이 그것에 대해 책임감을 느끼고 '그들의 역할을 행하는 것'이다. 시민 교육, PSHE, 지속가능한 개발 교육이 새 의제 이면에 숨겨진 도덕적 책무를 이끌어 내는 반면, 세계화는 공간적인 틀을 제공한다.

새 의제 이슈들에 기여했던 *Teaching Geography*의 편집자 로빈슨은 사례를 다음과 같이 제시한다.

우리는 학생들이 '글로벌 발자국'에 대한 책임을 느끼는 어른이 되도록 하

> 기 위해 어떻게 해야 하는가? 우리는 학생들에게 자신의 미래 사회와 환경을 개발하는 데 보다 능동적이 되도록 하는 의지를 어떻게 제공할 수 있는가? 아마 그 대답은 지리에서 제시되어야 한다. (Robinson 2001: 56)

로빈슨은 학생들이 이미 지역적 수준에서 글로벌 수준에 이르기까지 이슈들과 그 관련성들을 조사하고 있기 때문에, 지리가 그러한 역할을 수행할 자연스러운 도구가 될 것이라고 생각하였다. 그러나 그녀는 능동적인 시민성 함양을 위해서는 비난을 배분할 것이 아니라 학생들에게 이슈 그 자체를 그들 자신의 책임으로 바라보도록 가르치는 것이 필요하다고 지적하였다.

> 지리에서 누구에게 책임이 있느냐의 문제는 종종 다른 사람들, 즉 '그들'이라고 알려진 다른 사람들이 책임져야 하는 것으로 고려되었다. 우리는 어떤 하나의 이슈에 모든 사람이 연관되어 있기 때문에 모두가 그 이슈에 능동적으로 참여해야 한다는 것을 학생들에게 인식시키는 것이 중요하다.
>
> (*ibid.*)

로빈슨은 교사들이 지리를 통한 시민 교육에 대해 그들의 접근을 어떻게 변화시켜야 하는지에 대해 목소리를 높였다. 마촌(Machon)은 시민 교육의 배후에는 개인의 권리와 책임성이 있다는 사실을 제시하였다.

> 시민성은 파악하기 어려운 개념이 아니라 보통 사회적 맥락에서 개인의 의무와 권리의 측면에서 설명될 수 있는 개념이다. 즉 시민성은 시민 질서의 근간이다. 여기서 윤리적 의무는 학생들이 시민 질서의 건전성을 유지하고 개선하기 위해 노력하는 효과적인 시민으로서의 의무를 말한다.[9]

(Machon 1998: 115)

마촌은 나아가 시민의 권리와 책임 간의 균형이라는 측면에서 볼 때, 권리 선호에 훨씬 많은 비중이 실려 있음을 제시하면서 지리 교사는 "학습자들로 하여금 그들의 개인적 행동들이 가져올 집합적 결과들을 확인하도록 함"으로써 이러한 불균형을 재조정해야 한다고 제안하였다(*ibid.*). 이러한 사례로는 여러분이 자동차를 운전함으로써 온실효과에 기여하는 것을 들 수 있다.

힉스는 효과적인 시민성을 길러 내는 데 있어서 "개인이 (a) 공적인 문제들에 대해 얼마간의 지식과 이해를 갖고 있어야 하며, (b) 다양한은 공동체의 복지에 관심이 있어야 하며, (c) 정치적 영역에 참여하기 위해 필요한 기술을 갖고 있어야 한다."고 하였다(Hicks 2001: 57). 힉스는 지리학자들이 이 세 가지 수준에 기여할 수 있다고 제시하였다. 정보화된 시민이 되도록 학생들을 가르치는 데 있어서, 지리 교사는 그들에게 '인권, 책임감, 정의와 공정성의 이슈'에 대해 가르쳐야 한다. 즉 '정치적, 도덕적, 사회적, 문화적 이슈들에 대해 생각하는' 탐구와 의사소통 기술, 그리고 '학교와 공동체 활동'에의 참여와 책임감 있는 행동에 대해 가르쳐야 한다(Hicks 2001: 57).

시민성에 기여하는 지리의 잠재력을 보여 주는 다른 출판물로는 교육과정평가원(1998)의 *Areas of Cross-Curricular Concern within Citizenship Educa-*

9 역주: 미국사회과교육학회에서는 효과적인 시민을 다음과 같이 제시하고 있다.
- 핵심 민주적 가치를 포용하고 이를 위해 노력하는 사람
- 글로벌 문제를 알고 지역, 국가, 글로벌 수준에서 그 영향력을 판단할 수 있는 사람
- 창의적인 해결책을 마련하기 위해 다양한 자료에서 정보를 찾을 수 있는 사람
- 의미 있는 질문을 하며 정보와 아이디어를 분석하고 평가할 수 있는 사람
- 공공 및 민간 생활에서 효과적인 의사결정과 문제해결 능력을 사용할 수 있는 사람
- 그룹의 구성원으로 효과적으로 협업할 수 있는 능력을 가진 사람
- 적극적으로 시민 및 사회 생활에 참여하고 있는 사람

*tion, Teaching Geography*에 실린 *Oxfam Curriculum for Global Citizenship*에 대한 더글러스(Douglas 2001)의 리뷰 등이 있다. 교육과정평가원은 개발 교육, 다문화 교육, 평화 교육을 포함하여 해결해야 할 이슈들을 목록화했다. 또한 교육과정평가원은 가치와 성품을 인간의 존엄성과 평등에 대한 신뢰, 관용의 실천, 타인과의 갈등 해결에 대한 관심을 포함하여 가르쳐야 할 항목으로 제시하였다. 또한 더글러스는 "글로벌 시민성 자체를 함양하고 있는 교사들은 학생들을 능동적이고 책임감 있는 글로벌 시민으로 성장하도록 장려해야 한다."고 제안하였다(Douglas 2001: 89).

1998~1999년, 교육과정평가원이 수행한 제2차 교육과정 평가에서는 PSHE를 매우 강조하였다(Grimwade et al. 2000). 모든 Key Stage에 걸쳐 비공식적인 구조는 「성인의 삶을 위한 젊은이들의 준비(Preparing Young People for Adult Life)」라고 불리는 PSHE의 국가자문단(National Advisory Group) 보고서에 기반하여 만들어졌다(Department for Education and Employment/Qualifications and Curriculum Authority 1999). 교육과정평가원에 의해 제안된 PSHE의 역할은 "학생들이 신념을 가지고 건강하게 상호의존적인 삶을 이끌어 가는 데 필요한 지식, 기술, 이해를 길러 주고, 정보화된 그리고 능동적이고 책임감 있는 시민으로 자라날 수 있도록 지원"하는 것이다(Department for Education and Employment/Qualifications and Curriculum Authority 1999). Key Stage 3과 4(11~16세)의 지침은 PSHE를 두 개의 분야, 즉 '지식, 기술, 이해'와 '기회의 확대'로 나누었다. '지식, 기술, 이해' 아래에서 학생들은 다음과 같은 사실을 알아야 한다고 제시하고 있다.

1. 신념과 책임감을 기르고 능력을 최대한 발휘한다.
2. 건강한, 그리고 보다 안전한 생활양식을 개발한다.

3. 좋은 관계를 발전시키고, 사람 간의 차이를 존중한다. (*ibid.*)

그림웨이드 등(Grimwade et al. 2000)은 이러한 목적들의 일부를 다루는 데 유용할 수 있는 지리적 기회의 일부를 설명하였다. 글로벌 사회에서 타인과 타문화를 학습하는 것은 학생들에게 사람들 간의 차이를 존중하도록 학습시키는 데 도움이 될 것이다. 야외 답사는 학생들에게 중요한 팀워크를 가르쳐 줄 것이며, 관계 유지 능력을 길러줄 것이다. 건강과 안전성을 인식하고 따르는 것은 야외 답사의 특징일 수 있다. 더욱이 학생들은 식품 선택 및 일광욕과 관련된 건강상의 위험성에 대해서도 배울 수 있을 것이다.

'기회의 확대' 부분은 다음과 같은 내용들로 기술되었다. '그들 자신에 대해 긍정적으로 느낀다는 것'은 Key Stage 4(14~16)에서 성취될 수 있는데, 이는 '지역 슈퍼마켓의 매니저에게 쇼핑 조사의 결과를 통고함'으로써 성취될 수 있다. '실제적 선택과 의사결정'은 만약 학생이 '가정이나 지역사회의 환경을 개선하고자 하는 방법에 대한 의사결정과 관련되어 있다면' Key Stage 3(11~14)에서 성취될 수 있다. 마찬가지로 Key Stage 3에서 '참여한다는 것'은 학생들이 '학교 운동장을 청소하는 것을 돕는다'면 성취될 수 있다(*ibid.*: 39).

PSHE와 시민 교육 간에는 그 내용뿐만 아니라 일반적인 메시지에 이르기까지 다소 겹치는 부분들이 있다. 둘 다 개인을 교육함으로써 '사회적으로/윤리적으로 책임 있게' 행동하도록 한다는 점에서 공통점을 갖는다. 새 의제(New Agenda)의 마지막 영역인 지속가능한 발전이 이 주제를 계속 이어간다.

1990년대 후반, 지속가능한 개발 교육은 지리학자와 신노동당에 의해 보다 널리 인식되었다. 개념 측면에서 보면, 이는 환경 교육과 관계가 있다. 그러나 어떤 학자들은 지속가능한 개발 교육은 환경에 대한 단순한 학습 이상의 것을 갖고 있다고 주장한다. 왜냐하면 학생들로 하여금 환경과 사람에 대해 어떤 태도와 행동을 개발하도록 요구하기 때문이다. 라이드(Reid)는 새로운 지리 교육과정 2000이 환경적 변화보다는 지속가능한 개발과 시민 교육을 강조하고 있다고 언급하였다. 그는 학생들을 위해 지리는 다음과 같아야 한다고 하였다.

> 지리는 학생들 스스로 그들이 살아가고 있는 환경을 인식하고, 그 환경을 이해하도록 개발해야 한다. 그리고 개인적, 지역적, 국가적, 글로벌 수준에서 지속가능한 발전에 대한 학생들의 책무를 확보해야 한다. 또한 학생들이 소비자로서 정보에 근거한 판단과 독립적인 의사결정을 하도록 준비시켜야 하며, 그들의 권리와 책임을 이해하도록 해야 한다. (Reid 2001: 72)

라이드는 또한 새 교육과정에서 다음과 같이 지속가능한 발전과 환경 교육 간의 구분을 언급하였다.

> 지속가능한 개발 교육은 미래의 지구를 훼손하지 않고 지금과 같은 삶의 질을 유지 또는 향상시켜 가도록, 지역적·지구적 차원에서 개인적·집단적 활동 방법들에 관한 의사결정에 학생들이 참여할 수 있도록 관련 지식, 기술, 이해와 가치를 함양시키는 것이다. (*ibid.*)

여기에는 지속가능한 개발 교육와 관련된 두 가지의 중요한 특징이 있다. 첫째, 지속가능한 개발 교육은 세계가 어떻게 개발되어야 하는지 또는 개발되면 안 되는 것은 무엇인지에 대한 그림을 제시한다. 둘째, 지속가능한 개발 교육은 앞서 설명한 대로, 사람들이 '사회적·윤리적으로 책임 있는' 방법으로 행동하도록 가르친다.

라이드는 지리에서 할 수 있는 지속가능한 개발 교육의 전형적인 면을 보여 준다. 그는 다음 사실들 간의 상호작용에 초점을 두고 가르칠 것을 제안하였다.

- 모든 생명체(인간과 비인간)를 유지해 주는 자원(예, 공기, 물, 토양, 음식)을 제공하는 자연계
- 가족, 공동체, 그리고 사람들이 자신들의 문화에 맞게 함께 살아가도록 지원을 제공하는 사회적·문화적 체계
- 사람들에게 생계 수단(직업, 수입)을 제공하는 경제적 체계
- 자연환경 안에서 사회적·경제적 체계가 잘 작동할 수 있도록 지원하는 정치 체계 (*ibid.*: 58)

이는 지속가능한 개발 교육의 부분으로서 가르칠 수 있는 폭넓은 주제 범위를 제시해 준다. 또한 지속가능한 개발 교육이 효과적으로 지리 수업에 접근하기 위한 새로운 방법이기도 하다.

존 허클(John Huckle)은 이전에는 가치 교육의 비판자였으나 오늘날에는 교육과정에서 지속가능한 개발 교육 형태로 환경의 가치를 강조하는 강력한 옹호자가 되었다. 그는 교사들이 지속가능한 환경의 유지, 자연의 아름다움과 다양성의 보존, 다른 종들에 대한 책임을 받아들이는 것을 포함하는 환경 관련 가치에 그들의 교수법을 맞추어야 한다고 믿었다. 허클(2002)은 자본주의는 우리에게 '제한된 생태적 책임(limited ecological responsibility)'을 제공해 왔으며, 우리를 자연으로부터 분리시켜 왔다고 주장하였다. 지속가능한 발전의 과제는 "생태학적 제한의 측면에서 생산과 소비를 다시 생각하고 재구조화하는 것이다." 허클의 주장에 의하면, 지속가능한 개발 교육의 결과는

다음과 같다.

> 학생들은 자신과 다른 사람들이 자연으로부터 소외되어 있음을 느끼는 정도를 토론해야 한다. 그리고 몸으로 활동과 프로젝트에 참여해야 한다.
>
> (*ibid.*: 67)

그리고

> 교사들은 추상적이고 전문적인 지식은 오히려 지속가능한 개발 교육과 멀어지게 만든다는 것을 인식해야 한다. 또한 지리는 자연과학과 사회과학, 인문학의 지식 범주를 통합하는 것으로 아주 관대하게 이해되어야 한다.
>
> (*ibid.*)

이것은 교육과정에 영향을 준 포스트모던 사고의 사례이다. 허클은 교과에 기반한 전통적인 교육과정을 무시하고자 했으며, 교육과정을 보다 학생 중심적인 또는 전체적인 교육과정으로 대체하고자 했다.

영국의 자선 신탁 기관인 누필드 재단은 지리와 새로운 시민성 사이에 연계가 있다는 점을 지적하였다. 즉,

> 타인과 그들이 거주하고 있는 세계에 대한 인간 행동의 지식 및 이해의 결과는 건전한 민주주의 사회에 있는 모든 학생들에게 논의의 여지가 충분히 있을 정도로 중요하다. 그들의 행동을 인도하는 정치적, 사회적, 윤리적 가치의 개발에 관해서도 똑같이 언급될 수 있다.
>
> (Nuffield Foundation 2006)

이 재단은 세계 민주주의 체제는 없으며, 따라서 학생들이 그들의 국민국가의 경계를 넘어서 정치를 형상화할 어떤 공식적인 매커니즘이 존재하지 않는다는 점을 설명하지 못하였다.

잉글랜드와 웨일스에서 지리 교과서와 평가 위원회는 글로벌 시민, 지속가능한 발전, 그리고 이슈 기반 접근을 지리 교육에 적합화시켰다. 잉글랜드와 웨일스에서 변화하는 지리 교육과정의 특성에 대한 연구는 학생들의 가치와 태도에 대한 강조가 점차 증가하고 있음을 발견하였다(Standish 2002). 이 연구는 잉글랜드 남부에 있는 학교들의 지리 수업에 대한 조사를 포함하는데, 이는 대부분의 교사의 교수에서 환경적 가치와 문화적 감수성을 포함하여 가치와 태도에 대한 강조가 증가하고 있음을 보여 주었다. 예로, 인터뷰 대상자들의 약 80%는 "지리가 학생들에게 자연을 존중하고 재연결하도록 가르치는 것"이라고 생각하였다(Standish 2002: 38). 대부분의 교사들은 그 조사에서 이러한 새로운 역할을 지지했으며, 지리를 시민 교육과 연계된 것으로 보았다. 그러나 약 68%는 학생들이 배우기를 기대하고, 이러한 경향과 관련된 지리 지식은 감소하고 있음을 확인했다. 비슷하게, 영국 지리 교과서들에 대한 장과 포스킷(Zhang and Foskett)의 연구는 "지리 교수에서 강조하는 부분이 원인과 결과에 대한 암기에서 태도 관련, 활동 학습을 통한 지리적 이슈들을 조사하는 것으로 바뀌고 있다."는 것을 발견하였다(Zhang and Foskett 2003: 327).

특히 이 연구와 관련하여 장과 포스킷은 국제 이해에 관해 언급하였는데, "세계의 다른 지역들 간 상호연관성과 협력은 오랫동안 몇몇 교과서 저자들에 의해 환기되었으나, 최근에야 이러한 이슈가 명시적·긍정적으로 교과서에 표현되었다."고 하였다(*ibid.*: 328). 그들은 지리 교과의 본질에 있어서 변화가 있었다고 결론지었다. 즉 "전에는 장소 지식, 자연과학과 사회학의 혼합이었으나 오늘날에는 어린이들의 장소감 발달, 지구감, 환경감, 지리적 탐구 기술에 초점을 두는 것으로 변하였다."(*ibid.*: 329)

몇몇 예시들이 이러한 경향을 설명해 준다. 학생들은 A 레벨 지리 교과서, 즉 맥노트와 위더릭(McNaught and Witherick 2001)에 의한 *Global Challenge*에서 자원의 '과소비', 높은 출산율, 증가하는 난민을 포함한 글로벌 이슈들에 대한 자신의 책임을 고려하기를 기대한다. 초기 지리 교과서에서 사회적, 경제적, 정치적 과정들은 국민국가와 그것의 정치적 구조의 일부로 묘사되었다. 그러나 오늘날, 다양한 스케일에서 국가를 너머 통치력의 고양은 몇몇 지리학자들로 하여금 지리 교과서를 국가중심주의를 넘어서도록 촉구하였다(Agnew 2003). 그럼에도 불구하고 이전 장에서 언급했듯이, 지리 교과서에 대한 변화는 종종 느리게 진행되었다. 따라서, 다행히도 많은 지리 교과서들은 그 분야의 학문적 전통으로부터 계승된 중요한 지리적 내용과 기술을 포함하고 있다.

교과서와는 달리, 평가 위원회는 종종 한 교과 영역에서 새로운 사고에 더 많이 반응한다. 런던의 주요 평가 기관 중 하나인 Edexcel은 '환경 다루기'에 대해 지리 중등교육자격시험 교수요목의 많은 부분들을 제공하였다(Edexcel 2000). 2000년대 초반, 중등교육자격시험 지리에 관한 Edexcel의 출제 요강은 "똑같은 핵심 지리이지만 깊이가 덜한 내용을 포함할 것"을 제안하면서 감소된 지식 내용 영역의 미덕을 만들었다(Edexcel 2000: 1). 이는 교사들에게 환경과 시민성에 관해 가르치면서 다른 분야들에 초점을 둘 여지를 만들었다. 마찬가지로, Assessment and Qualification Alliance 평가 기관은 중등교육자격시험 지리 과목의 목적에서 '환경에 대한 감상'과 '글로벌 시민성에 대한 이해'를 언급하였다(Assessment and Qualification Alliance 2002: 13). 예로, 시험 문제들은 학생들에게 여행(tourism)에 대한 지속적인 접근방법을 상세화하도록 요구할 수도 있을 것이다. 그러나 학생들이 현재 배우기를 기대하는 개념들의 양과 범위를 축소하는 것에 대한 논의는 거의 없었다. 평가 위원회는 상위 수준(Advanced level)에서 교육과정평가원의 「지리 성취 기준(Subject Criteria for Geography)」보다 어렵게 출제하였다. 이 문서의 목적들 중 하나는 학생들이 "그들 자신의 가치와 태도를 지리적 이슈, 질문들과 관련하여 명료화하고 개발하도록 하는 것"이었다(Section 2.1, Qualification and Curriculum Authority 2002c).

2002년에 Geovisions Working Group of the Geographical Association은 새로운 '융합(hybrid)' 중등교육자격시험 지리 과목에 대한 작업을 시작했다. 그 목적들 중 하나는 다음과 같다.

> 글로벌 체계 및 패턴, 세계화의 과정과 영향에 대한 인식과 이해, 개인의 참여 기회와 책임성을 이끌어 내면서 글로벌 시민성을 증진시키는 것이다.
>
> (Westaway and Rawling 2003: 61)

이러한 새로운 중등교육자격시험은 학생들에게 보다 '관련 있는' 것으로 표현되었고, 현재는 많은 학교들에서 사용되고 있다(Wood 2005). 학생들의 개인적 윤리에 대한 강조는 출제 요강에 잘 나타나 있다.

> 시험 응시자들은 그들이 다른 사람들의 가치를 분석할 때 자신의 가치를 검토하도록 장려되어야 하며, 어떤 상황과 갈등, 그리고 일어날지도 모르는 불평등에 대해 암묵적으로 존재하는 힘의 역학을 인식하도록 장려되어야 한다. (Oxford, Cambridge and RSA Examinations 2004: 1)

2004년, 개발교육협회에서는 글로벌 시민성 교수에 대한 조직의 역할을 설명하면서 *Geography: The Global Dimension*을 출판했다. 그 문헌은 교육기술부/비정부기구의 출판물처럼 시민성, 지속가능한 개발, 사회정의, 가치와 지각, 다양성, 상호의존성, 갈등 해결, 인권 등 글로벌 이슈들에 관한 '학습의 핵심' 같은 주요 개념들을 강조하고 있다. 이러한 '개념'들은 1997년 옥스팜의 「글로벌 시민 교육과정」을 생각나게 한다.

2007년 2월, Key Stage 3(11~14)에 대한 개정 프로그램은 교육과정평가원에 의해 아주 간략한 형태로 발표되었다. 지리에 관한 한, 지리 교과목을 글로벌 시민 교육의 주제와 같게 만들려는 경향은 강화되었다. 도입부에서는 지리의 중요성에 대해 다음과 같이 언급하였다. "지리는 학생들에게 세계 속에서 자신들의 장소, 지구의 지속성과 환경에 대해, 그리고 다른 사람들에 대한 그들의 가치와 의무를 발견하게 함으로써 글로벌 시민이 되도록 영감을 준다."(Qualifications and Curriculum Authority 2007: 1) 다시, 핵심 개념들로는 상호의존성, 지속가능한 발전, 문화적 이해와 문화 다양성을 포함하고 있다.

마무리 제언

지리 지식, 개념, 기술에 기초한 교과목에서 사회적 가치와 심리학적 정체성을 형상화하기 위한 지리의 전환은 1970년대 진보주의 교육 이론으로 시작된 반면, 1990년대 후반에서 현재까지는 지리 교과목의 기초를 극적으로 흔들어 놓았다는 것을 보여 주었다. 부분적으로 지리는 명료한 경계를 가진 구체적인 영역이라기보다는 지식의 한 부분이기 때문에(Hirst 1974 참조), 예로 제1장에서 논의한 바대로 당시의 우세한 문화적 · 정치적 분위기를 반영하면서 더 쉽게 영향을 받아 왔다. 또한 지리는 다른 스케일 간의 연계성을 찾고, 인간과 자연과의 연계성을 찾는 것을 볼 때 분명 공간을 다루는 교과이다. 따라서 글로벌 시민 교육에 대한 지리의 적합성을 찾을 수 있는 것이다. 오늘날 세계화, 상호의존성, 환경주의, 인권에 대한 주제들은 적어도 많은 학문 분야에서 실질적으로 그 분야의 뜻을 변화시켜 왔다. 그러나 앞서 논의한 바대로, 이는 모든 지리 수업이 이와 같다는 것을 의미하는 것은 아니다. 아직도 잉글랜드와 웨일스 학교에서는 학생들에게 지리를 배우도록 교육하고 있으며, 그들에게 세계가 어떻게 변화하는지를 가르칠 수 있는 많은 지리 교사들이 있다. 흥미로운 것은 정책 입안자들과 교과 리더들이 새 의제(New Agenda)의 촉진을 통해 학교 지리에 대해 가지고 있는 영향력이다. 마스덴이 경고한 대로, 사회적 원인들에 대한 강조가 "지리적 교육의 밖으로 '지리'를 꺼내 오는 것"이 되고 있을 뿐더러 지리 교육과정의 정치화를 야기하였다. 정치적, 도덕적 원인들을 교육과정으로 도입한 결과는 "진정한 교육이라기보다는 설득과 주입을 야기하는 것"이 되었다(Marsden 1997: 245).

더 읽을거리

Department for Education and Skills/Department for International Development (2000, updated 2005) *Developing a Global Dimension in the School Curriculum*, London: Department for Education and Employment/Department for International Development/Qualifications and Curriculum Authority *et al.*

Grimwade, K., Reid, A. and Thompson, L. (2000) *Geography and the New Agenda*, Sheffield: Geographical Association.

Lambert, D. and Machon, P. (2001) *Citizenship through Secondary Geography*, London: RoutledgeFalmer.

Marsden, W. (1997) 'On Taking the Geography out of Geographical Education: Some Historical Pointers in Geography', *Geography*, 82 (3): 241-52.

Oxfam (1997) *Curriculum for Global Citizenship, Oxfam Development Educational Programme*, Oxford: Oxfam.

Rawlings, E. M. (2001) *Changing the Subject: The Impact of National Policy on School Ge-*

ography, 1980-2000, Sheffield: Geographical Association.
Walford, R. (2001) *Geography in British Schools, 1850-2000: Making a World of Difference*, London: Woburn Press.
Westaway, J. and Rawling, E. (2003) 'A New Look for GCSE Geography?' *Teaching Geography*, 28(1): 60-2.

제5장

문화지리인가? 문화 다양성의 존중인가?

GLOBAL PERSPECTIVES
IN THE GEOGRAPHY CURRICULUM

핵심 질문

- **학생들이 지리 수업에서 문화를 학습할 때 필요로 하는 것은 무엇인가?**
- **문화지리 학습의 일차적 목적은 다른 문화권의 관습과 특징을 배우는 것인가, 아니면 학생들로 하여금 다른 문화권 사람들에 대한 생각과 태도를 변화시키도록 하는 것인가?**

서론에서 언급했듯이 글로벌 또는 다원적 관점을 개발하는 것은 오늘날 미국, 잉글랜드 및 웨일스의 많은 지리 교육과정들의 중심 주제가 되어 왔다. 이는 본질적으로 "문화 간 이해의 함양을 수반한다. 이는 관점을 취하는 기술, 즉 다른 사람의 관점으로 삶을 볼 수 있는 기술의 발달을 포함한다."(Tye and Tye 1992) 다문화주의와 문화 다양성 존중이 학교 생활을 영위하는 데 중심이 됨에 따라 이러한 목적은 보다 폭넓은 교육 패턴에 부합하였다. 점점 글로벌화되는 세계에서 오늘날 다양한 문화 체험이 학생 교육의 필수 부분으로 진작되면서, 다양한 문화권 사람들 간 공감과 이해를 이끌어 내는 데 주도적 역할을 하고 있다. 지리는 종종 지구에 살고 있는 사람들의 다양한 삶의 방식을 발견함으로써 다양한 문화적 경험들을 제공하는 데 도움을 주는 교과로 인식되고 있다.

이 장에서는 교육의 목적으로서 문화 다양성과 다문화주의가 어떻게 문화지리의 특성과 문화 자체에 대한 우리들의 이해를 변화시켜 왔는지를 설명하고자 한다. 지리 교육과정들은 다른 지리적 위치들에서 발견된 문화의 차이점들을 묘사하는 데 주력해 온 반면, 오늘날 이러한 묘사적 접근은 세계가 당연히 그러해야 한다는 방식으로 다문화주의를 가르치는 것으로 보완되고 있다. 이 장에서는 다른 문화들을 존중하기, 이슈를 다른 관점으로 보는 방법 배우기와 같은 다문화 교육의 목적이 어떤 면에서는 문화지리 학습 교수의 목적이 되어야 한다고 설명한다. 실제로 문화지리는 멀리 떨어진 지역 사람들의 문화적 실천과 사람에 관해 배우기보다는 문화 그 자체를 배우는 데 더 주력해 왔다. 그러나 이제는 다른 문화권 사람들과 상호작용을 하는 방식, 다른 문화권 사람들에 대한 학생의 태도에 더 초점을 맞추고 있다. 다른 문화권 사람들에 대한 관용은 문화 차이에 대한 지식에서 발생할 수도 있지만 우리 공동의 인류애에 대한 인식에서도 발생할 수 있다. 현재 많은 학교에서 발생하고 있듯이, 다문화주의의 문제는 우리의 아이디어와 관점이 과거 경험들에 깊이 뿌리박고 있어서 이를 뛰어넘기가 쉽지 않다는 것이다. 다문화주의는 문화적 차이점을 극복하기보다는 문화 다양성을 찾아 존중하도록 학생들을 진작시키고 있는데, 이는 결국 서로 다른 문화권의 사람들 사이에 더 큰 거리를 만들어 놓고 있다.

문화지리

문화, 그 자체의 의미는 시간에 따라 중요하게 변화하기 때문에 역사적으로 구체적인 특정 예시를 통해 문화지리의 의미를 이해하는 것이 최선일 것이다. 19세기에 프리드리히 라첼(Friedrich Ratzel 1844~1904)은 지표면과 인간 문화 간의 생태적 관계를 연구했다. 반면 프란츠 보아스(Franz Boas 1858~1942)는 국지적인 인간 공동체를 조사하기 위해 문화기술지적인 접근을 취했다. 이 시기에 이미 과학자들은 자연과학과 사회과학 간의 명확한 구분을 표시했다. 환경결정론으로도 알려진 다윈의 진화론은 인간에 대한 자연계의 영향을 강조하면서 문명에 적용되었다.

19세기 말, 일찍이 변화의 징후가 있었다. 매킨더와 블라슈(Mackinder and Vidal de la Blache)는 인간이 어떻게 환경과 상호작용하는지를 탐구했다. 매킨더는 인간 의식의 역할을 논의한 반면, 블라슈는 인간이 직접적으로 자연 세계를 어떻게 형상화하는지를 묘사하는 데 열중하였다. 블라슈의 농경사회 중심의 프랑스 지역 구분에서 지역 주민과 자연 경관 간의 상호관련성을 강조하였지만, 그 역시 자연 경관을 '주민의 고유성(likeness)에 박혀진 메달(medal)'로 보았다(Knox and Marston 2004 재인용). 이 새로이 부여된 인간의 역할은 이전의 환경결정론에 도전하면서 문화지리를 위한 문을 열었다. 비록 이전의 결정론적 아이디어와 이론들이 지리 교육과정에서 우위를 차지했을지라도 말이다.

미국의 경우, 20세기 가장 영향력 있는 문화지리학자 칼 사우어(Carl Sauer 1889~1975)가 있다. 그는 시카고 대학교에서 1915년에 박사 학위를 받고 1923년 버클리로 옮겨 그곳에서 연구하였다. 사우어는 1925년에 『경관의 형태학(The Morphology of Landscape)』이라는 책을 썼는데, 여기서 그는 문화를 환경결정론적 사고로부터의 일탈로 간주하는 자신의 관점을 명백히 제시하였다. 사우어는 이전의 지리학자들과는 달리, 인간을 보다 역동적인 경관 형성자로 보았다. 버클리 학파는 1980년대까지 사우어와 그의 동료들을 위한 문화지리의 본산이 되었다. 문화지리에 대한 광의의 정의가 두 학자에 의해 내려졌는데, 그들은 문화지리를 '지리적 문제에 문화의 아이디어를 적용하는 것'으로 정의하였다(Wagner and Mikesell 1962). 보다 유용한 것은 버클리 학파에서 등장한 3개의 문화지리 주요 주제, 즉 문화 속성의 확산(the diffusion of cultural traits), 문화 지역의 정의(identification of cultural regions), 문화 생태학(cultural ecoligy, 환경에 대한 지각과 이용이 문화적으로 어떻게 특별한가에 초점을 둔다)을 정의하는 것이다(Johnston et al. 2000: 46).

지리에 대한 문화적 접근은 1950~1960년대 인종차별주의 및 결정론적인 사고에 대한 회의감과 함께 대중화되었다. 예를 들어, *Land and People: A World Geography*의 한 장에서는 '무엇이 인류를 특별하게 만드는가'를 다루고 있고, 또 다른 장에서는 '사람들이 경관을 바꾸는' 방법에 관해 다루었다(Danzer and Larson 1982). 문화적 접근은 이 책의 저자들로 하여금 서구적 관점에서 산업혁명과 민주주의 혁명의 개념을 사용하면서 다른 지역으로 서구 문명의 공간적 확산 과정을 묘사하도록 하였다. 이 책에서는 유럽에 기인한 두 개의 혁명과 함께 "일부 장소들에서는 그러한 새로운 아이디어들이 열렬히 채택되었지만, 다른 장소들는 거부당했다."(James and Davis 1967: 10)는 아이디어의 확산에 대한 사람들의 반응에 따라 형성된 11개의 문화 지역을 제시하였다. 비슷하게, *World Geography*에서는 각 국가마다 발전의 속도는 다르지만, 모든 국가는 모두가 성취할 수 있는 방향으로 발전을 향해 나아가고 있는 측면을 논의하였다. 예를 들면, 보통 투표권을 포함하여 "인도는 국민의 생활을 현대화하기 위한 여러 단계들을 취해 왔다."(Israel et al. 1976: 293) 마찬가지로, 아프리카에서는 모든 식민지들이 여전히 프랑스를 '문화 및 교역의 원산지'로 보고 있다(*ibid.*: 85). 이러한 문화에 대한 접근 방식은 1960년대 후반과 1970년대에 극적으로 변화했는데, 역동적인 인간 삶의 과정으로서의 문화보다는 문화적 정체성에 초점을 두는 방향으로 이동하였다.

다문화 지리

문화를 보편적인 측면에서 보는 관점으로부터 특정 사회적 맥락에 뿌리를 두고 있는 것으로 보는 관점으로의 전환은 1960~1970년대 포스트모던이나 문화적 전환의 결과이다. 구성주의 이론으로 볼 때, 문화는 지식과 마찬가지로 그것을 만든 사람들을 위해서만 의미를 가진 사회적 구성물로 제시되었다. 물론 문화는 주어진 사회적 맥락에서 사람들이 만든 창조물이다. 문제는 문화적 특성과 아이디어가 주어진 사회적 · 지리적 맥락을 초월할 수 있느냐는 것이다. 다문화주의에서 문화적 특성과 아이디어는 문화가 만들어진 맥락을 벗어나면 의미를 잃어 버린다. 이러한 관점 전환의 결과는 문화를 문화들로 대체하는 것이었으며, 문화를 무언가 뿌리 깊이 박힌, 변화가 어려운 것으로 나타낸 것이었다. 오늘날 뿌리 깊은 사회적 맥락으로 간주하는 문화, 즉 하나의 정체성을 지닌 문화는 더욱 더 사회적 구성물, 즉 정체성으로 보여지면서 '우리가 무엇을 하는가'보다는 '우리는 누구인가'라는 민족성, 우리의 유산 또는 고정된 개인적 특성들이 되었다. 다문화주의에서 우리의 문화는 우리가 나아가는 비전보다는 과거에 의해 주도되었다. 시간이 흐르면서 다문화주의는 문화를 바라보는 프리즘이 되었을 뿐만 아니라 학생들에게 전달해야 하는 가치가 되다. 이와 같이 다문화주의는 미국 및 잉글랜드/웨일스의 지리 교육에 영향을 주고 있다. 이 절에서는 먼저 미국 학교에서 다문화주의의 발생을 추적하는 것으로 시작할 것이다.

1970년대 이후 다문화 교육은 서구 문화만이 아닌 모든 문화에 대한 존중과 가치를 향상시키고, 지식(knowledge)과 진실(truth)을 문화적 특수성을 지닌 것으로 제시하면서 미국 사회과 교육과정의 중심 요소가 되었다. 이것은 개혁 운동으로서, 문자 그대로 미국의 교육 체계를 변화시켰다. 이 주제에 대해 두 명의 석학은 다문화 교육의 목적은 "활동가의 의제를 옹호하는 것이다."라고 제안한다. 여기에서 학교는 "여러가지 보완책을 활용하여 권력 관계를 변형시키고 과거의 고충을 재점검하여 사회를 재구성하는 것"을 옹호한다(Ellington and Eaton 2003: 74). 이것은 다문화 목표를 추구하는 교과의 목적과 의미를 전환하는 과정에서 정치적 목적을 '교육적 가치'로 돌려놓는 것을 의미했다(Kronman 2007: 141). 실제로 다문화 교육은 과거 20여년 동안 미국 교육 체계의 목표들을 정의하는 것이었다. 따라서 몇몇 교과서에서 보여준 지리 교육의 목적으로서 다문화 교육을 발견하는 것은 놀라운 일이 아니다. 다문화 교육 또는 문화 다양성을 가르친다는 것은 국가와 주(州)의 사회과 표준, 미국교사교육인정위원회(NCATE)) 표준, 교사용 교육 자료들에 명시되어 있다. 여기서 중요한 것은 오늘날 다른 문화를 배우는 것이 더 이상 순전히 묘사적·분석적 측면으로만 보이지 않는다는 점이다. 학생들에게 다른 문화적 배경을 지닌 사람들을 존중하고 관용하도록 가르치는 방법으로 본다는 것이다. 그러나 문제는 후자의 목표가 전자의 목표를 방해하기 시작했다는 것이다.

1970년대 고등학교 세계지리 교과서에 사용된 언어는 비서구권 문화의 사람들에 대해 보다 포용적인 접근을 반영하도록 변화하였다. 접근방법과 교과서 내용 구성의 변화는 1980년대에 더욱 명백해졌다. 세계 지역에 대해 할애한 페이지가 증가했는데, 많은 장들이 다른 국가나 지역을 조사하는 데 할애되었다(그림 5.1). 더 많은 국제적 내용의 할애는 지리를 배우는 학생들에게 유용하나 어떤 교과서들에서는 지리적 관점으로 그것들을 분석한다기보다는 다른 문화 지역들을 단지 다루기만 하는 경향이 있었다. 마음속에 다문화적 목적을 가지고, 출판업계는 다른 문화의 실제와 가치를 이해하려는 노력보다는 다른 문화를 긍정적인 이미지로 표현, 묘사하고자 했던 것이다.

최근 미국의 세계지리 교과서들은 여러 가지 방법으로 다문화적 목표들을 제시하고 있다. 이 목표에는 정치적 배경 위에 있는 민족성을 고양시키고, 비서구 문화 단체의 기여를 '언급'하며, 비서구 문화 단체의 '목소리'를 통해서 수많은 비서구적 문화(이것들이 종종 서구화의 위협하에 있는 것으로 제시되기도 했다)에 대해 초점을 맞추고 있다. 이러한 각각의 목표들이 교과서에 어떻게 나타나는가에 대한 사례가 이어진다. 시간이 지남에 따라 지리 교과서에서

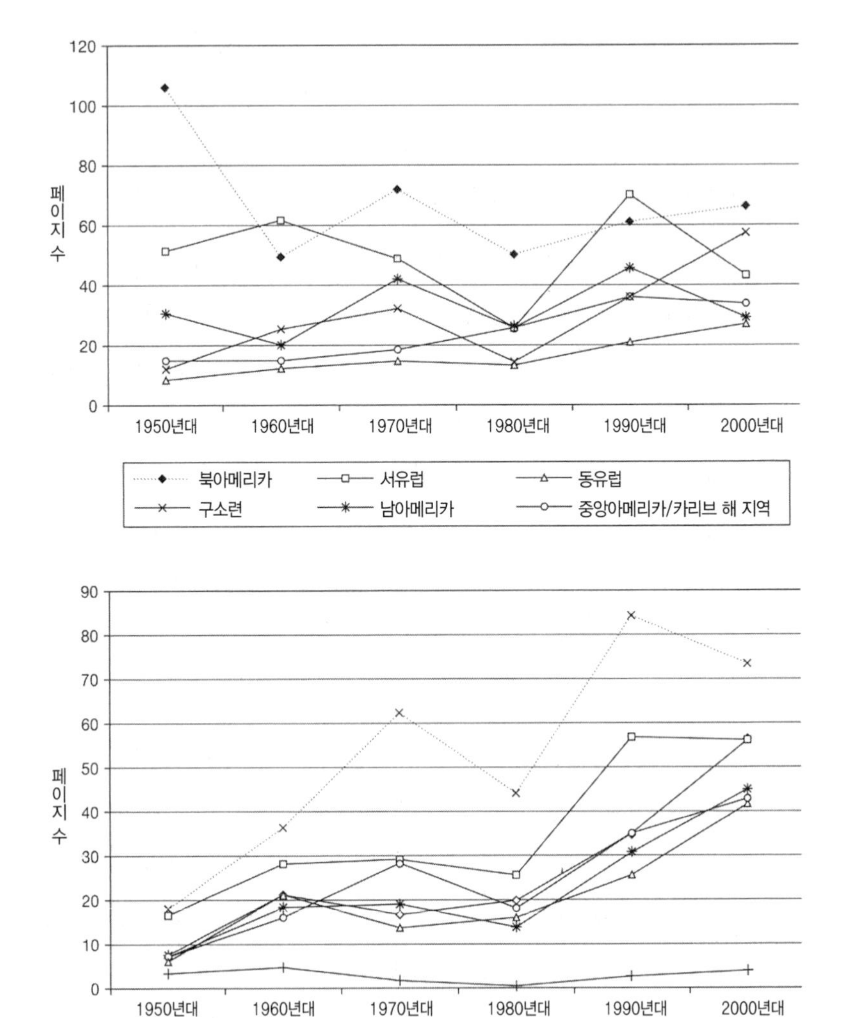

그림 5.1 미국의 고등학교 세계지리 교과서에서 다룬 지역 범위의 양(1950년대~2005년)

이러한 목표들의 중심성은 교육과정 안에서 문화적 편견을 다루려는 시도에서 우리 자신과 우리 사회를 이해하는 수단으로 다문화주의를 변화시켰다.

고등학교의 주요 세계지리 교과서들은 비서구 문화에 중요한 초점을 두고 있다. 간단히 페이지 수만 비교해 보더라도 아프리카가 1980년대 이래 가장 세밀하게 다루는 세계 지역이 되면서 교과서에서 평균 9~10%를 차지했다. 아프리카를 다룬 페이지에는 수많은 종족 유형들이 중요하게 묘사되어 있다. 자세하게 다룬 아프리카 문화의 모습들에는 아프리카인들의 정착, 복장, 식습관 및 여가 활동 등이 포함되어 있다. 예를 들어, *World Geography: People in Place and Time*에 나타난 열대우림의 수렵인들에 대한 묘사는 다음과 같다.

> Efe 부족은 유목민이며, 사냥과 수렵으로 생존한다. 남자들은 활이나 창, 그물을 사용하여 작은 동물들을 능숙하게 사냥한다. 여성들은 숲에서 야채, 뿌리 채소, 딸기, 과일 및 견과류를 채집한다. (Ainsley et al. 1992: 576)

이런 식으로 멀리 떨어진 비서구 문화권 사람들의 삶을 상세하게 다루는 것은 한 세기 전의 지리 교과서에서는 볼 수 없었다. 나아가 교과서에서 Efe 유목민의 생활 방식은 현대화의 위협에 처해 있는 것처럼 제시되었다. 특히, "유목민의 생활 방식은 현대 세계에서 사라지고 있다."(*ibid.*: 540)라고 언급하면서 그들의 이동을 제한하는 국경 통제를 엄격히 할 것을 제시한다. '동부 아프리카'는 부족 집단들을 나열하는 것을 비롯하여 수많은 교과서에서 초점이 되고 있다. '전통 문화를 유지하는 것'을 필두로 하는 McDougal Littell사의 *World Geography*에서는 학생들에게 주요 무역 지역으로서 동부 아프리카에 다양한 문화가 있다는 것을 보여 주고 있다(Arreola et al. 2005: 444). 그러나 이러한 교과서의 어떤 것도 왜 원주민 문화가 '유지되어야' 하는지에 대한 토론은 담고 있지 않다. 이는 현대화와 문화적 변화가 바람직하지 않다는 가정을 강조하고 있는 것으로 보인다. 이러한 경향은 인디언, 아마존 부족 또는 오스트레일리아 원주민 등 토착 문화에 초점을 맞추고 있는 다른 지역에 관한 장에서도 반복된다.

제2차 세계대전 이후, 미국의 지리 교과서는 식민지주의 족쇄에서 자유를 찾은 개발도상국 국민을 강조한다. 여기에는 원주민이 자신의 운명과 정치적 우선권을 규정하는 기회를 부여받았다는 점에서 긍정적 과정으로 묘사되었다. 예를 들어, *The World Today: Its Patterns and Cultures*에서 저자들은 "부족국가는 빠르게 사라지고 있다. 오늘날 세계에 존재하는 대부분의 국가는 국민국가이다."라고 주장한다(Kohn and Drummond 1971: 130). 나아가 저자들은 이런 현상이 국민들에게 가져오는 혜택을 계속 나타낸다. 즉 "주권국가는 전쟁에 참여하고, 군함을 취역하고, 영토에 대한 관할권을 행사하고, 시민을 확보하고, 조약을 협의하고, 외교관을 교환하고, 관세를 부과하고, 그 외 많은 것을 실행할 수 있는 권리를 갖는다."(*ibid.*: 135) 그러나 최근 교과서에서는 상황이 그 반대이다. 즉 민족이나 부족 연맹이 정치적 연맹 위에 있다. *Heath World Geography* 저자는 "많은 아프리카 주민들은 그들 국가보다는 그들 민족에 더 강력한 충성심을 가지고 있다."(Gritzner 1987: 126)라고 보고했다. 여기서 민족성은 생활의 핵심 부분을 형성하는 주요 수단이 되었다. 즉 "각 부족은 자체 고유의 관습, 신앙 및 행동 규율을 갖추고 있다."(*ibid.*) 최근 많은 교과서에서 아프리카 지도 상에 부족들을 상세히 다루고, 정치적 경계선과 민족 집단들 간 경계선의 불일치를 강조하거나 또는 국민국가보다는 민족성으로 주민을 규정하고 있다. 그러나 이러한 세계의 지역들과 선진국들에 어떻게 접근하는가에 있어서는 분명한 모순이 존재한다. 다문화 국가들은 서구 사회에서는 축복받는 것으로 간주되지만 개발도상국에서는 상당히 문제가 있는 것으로 묘사된다.

1980년대 이후 교과서 저자와 출판사들은 문화를 역사적으로 뿌리내린 것으로, 그리고 이전의 저자 및 출판사들보다 덜 일시적인 것으로 제시하였다. 이는 문화적 통합보다는 문화 다양성에 더 초점을 두는 것으로 설명할 수 있다. 이로 인해 사람들이 공통적으로 가지고 있는 문화적 실천 및 속성의 확산에 관해서는 보다 덜 논의되었다. 부분적으로 이것은 사람들의 세계에 관한 아이디어가 최근에 어떻게 변화했는가를 간단하게 반영한다. 많은 사람들이 오늘날 그들 자신의 삶에서 민족성을 더 강조한다는 사실은 의심할 나위 없다. 따라서 헌팅턴(Huntington)의 『문명의 충돌(Clash of Civilizations)』과 같은 이론은 많은 사람들에게 반향을 일으켰다. 그러므로 한 수준에서 이들 교과서는 변화하는 사회의 경향을 단순하게 반영했으나, 민족성 및 과거 지향성과 연관된 문화를 재현했으며, 핵심적인 교육 목표로서 다문화주의를 증진하고자 하는 사회–정치적 목적에 부합했다.

또한 몇몇 저자와 출판사들은 이전의 교과서들에서 문명이 서구 사회와 동의어로 제시되는 것과는 대조적으로 문명화에 대한 비서구 문화의 기여를 조심스럽게 강조한다. 예를 들어, 중세 시대 지식과 아랍의 발전에 관한 학습은 앤슬리 등(Ainsley et al.)에 의해 언급되었다. 즉 "아랍은 지식의 전통을 보존하여 이것을 통해 북부 아프리카 전역에 민족과 문화를 확산시켰다."(Ainsley et al. 1992: 537). 미국 전통에 대한 다른 문화의 기여도와 관련해서도 마찬가지이다. 한 교과서에 명시된 바에 따르면, "이민 국가인 미국과 캐나다가 어떻게 문화 다양성에 의해 번영하게 되었는지를 설명한다."(English 1995: 237) 현재 몇몇의 교과서에서도 '다문화주의'나 '다양성 존중'을 미국적 가치로 포함하고 있다.

교과서가 지식, 과학, 문화 공유 수단의 발전을 이룬 다른 문화의 기여가 어디에서 일어났는지를 인식하는 것은 긍정적인 발전이다. 그러나 이것이 종종 다문화 교육의 목표가 아니라는 것을 인식하는 것이 중요하다. 중세 시대에 문명의 발달에 대한 이슬람교도의 기여나 비서구 문화가 미국 사회에 어떠한 영향을 주었는지에 대한 사례를 예로 들 수 있다. 그러나 교과서는 지배적인 유로-아메리칸 전통에 도전할 수도 있기 때문에 지식이 어떻게 진보했고, 사회 규범이 어디에서 변화되었는지를 학생들이 충분히 이해할 수 있을 만큼의 세부 내용을 제시하지 못하는 경우가 종종 있다. 위에서 언급한 내용들은 실제적인 설명 없이 주어진다. 이 기법은 교과서에서 '언급하는 것'으로 알려져 있으며, 자세한 분석을 대신했다(Finn and Ravitch 2004). 학생들에게 주어지는 메시지는 다른 문화에 대한 존중이 그 문화들의 '기여'의 본질과 상관없이 주어져야 한다는 사실이며, 학생들은 다른 문화적 실천의 본질적 가치를 평가하거나 보편적 문화에 대한 기여로서 다른 문화를 보는 것을 방해받는다.

다시 말해, 진정으로 다른 세계의 관점을 질문하고 심의하기보다는 피상적으로 다문화 승인의 표시만 교과서에 제시하는 단편적인 방식으로 비서구권 사람들의 '목소리'를 포함시키려는 경향이 있다. 예를 들어, *World Geography: Building a Global Perspective*에서는 학생들에게 "다른 국가 주민들의 목소리를 통해 다른 문화를 상상하도록 돕는" 각 장에 "다문화 기록"을 포함시킴으로써 다른 문화를 존경하도록 학생들을 촉구하고자 했다(Baerwald and Fraser 1995: T13 재인용). '…에서 성장하는 것'과 '문화를 비교하는 것'에 대한 특성을 포함시켰던 McDougal Littell사의 *World Geography*에서도 이와 같은 동일한 강조가 되풀이되었다. 전자의 책에서는 "학생들은 성장기의 핵심 단계뿐만 아니라 다른 국가 청소년들의 평범한 활동에 대해서 배운다."

(Arreola et al. 2005: T7)라고 하면서 다른 국가 어린이의 생활에 초점을 맞춘 반면, '문화 비교하기' 부분에서는 "학생들이 다른 사람들과 장소의 경험을 자신의 생활과 연결하도록 돕는다."(*ibid.*)는 내용을 제시한다. 여기서 강조되고 있는 점은 다른 문화에 대한 존경과 다른 문화의 기여를 가치화하고 다른 문화의 관점을 획득하는 것이다. 본질적으로, 공감(감정이입)은 지적인 토대 위에서 또는 문화적 실천에 대한 도덕적 비교와 문화적 실천들의 공간적 차원 위에서 고양되는 것이다.

이러한 개발은 지리 교과서가 서구 사회에 접근하는 방식에서 더욱 뚜렷해진다. 즉 1950~1960년대에는 미국 학교 지리에서 북아메리카에 중점을 두었지만 현재의 미국 지리에서는 흔히 대충 얼버무리고 넘어간다. 세계지리 교과서가 반드시 북아메리카에 초점을 맞추리라고 기대할 수 없는 반면에, 대부분은 다른 세계 지역과 비슷하게 다루고, 일부 학교에서만 자체적으로 북아메리카 지리를 교육과정에서 제공하며, 현재 이 주제에 관해 출판한 교과서는 거의 없는 실정이다. 대신에 이 부분을 중·고등학교에서 세계지리 과목으로 제공하는 경우가 일반적이다. 북아메리카 지리는 역사 교과목에 포함되거나 여기에서도 사라지는 경향이 있다. 다시 말해, 세계지리 교과서에서 서구 문화는 시민에 의해 적극적으로 형성된 것으로 취급되기보다는 상징, 문화 속성 또는 여가 활동을 중심으로 하는 학습 주제로 더 많이 다루어지고 있다. 심지어 역사적 실체는 어떻게 사회 구성원들의 행동 결과로 사회가 변화했는가에 대한 얕은 이해만 한 채, 좀 더 상징적 역할을 띠는 것처럼 보인다. 그러나 이러한 문제는 단순히 교육 및 출판의 문제가 아니다. 문화에 대한 저급한(degraded) 이해와 서구 문화에 대한 감각을 소통하는 교과서의 무능력은 근대적인 사회 및 정치적 위기를 그대로 반영한다(Ravitch 2003 참조).

이와 같이 이전의 교과서나 교육과정들이 그들의 서구중심주의와 국가주의 가치를 촉진한 것에 대해 비판받아 마땅하지만, 그들의 목표는 지식을 설명하고 진실을 제공하고 저자의 목소리로 학생들과 소통하는 것이었다. 그러나 교과서에서는 서구적 해석을 세계 문화에 대한 보다 균형잡힌 분석으로 대체하기보다는 문화 그 자체에 대한 평가와 분석없이 여러 가지 관점을 제공한다. 이로 인해 학생들은 그들 자신의 문화에 대한 문화적 리터러시를 약화시키는 결과를 가져왔다. 사회과 교과서들의 주요 목적이 다양성을 선포하는 것이 되면서 사람들이 공통으로 가진 것으로 무엇이 남아 있냐는 질문이 제기된다. 한 교과서에서 미국과 캐나다의 이민 역사를 상세하게 다루면서 이러한 모순을 강조했다. 즉 "통합을 유지하는 동안 다양성을 보호하고 진작시키는 과정은 두 국가에 하나의 과제를 제시한다."(Arreola et al. 2005: 101)

미국의 많은 지리학자들은 여전히 그들의 학문이 지닌 지적인 장점을 강하게 의식하는 반면, 오늘날 학교에서 사용하고 있는 일부 지리 교과서는 국가표준을 포함하고 있음에도 불구하고 사회-정치 및 지리 목표들에 혼란을 주고 있다. 아마도 교과서가 정치적 현미경 아래에 놓여 있기 때문에 교과서는 흔히 지리 교육에 해를 입히는 사회, 경제 및 정치 목적을 끌어안고 있다. 교과서에 대한 저자들의 책임에서 출판사의 책임으로의 이동은 이러한 과정에서 절대적이었다. 최근 미국의 지리 교과서 출판업자들은 집필에 대해 많은 것을 통제할 뿐만 아니라 잠재적으로 공격적인 내용에 대해 모든 단어를 면밀히 검사하고 있다(Ravitch 2003). 따라서 21세기 고등학교 세계지리 교과서는 이전과는 완전히 다른 종류의 것이다. 이러한 교과서들은 크기가 커졌고, 더욱 다채롭고, 지도, 그래픽, 웹링크, 글상자, 과제, 리뷰 등을 개선한 반면에, 목표는 다소 혼란스럽고 지리의 이해를 약화시켰다. 이러한 교과서들은 이전의 교과서에 비해 세계 지역과 문화를 훨씬 많은 페이지에서 다루지만 폭이 넓어진 대신에 깊이가 약하고, 일관성이 없으며, 문화 분석이 되어 있지 않다. 세계를 다루려는 교과서의 접근 방식은 표준을 지향했지만 미국 시장을 점유하는 출판물은 더 적어졌다(Bednarz 2004; Standish 2006). 이들 교과서는 동일한 수준의 세부 내용으로는 가장 많은 세계 지역을 다루면서 각각을 설명하기 위해 정형화된 접근 방식을 종종 취한다. 흔히 세계 지역과 국가는 역사, 사람과 문화, 경제개발, 기후 및 식생, 천연자원, 지형 및 강, 도시 개발 같은 동일한 제목으로 검토된다. 이러한 지리 교과서들은 사실에 기반하여 내용이 구성된다. 눈으로 보기에는 매력적이지만 목표의 명료성은 결핍되어 있다. 사라지는 것은 정보, 이론, 모델, 개념을 지식 체계로 통합시키는 서술이다.

위에서 언급한 것들은 잉글랜드/웨일스 지리 교육과정의 최근 변화에서 분명해졌다. 정치적으로 영국은 여전히 1980년대 말까지 단일 민족적 세계관 개념에 집착하고 있었고, 당시의 보수 정부는 이러한 관점을 새로운 국가 교육과정으로 주입시키려고 시도했지만 크게 성공하지 못했다. 그러나 수석 교사 크리스 맥거번(Chris MacGovern)의 보고에 의하면, 학교는 이미 1980년대에 공동의 기술을 넘어 다원적 관점을 가르치게 되었는데, 이것은 1991년에 배포된 교사를 위한 국가 교육과정 문서로 이어졌다(McGovern 2007). 교육과정을 국제화하여 글로벌 시민성을 포함시키자는 요구는 1990년대의 세계화 논의로 더욱 강력해졌고, 동시에 동일한 국가적 관점은 약해지기 시작했다. 따라서 미국과는 달리, 1990년대까지는 다문화주의가 중요한 그리고 공식적으로 지지받는 교육 목표가 되지는 못했다. 잉글랜드와 웨일스에서 사용하는 언어는 미국의 것과는 약간 다른 경우도 종종 있었다. 예를 들어, '다양성 존중'이라는 구절은 '다문화주의'보다 더 많이 등장한다. 이것은 1990

년대에 부상했던 그 주제에 대해 더욱 개별화된 접근 방식을 부분적으로 반영한 것이다. 다양성을 존중하고 소중하게 생각하는 것은 옥스팜(Oxfam)의 1997년 「글로벌 시민 교육과정(Curriculun for Global Citizenship)」의 핵심이었고, 이것은 결과적으로 교육기술부(Department of Education and Skills)의 글로벌 교육의 8개의 핵심 개념 중 하나가 되었으며, 지리 글로벌 교육과정의 일환으로 발전하였다(Lambert et al. 2004).

미국에서처럼 지리는 다문화주의의 미덕에 관해 가르치는 것으로 간주되었다. 즉 참고문헌의 주요 용어들에는 문화 다양성과 상호의존성이 포함되어 있다. 예를 들어, 1998년 교육과정평가원(QCA) 컨퍼런스에서는 "다른 국민과 다른 문화의 관용"을 촉진시키는 데 있어서 지리의 역할을 강조했다(Geographical Association 1998: 125). 이듬해, 지리교육학회(Geographical Association)의 입장 성명에서는 지리에 대한 정부의 예측과 지리교육학회의 의견이 일치하고 있음을 보여 주었다. 성명서에는 다른 사람과의 공동 작업, 정신적·도덕적·사회적·문화적 개발을 포함하여 학생들이 그들 주변 세계에 대해 정보화된 관심을 개발할 필요가 있음을 강조했다(Geographical Association 1997: 57).

시민 교육 국가 교육과정의 도입은 문화 다양성을 촉진하는 데 있어서 지리의 역할을 공고히 하였다. 「Key Stage 3(11~14세)의 지리를 통한 시민 교육(Citizenship through Geography at Key Stage 3)」의 사업 계획에서는 지리를 통해 학생들이 "문화의 다양성, 그리고 영국 및 더 넓은 세계의 정체성 이해뿐만 아니라 글로벌 상호의존성의 이슈와 과제를 이해"할 수 있기를 제안한다(Qualifications and Curriculum Authority 2001). 문서에는 이러한 목표에 맞는 활동들이 제시되어 있다. 예를 들어, 주거지 또는 고용 패턴에 대한 종교적 또는 민족적 차원을 학습하거나 개발에 있어서 지역적 차이와 개발이 다양한 집단의 사람들의 삶의 질에 미치는 영향을 조사하는 것 등이다. 지리 학습을 위한 2007 초안 프로그램에서는 핵심 개념의 하나로 '문화적 이해 및 문화 다양성'이 포함되어 있다(Qualifications and Curriculum Authority 2007).

미국과는 달리, 다문화주의는 잉글랜드와 웨일스에서 상대적으로 새로운 교육적 시도였다. 따라서 대부분의 지리 교육과정과 교과서들이 그들의 임무를 중심으로 재구조화되고 있다는 것은 놀랄 만한 일이 아니다. 이는 많은 옹호자들의 활동을 지속시켰고, 지리 교육과정의 진행이 변하고 있다는 징후를 보여 주었다. 특히 시범용 지리 중등교육자격시험(GCSE)은 학생들이 선택할 수 있는 9개의 선택 중의 하나로서 '문화 지리 개론(Introducing Cultural Geography)'을 포함하고 있다. 이 교육 계획서에는 이러한 선택이 "문화 다양성을 강조"하고 "다문화 사회에서 삶의 과제"에 관해 학생들을 가르치기 위한 것이라고 명시한다(Oxford, Cambridge and RSA Examinations 2004: 77, 78). 이러한 목표를 달성하기 위해 권장된 내용으로는 영화, 시, 문학 작품 등을 통하여 영국 공동체들의 다양한 이미지와 경관을 가르치는 것이다.

문화 학습에 대한 해석은 일부 지리 교육과정에는 빠져 있었다. 왜냐하면 다문화적 가치 교육의 목적이 교과의 분석적 목표를 방해하기 때문이다. 학생들은 다른 문화들의 기여에 상관없이 다른 문화를 존중하도록 배우기 때문에 학습의 목적은 다른 문화의 실천 및 사상을 이해·비교하기 위해 모색하기보다는 간단히 차이를 인식하는 것이 되었다.

학생들은 문화 다양성 수업을 통해 무엇을 배우는가?

교육가들과 정책 입안자들은 학생들이 오늘날 다양한 문화를 연구하면서 무엇을 배우게 될 것이며, 이것이 바람직한 결과를 갖게 될 것인가를 보다 면밀히 고려해야 한다. 앞서 언급했듯이, 미국의 다문화 교육은 이전의 소수

집단을 다루던 정치적·사회적 부당성을 바로잡으려는 시도에서 시작되었다. 교과서와 교육과정은 미국 역사에 기여했던 다양한 사람들을 더 많이 포함하도록 바뀌었다. 그러나 교육가들이 문화 비교보다는 학생들의 정체성과 사회적 상호작용에 초점을 두기 시작했던 것처럼 삶을 가치 있는 목적으로 시작했던 것이 사회–정치적 교육과정 계획이 되었다.

많은 교과서와 교육과정 문서는 학생들이 왜 다른 문화를 배워야 하는가에 대한 이유를 제시하지 않는다. 이것은 마치 문화 간 접촉이 그 자체로 고결한 것이어서 이에 대한 함의를 설명할 필요가 없는 것처럼 보인다. 설명이 제시되었더라도 모호하기 십상이고, 의도한 결과는 항상 구체적이지 않다. 참고 용어가 구체적이지 못함에도 불구하고 흔히 '글로벌 관점'이라는 용어를 부분적 근거로 제시한다. 예를 들어, *World Geography: Building a Global Perspective*의 도입부에서 리그스–살터(Riggs-Salter)는 "글로벌 관점은 학생들이 세계 사람들과 세계 지역들 사이의 연결성을 이해하고, 그들 자신의 상황과 미래를 깊이 이해하기 위해 필수적이다."라고 제안한다(Baewrlad and Fraser 1995: T5 재인용). 저자에게 있어서, 세계의 다양한 문화 유형을 배우는 것은 문화 다양성에 가치를 두면서 '글로벌 관점'을 획득하는 데 필수적인 것이다. 따라서 저자는 다문화 교육을 "미국과 세계의 문화 다양성을 인식하고, 이러한 다양성을 긍정적 생활의 실상으로 보도록 하는 교육과정 및 교육방식"(*ibid.*: T12 재인용)으로 정의하지만, 다양성이 왜 존중의 대상이 되어야 하는지에 대한 설명의 필요성은 외면한다.

그럼에도 불구하고, 교과서 또는 교육과정 문서(국제적 또는 글로벌 교육에 관한 것을 포함하여)에 포함된 근거들로부터 알 수 있는 설명이 최소한 세 가지가 있다. 첫째, 다른 문화권 출신 사람들과 협력할 수 있는 사회적 기술과 문화적 감수성을 배울 필요가 있다. 둘째, 다른 사람들과 장소들에 대한 지식을 갖추는 것은 해외 교역 및 해외 회사 운영을 위한 실제적인 잠재 역량을 갖추는 것이다. 마지막으로 다른 사람이 세계를 어떻게 보는가를 배우는 것은 자신을 되돌아보면서 덜 편파적이게 된다. 이 세 가지 각각에 대한 진실의 정도 차이는 있을 수 있지만, 보다 중요한 변화는 지리에서 문화의 지적 및 도덕적 검토를 학생들의 가치 및 태도를 형성하는 방식으로 대신하는 것이었다. 이러한 변화 발전은 앞서 확인한 교육과정에서 심리-사회적 목적의 등장과도 부합하는 것이다. 사회과 교육에서 다문화적 목표에 관한 한 연구에 따르면,

> 이론가들은 학생들이 다른 민족에 관한 지식 체계를 배우는 것에는 관심이 없다. 대신 그들의 목적은 학생 스스로에 대한, 그리고 다른 사람들에 대한 학생들의 태도를 바꾸는 것이다. 이론가들은 민족 간 관계를 개선하고, 특정 민족 집단들의 자긍심을 끌어올리고, 미국을 변화시키기 위한 시민 행동을 자극하는 도구로서 다문화 교육을 가장 우선시한다.
>
> (Ellington and Eaton 2003: 76)

글로벌 시장의 변화하는 수요는 국제적 차원에서 미국 교육과정 개혁을 위한 핵심 주제이다. 이는 국제 교육과정 위원회에 비즈니스 리더들이 등장한 것을 설명하는 데 도움이 된다. 이는 청소년들이 다른 국가 출신 사람들과 협력을 위한 문화 감수성의 개발을 위해 다른 국가, 다른 문화, 다른 언어에 대해 더 많은 지식이 필요하다고 주장한다. 예를 들어, 한 미국 국제 교육 계획은 학생들이 "다양한 문화의 이해와 공감을 촉진"할 필요가 있다고 자극한다(New Jersey Department for Education 2006). 또한 위스콘신공공교육부(Wisconsin Department of Public Instruction)는 학생들이 문화들 간 협력을 위해 유연성

과 창의성을 개발할 필요성이 있다고 주장한다. 마찬가지로, 영향력을 갖춘 아시아 소사이어티(Asia Society)는 국제 교육이 왜 중요한가에 대한 토론에서 사회적·문화적 통합을 설명한다. 이 단체에서는 이것이 "우리나라의 교실, 직장 및 지역 단체에서 다양성이 늘어났기" 때문이며, 오늘날 교육에서 필수적인 강조점이라고 주장한다(Asia Society 2007). 다시, 지리 교육은 여기에 중요한 역할을 할 것으로 보인다.

물론, 지리 교육은 다른 사람들과 잘 지낼 수 있도록 다른 사람의 문화에 관해 알도록 도와준다. 라마단 기간에 단식하는 이슬람교도나 크리스마스를 기념하지 않는 유대교도 등을 예로 들 수 있다. 문화적 차이를 인식하는 것은 잠재적으로 난처한 상황을 예방할 수 있다. 그러나 이것이 왜 최근 교육의 목표가 되어야 하는지에 대해 질문할 가치는 있다. 영국의 국민 구성은 제2차 세계대전 이후 이민이 이루어진 이후에야 민족적으로 보다 다양해진 반면에, 미국은 많은 국가 출신의 이민자들로 이루어졌다. 따라서 수십 년 동안 양국의 교실, 직장 및 지역 공동체에는 다양한 문화가 섞여 있었다. 인종 차이에 기반한 국가 및 주 정책은 확실하게 사회 분리를 촉진하였지만, 많은 사람들은 과거의 이러한 이데올로기를 보는 법을 배웠고, 그들 자신의 개인적 경험을 통해서 다른 문화권 사람들과 잘 지내는 방법을 터득했다. 인종주의 이데올로기의 신뢰성 약화는 미국과 영국의 도시를 세계에서 가장 국제적인 장소로 만드는 데 도움이 되었다. 상이한 문화권 출신의 많은 사람들이 그들의 문화적 차이를 '교육받지' 않고도 잘 지내는 방법을 알았다. 그리고 누군가가 문화적 실례(faux pas)를 한다면 다른 사람이 그것을 바로잡아 줄 수 있었다. 오히려, 다문화주의는 보편적인 인간성을 갖춘 사람이라기보다는 문화적 정체성이라는 프리즘으로 서로를 보게 한다(이것은 다음에서 더욱 자세하게 제시된다). 그래서 이것은 다른 사람들의 문화를 아는 것이 왜 교육과정의 핵심 부분이 되었는지를 설명해 주지 않는다.

경제가 더욱 더 국제적으로 통합됨에 따라 다국적 고용주들이 근무할 외국의 장소 또는 그 지역 사람들에 대해 무언가를 알고 있거나 현지 언어로 말할 수 있는 사람들을 고용하고자 하는 것이 논리적으로 타당해 보인다. 미국 경제를 이끌어 가는 사업가들은 제3장에서 언급했듯이 많은 곳에서 국제 교육 프로그램을 개발하는 데 특별히 적극적인 자세를 취해 왔다. 국가 교육 연구 기관들(미국사회과교육학회와 전미교육협회 포함), 정책 입안자, 비즈니스 리더들로 구성된 연합회가 아시아 소사이어티의 주도하에 2000년대 초에 구성되었다. 이 연합회의 전략은 다음과 같다.

> 미국의 미래에 대한 국제적 지식과 기술의 핵심을 현실화한 사람들인 정치가, 국제 관계 및 기업의 리더들의 관심을 기반으로 하여, 그들을 세계의 다른 지역, 다른 문화, 다른 언어에 관한 교육에 정책 우선권을 두도록 교육 분야 리더들과 연결시켜 준다. (Asia Society 2007)

아시아 소사이어티는 비영리 교육 단체로서 아시아 사람들과 미국 사람들 사이의 관계 강화를 모색한다. 2001년 이 단체에서 배포한 *Asia in the Schools: Preparing Young Americans or Today's Interconnected World*는 미국과 아시아의 경제적 관계가 전례가 없는 수준에 도달했을 당시 미국 학생들의 아시아에 관한 지식의 절대적 부족을 강조하여 드러냈다. 이후 아시아 소사이어티는 미국 학교에서 아시아 및 국제 교육을 강화하기 위해 국가 연합회를 조직화하였고, 교육가와 정책 입안자들에게 분명히 영감을 불러일으켰다. 아시아 및 국제 교육을 위한 국가 연합회(The National Coalition on Asia and International Education)에는 30개 이상의 단체와 기업들이 포함되어 있으며, 전 미시간 주지사 존 엥글러(John Engler)와 전 노스캐롤라이나 주지사 제임스 B. 헌트(James B. Hunt)가 공동 의장을 맡았다. 소속 회원으로는 미국교사연맹 회장, 전미교육협회 회장, 미국교사교육대학연합회 회장 및 CEO, 미국중등학교 교장연합회 전무, 미국사회과교육학회, 미국학교연합 및 미국지리학협회의 대표자들이 포함되어 있다. 이 단체에 명시된 목표는 국제 교육의 중요성에 대한 인식을 고취시키고, 변화를 위한 정치적 추진력을 구축하며, 국제 교육을 받아들이도록 교육 기관들을 독려하는 것이다(Asia Society 2007).

영국에서도 경제계가 교육과정의 글로벌 방향 설정에 크게 기여를 했다. 특히, 비즈니스 리더들과 교육 연합회는 교육 과정에서 글로벌 교육에 관한 교육기술부 문서의 구성에 기여했다. 그리고 이런 기여는 경제계를 대표하여 체면치레로 이루어진 것은 아닌 것으로 보인다. 휼렛 패커드(Hewlett Packard)사는 자체 웹사이트에서 글로벌 시민성이 회사의 7개 목표들 중 하나라고 선언했다(Hewlerr Packard 2007). 마찬가지로, 인텔은 글로벌 시민성을 양성하겠다는 자체의 다짐을 공표했다.

그러나 글로벌 경제를 위해 준비된 노동력을 확보함에 있어서 교육의 새로운 역할에 대해 의문을 가질 필요는 있다. 교육과 업무와의 관계에 대한 많은 연구에 따르면, 학생들을 곧바로 업무에 맞춰 준비시키는 학교는 거의 없다. 문해력, 수리력, 컴퓨터 관련 지식 및 기술 등 대부분의 피고용인들은 직장에서 그들이 필요로 하는 업무를 배운다. 많은 고용인들은 비즈니스의 변화하는 수요에 적응할 수 있는 지적이며, 교육 수준이 높은 개인들을 고용하고자 한다(Wellington 1993). 세계에 대한 일부 일반적인 지식도 물론 의심할 여지 없이 유용하다고 하지만 학교에서 학생이 회사가 투자하고 있는 지역에 관해 상세하게 배우는 것은 다른 문제이며, 학생들이 똑같은 방법으로 그 문제에 접근하는 것도 아닐 것이다. 당연히 회사는 국제적 비즈니스에 관해 특정 목표를 생각할 것이고, 직원들은 이러한 목표를 추구할 것이다. 잉글랜드와 웨일스에서 외국어 습득에 대한 새로운 '의무'조차도 학교에서의 외국어 교육의 약화를 되돌릴 수 있을 것 같지는 않다. 셜리 로스(Shirley Lawes)는 학교에서의 외국어 교육이 열악하다고 지적했다. 즉 학교는 언어 학습을 일종의 일상 회화 사전에서도 찾을 수 있는 것을 가르치는 기능적 기술 수준으로 약화시키고 있다. 또한 학교는 기술 이상의 어떤 것을 언어 학습에서 찾고자 하는 학생들에게 그다지 영감을 주지 못하는 것 같다(Lawes 2007: 92). 미국에서도 여전히 이와 유사한 모습을 찾아볼 수 있다. 인도와 중국 등을 포함한 여러 국가들에서 국제적 비즈니스 언어는 영어라는 사실을 우리 스스로 상기할 필요가 있다. 따라서 잠재적 피고용인이 광둥어나 힌두어를 배우지 않았다고 해서 제외되지는 않을 것 같다.

보다 면밀히 검토해 보면, 언어에서 '국제적 지식과 기술'에 대한 지적인 핵심 내용을 거의 찾아볼 수 없다. 이것은 다음 장에서 다룰 것이다(Marshall 2005 참조). 대신에 학생들이 갖춰야 할 가치, 태도 및 사회 기술에 보다 초점을 두고 있다. 국제 교육 옹호자들은 다양한 관점을 통해 세계를 보기 위한 학습 수단으로 문화적 접촉을 장려한다. 이들은 학생들이 자신들의 관점을 다른 사람의 관점보다 더 우월한 것으로 생각하지 못하도록 학생들을 독려하면서 모든 관점은 동일하게 유효하다는 것을 인식시킨다. 이러한 목표를 달성하기 위해 초기 옹호자들은 직접 원거리 문화권 사람들과 접촉을 시도하였다. 이들은 미국과 다른 국가의 교육 기관들 간의 연결을 수립하거나 개선하고자 한다. 학교 간 교류와 자매결연 등이 뉴저지, 위스콘신, 노스캐롤라이나 및 그 외 많은 주에 있는 학교들에서 이미 수립되었거나 추진 중에 있다. 이러한 교류의 목적은 학생과 교사를 위해 문화권 간 접촉을 늘리는 것이다. 이것은 학생 및 교사 간 교환 프로그램을 통해서 또는 공동 프로젝트를 위한 인터넷이나 간편한 이메일을 통해서 이루어질 수 있다. 국제 교육 계획 역시 학교 내에 이미 존재하는 학생과 교사의 문화 다양성을 이용하려고 한다. 국제 교육에 관해 뉴저지에서 개최된 한 학회는 교사들에게 자신들과 학생들을 위해 글로벌 시민성을 위한 교육과정 및 업무를 국제화하도록 모색할 것을 통보했다(Standish 2006). '글로벌 시민'이 된다는 것은 언어를 습득하고 지역 전통에 참여함으로써 다른 문화권에 깊숙이 참여하는 것을 의미했다.

의심할 여지 없이, 다양한 문화 체험은 학생들과 교사들에게 가치 있는 학습 기회가 되었다. 오늘날 미국과 잉글랜드/웨일스에 있는 수많은 교실의 문화 다양성은 문화적 차이를 학습할 수 있는 준비된 자원을 제공한다. 국제 교류 프로그램은 언어 및 문화 교육을 목적으로 오랫동안 많은 학교에서 실행되었다. 그러나 다문화 교육과 최근 학생들의 문화 체험을 국제화하려는 일부의 시도를 구분짓는 것은 학습 결과가 학생들이 획득해야 할 가치에 초점을 두고 있는 것인가에 있다. 다양한 문화적 배경을 가진 학생들이 자유롭게 상호 소통하면서 서로에 대해 배우도록 하기보다는 다른 사람들에게 관용을 배풀고 다른 사람을 존중하는 데 교육의 목적을 두고 있다. '글로벌 시민'으로서의 가치 및 태도는 학생들이 문화 체험을 시작하기도 전에 이미 학생들이 획득해야 할 목표로 설정되어 있다. 이로 인해 잠재적으로 이루어질 계몽적인 체험이 외부에서 강요한 도덕성으로 통제되는 체험으로 변질되고 있다.

마지막으로, 다른 문화에 대한 학습은 학생들이 스스로를 학습하는 데 도움을 주며, 앞서 언급한 대로 지구적으로 숙련된 노동력을 제공해 준다. '이해와 공감을 촉진하는 것' 같은 문구는 가치적 진술이다. 이러한 교육적 목적은 학생들에게 반드시 새로운 지식을 무장하도록 요구하는 것이 아니라 특정 성향, 가치 또는 태도를 갖추도록 한다. 예를 들어, Key Stage 3(11~14세)의 영국 지리 프로그램의 설명에 따르면, 학생들의 문화 이해와 다양성을 함양하는 것은 "사람들의 가치와 태도가 어떻게 다르고, 사회적·환경적·경제적·정치적 이슈에 어떻게 영향을 미치며, 이러한 이슈에 관한 학생들 스스로의 가치와 태도를 어떻게 개발할 것인가를 인식"하는 것이다(Qualifications and Curriculum Authority 2007: 3). 가치 교육은 지난 20년에 걸쳐 미국 교육에서 부상한 목표가 된 반면, 영국 교육과정에 이것이 포함된 것은 최근의 현상이다.

중·고등학교 사회과 교사와 교과서 저자들과의 인터뷰에 의해 밝혀진 바에 따르면, 문화적 관용(tolerance)과 공감(empathy)은 일부 미국 교육가들이 다른 문화를 학습하는 데 있어 핵심으로 보고 있는 두 가지의 가치들이다. 일부 사람들에게, 관용과 공감은 문화적 향상(cultural improvement)의 측면에서 근대주의자(modernist)적 신념을 대신해 왔다. 한 교사의 설명에 따르면,

> 많은 미국인들의 마음속에서 우리는 여전히 우리가 얼마나 강한가에 의해 평가받고 있으며, 많은 경우에 이 결과에 스스로 자긍심을 갖는다. 나는 이것이 변하고 있다고 생각한다. 지속된 교육과 기술의 발달로 경계들이 확대되면서 수많은 미국인들은 그것이 반드시 최선의 접근 방식이 아니며 더 나아져야 할 이유를 깨닫고 있다고 본다. 나는 우리가 많은 사람들 중 하나라고 생각하며, 이러한 생각을 서로 공유하고 확대해야 한다고 본다.
>
> (Standish 2006: 201)

다른 사람들처럼, 이 교사는 맹목적 애국심으로 이루어진 국가주의에 불편

함을 느꼈다. 이 교사는 "신이 모든 것을 축복한다고 말하기보다 신이 미국을 축복한다고 말하는 것은 매우 어렵다고 본다."고 제안했다. 문화적 관용과 공감은 학생들로 하여금 어떤 문화가 더 좋은가에 대해 판단하지 않도록 한다. 이것은 자부심과 사리사욕보다는 존중과 자선 활동, 대립과 경쟁보다는 협력과 타협, 배제보다는 포용을 권장한다. 이 교사는 "우리는 대상의 차이점을 평가하고, 그 차이점만 보려고 하는 것을 그만두어야 한다."고 설명했다(*ibid.*: 202). 마찬가지로, 한 지리 교과서의 저자는 "공감이 없는 지식은 무익한 것과 마찬가지이다."라고 지적했다(*ibid.*). 달리 말하면, 학습이 교육과정 내의 특정한 사회-정치적 가치를 위해 이루어져야지, 학습자가 이익을 얻기 위해서나 무언가를 알고 싶은 욕망에서 이루어져서는 안 된다는 것이다.

이와 유사한 미션이 영국의 일부 주요 지리학자들에 의해 발표되었다. *Geography: The Global Dimension*의 저자는 "여러가지 방식으로 지리에서 글로벌 차원에 관해 학습하는 것은 학생들의 자기중심성을 감소시키는 것과 관련 있다."라고 주장한다(Lambert et al. 2004: 23). 이 주장에 따르면, 이것은 학생들이 "자신의 지역을 고려한 뒤 이러한 이해를 다른 지역으로 전환함으로써" 달성될 수 있다(*ibid.*).

세계에 관한 지식에서 젊은이들의 도덕적 관점으로 교육의 방향을 전환하는 것은 교과 지식의 가치에 대한 환멸과 사회문제가 개인들의 생각을 개조함으로써 다루어질 수 있다는 신념을 동시에 반영한다. 일부 사람들의 마음 속에는 이것이 지리와 같은 교과들을 위한 새로운 근거로 신속하게 자리잡았다. 다른 문화를 배우는 경우에, 새로운 교육과정은 문화들이 충돌할 것으로 인식되는 세계에서 문화적 협력을 장려하는 시도를 하였다. 개인들을 위한 다른 문화에 대한 보다 깊은 이해는 문화적 갈등과 오해를 제거하기 위한 핵심으로 여겨졌다. 이것은 다문화 교육이나 글로벌 관점을 개발하는 옹호자들이 '점차 다양해지는 일터와 공동체'를 보기 때문이라고 생각할 수 있다.

다문화주의가 문화에 대한 지리 학습의 토대를 어떻게 약화시키는가

다문화주의는 지리 학습에서 문제가 되고 있다. 다문화주의는 인간성에 대한 문화적 관점을 제시하며, 교육과정의 최종 목적을 가치 교육에 두고 문화적 차이의 분석과 비교를 대신하기 때문이다. 첫째, 사람들의 지식과 문화가 맥락에 근거를 두고 있다고 간주하는 강경한 구조주의적 관점은 문화를 보는 관점에 깊이 뿌리내렸다. 이것은 미래의 비전보다는 과거의 지배를 받기 때문에 변화가 훨씬 어렵다. 문화는 '우리는 누구인가'라는 정체성(부족, 성별, 계급, 국적)의 산물로 제시되기 때문에 사람들을 과거의 포로로 보는 경향이 있다. 국적 및 계급, 심지어 성별까지도 바꾸는 것이 가능한 반면에 문화의 고착성을 고려할 경우 문화는 변하기가 더 어려운 것으로 제시된다. 다문화주의에서 문화는 마치 인간의 아이디어와 창의성으로 생산된 동적인 실체라기보다는 박물관에 진열되어야 할 것처럼 고정적이고 심지어 보존해야 할 대상으로 간주되는 경향이 있다. 이것은 일부 지리 교과서에서 토착 문화를 서구화의 위협 아래 있는 것으로 제시하는 경향을 설명하는 데 도움이 된다. 그 결과, 일부 지리 교육과정들은 사회를 형성하고 인간 상상력의 산물이기도 한 규범, 가치 및 제도 대신에 의복, 음식, 음악, 여가 활동 또는 상징성 같은 문화의 진부한 모습에 더욱 초점을 맞추게 되었다. 이로 인해 문화를 거의 비인간적 용어로 묘사하게 되었다. 즉 사람들에 의해 안내되는 사회적 과정이라기보다는 현대의 사회 과정으로부터 보호되어야 할 과거의 어떤 것으로 묘사되었다. 전통 문화의 기념과 보존은 그것의 기능적 접근 방식과 변화에 대한 저항성 때문에 다른 곳에서는 비판을 받아 왔다(Butcher 2007 참조). 부처(Butcher)는 "기능주의의 논리는 사람이 문화를 만든다기보다는 문화가 사람을 만드는 것"이라고 제시한다(*ibid.*: 120). 이 관점은 인본주의에 역행한다. 인본주의에서는 변화와 적응성이 인간 존재의 핵심이다.

이와 비슷한 사례로는 새로운 세계사 교육과정에 대한 샌디에이고 대학교 역사학과 교수인 로스 던(Ross Dunn)의 다음과 같은 언급을 생각할 수 있다.

> 많은 다문화주의 리더들은 아시아 인, 아프리카 인, 그리고 1500년 이전의 미국인들이 만든 문명의 훌륭함을 드러내는 데 아주 열심이었다. 글로벌 교육과정은 그러한 문명의 훌륭함을 세계의 사회적 과정들과 역사적 변화에 대한 연구라기보다는 '다른 문화'를 개략적으로 묘사하는 것이라고 생각해 온 학교 수업에 제공하는 데 큰 관심을 가져왔다. 지나치게 자주 그들은 '문화'가 내부적으로 안정적이고, 동일한 메커니즘으로 존재한다는 개념을 수용해 왔다. (Dunn 2002: 12)

우려되는 점은 학생들이 문화를 사회 과정에서 분리된 어떤 것으로 배우고 있으며, 문화를 그들이 적극적으로 참여하여 만들어 가는 어떤 대상이라기보다는 과거에 의해 결정된 것으로 배우고 있다는 사실이다. 한 학생이 미국 문화 지리 수업이 끝난 후 저자에게 다가와서 "우리에게 문화가 없다고 생각했습니다."라고 말했다. 분명한 것은 그 학생은 문화가 미국 외부에만 존재하여 그 학생의 생활과 무관한 것이라고 생각하도록 배웠다는 점이다.

이렇게 문화를 일련의 변하지 않는 인공물로 단편화함으로써 다문화주의 교육의 중심 목적, 즉 다른 문화권의 사람들 간의 상호 이해를 통해 더 가까워지도록 한다는 목적을 방해하는 더 심각한 문제점이 노출된 것이다. 문화 정체성이 뿌리 깊이 박혀 있고, 사회적 토대 위에서 형성된 것으로 묘사되는 곳에서, 이것이 시사하는 바는 개인들은 그들의 상이한 사회적 및 문화적 환경의 결과로 서로 다르다는 것이다. 다문화 교육은 이러한 차이점에 초점을 맞추면서 사람들에게 이를 존중하도록 가르친다. 본질적으로 사람들은 공통점에 초점을 맞추기보다는 다른 문화권의 사람들은 자신들과 다른 것으로 보도록 교육받는다. 사람들은 개인들을 유사한 요구와 희망을 가지고 있는 동료 인간보다는 다른 문화권의 대표자로 보도록 교육받는다. 이러한 통찰력은 부처(2003)가 여행이 어떻게 도덕성 수업으로 탈바꿈되고 있는가에 대해 저술한 책에서 분명히 설명되고 있다. 이 책에서는 여행사들이 여행객들로 하여금 '방문하는 국가(hosts)'에 대해 문화적으로 민감하도록 '교육'하고, 환경적으로 책임 있는 방식으로 행동하도록 하고 있음을 보여 준다. 지리 교육과정의 개발 영역과 유사하게, 여행사들은 여행객들이 적절히 소통할 수 있도록 사회적으로 용인될 수 있는 가치와 행동을 명시한 여행 안내서를 작성했다. 다시 말해, 이것은 미리 정해진 참여 원칙(rule of engagement)을 만들어 여행객들에게 문화적 공통점보다는 문화적으로 차이점을 보도록 권장한다. 그 결과는 다른 문화권의 사람들을 다른 사람으로 생각하게 하여 사람들 간 장벽을 만드는 결과를 가져왔다. 부처는 여행사들이 여행객들에게 사람 대신에 문화를 보라고 독려한다면, 그것은 여행객들이 보고 있는 것 자체일 뿐이라고 지적했다. 반대로, 그는 여행객과 현지 주인이 앉아서 서로 자유롭게 소통할 때 그들은 다른 문화의 대표자가 아니라 동료 인간으로서 서로를 보기 시작한다고 주장한다. 실제로 다문화 교육은 다른 문화 정체성을 주의 깊게 관찰하여 존중하도록 요구하는 사전 결정 역할을 진행함으로써 개인들 사이의 관계 형성을 시도한다. 그러나 다시 말해서, 형식적 관계는 자발적이고 격식에 얽매이지 않으면서 발전한 관계보다는 일반적으로 더 거리감이 있고 인위적이다.

모든 문화는 다르지만 동일하다는 다문화주의의 주장 역시 솔직하지 못하다(Kronman 2007 참조). 세계 도처에서 이루어지고 있는 문화 다양성의 실천과 이것들이 상호작용하거나 상호작용하지 못하는 것을 배우는 것은 중요하지만, 이런 학습이 문화 다양성을 동일한 가치로 만들어 주지는 못한다. 왜냐하면 어떤 학생이든 스스로 추론할 수 있기 때문이다. 최소한 최근의 문화 전환인 서구 문화의 지배는 우연이 아니었다. 우리가 오늘날 당연하게 생각하는 것들 중 상당수가 현대 서구 사회에서 만들어진 첨단 제품이다. 즉 과학, 의약, 법, 고도의 생산 및 소비 수준, 효율적인 운송망, 정보기술, 통신 시스템 등은 모두 지난 2세기에 걸쳐 신속하게 발전했다. 여기에는 일부 비서구권이 기여한 사례도 있지만 지식, 기술, 정치, 사회 및 환경 분야에서 압도적으로 앞선 것은 서구 사회의 산물이었다. 한국과 일본 같은 동아시아 사회를 서구로 볼 것인가에 대한 의문이 제기된다. 그러나 분명한 것은 이 국가들이 서구의 경제적·정치적 모델을 답습했다는 것이다.

상이한 문화를 동일하게 가치가 있는 것으로 제시하고, 이들의 상대적 장점 및 단점을 분석하는 데 실패한 다양한 사례들을 몇몇 지리 교과서들이 제공하고 있다. 여기서 글로벌 관점을 얻는다는 것은 한 종류의 진실만을 믿는다는 것이 아니라 다른 해석에 관한 판단을 삼가는 것을 의미한다. 왜냐하면 진실은 현재 상대적인 것으로 여겨지기 때문이다. 이러한 조사는 미국교사연맹 회장인 앨버트 생커(Albert Shanker)에 의해 다음과 같이 이루어졌다.

> 다문화주의자와 그 외 분리주의자들의 주장은 모든 것이 '당신의 관점에 달려 있기' 때문에 어떤 단체도 다른 단체에 대해 판단한지 못한다는 점을 반영하고 있다. 이렇게 극단적인 상대주의 관점은 모든 사회가 일부의 기본 가치, 지침 및 신념을 수립함으로써 갖게 되는 요구와 충돌하게 된다.

(Shanker 1996)

이러한 점에서 많은 지리 교육과정들은 학생들에게 삶에 대해 판단하고, 일부 이슬람 국가에서 여자의 신분이나 프랑스 학교에서 종교적 상징물 금지와 같은 중요한 문화적 충돌에 대한 답변을 찾아보는 등 자연스럽게 와 닿는 것을 하도록 독려하는 데 실패하고 있다. 여기서 중요한 것은 반드시 다른 문화가 오도되었거나 잘못되었다고 판단하는 것이 아니라 단지 "특정 역사적 상황에서 인간이 했던 방식에서 인간 행동의 이유를 이해하는 것"이다(Dunn 2002: 12). 지리는 학생들에게 전 세계의 다양한 사람들이 행하는 일과 가치에 대한 통찰력을 제공하는 잠재력을 갖고 있다. 이것은 어린 학생들에게 자신의 도덕적 나침반을 결정하도록 돕는다는 점에서 소중한 교육적 체험이다. 다문화적 접근 방식은 학생들에게 문화를 분석하기 위한 접근 방식뿐만 아니라 문화를 사회적 실천으로서 포용하기 위한 수단도 제공하지 못했다.

바로 이런 관점에서 지리는 종종 인문학의 부분으로 보이기도 한다. 다양한 환경에 있는 다양한 문화를 분석하는 데 있어서 지리는 사회과학에서 해석 과학을 가로지를 수도 있다. 문제는 하나의 접근 방식이다. 즉 주어진 문화가 그것의 공간적 연결과 분포를 배우기 위해 경험적으로 분석되고 있는가, 아니면 문화가 가지고 있는 가치와 취하고 있는 실천의 측면에서 평가되고 있는가? 전자의 접근 방식은 사회과학적 접근 방식이고, 후자는 인문학 위주의 접근 방식이다. 인문학은 명백하게 예술, 사회제도, 가치, 규범, 관행, 문학 등의 다양한 인간 산물의 가치에 대한 판단을 포함하여 인간의 삶의 조건을 조사한다. 이것은 지리 교사가 다양한 사회와 문화가 나타내는 것의 의미를 전달하려고 노력해야 한다는 것이며, 이것을 학생들에게 자신의 용어로 자신의 관점에서 평가하도록 허용해야 한다는 것을 의미한다.

그러나 보다 윤리적인 접근 방식을 지리에 제시하려는 인문학 접근 방식의 주장에도 불구하고, 다문화적 접근 방식은 학생들 자신과 다른 문화를 평가할 수 있는 그들의 능력을 억제한다. 다시 말해, 다문화적 접근 방식은 개인의 가치 체계를 주어진 사회 및 문화적 맥락에 뿌리를 두고 있는 것으로 보기 때문에, 이 접근 방식에서는 개인이 자신의 삶과 다른 사람들의 삶에 대해 개인의 가치 체계로부터 추론할 수 없다고 주장한다. 흔히 학생들은 흑인 역사는 백인 역사와 다르고, 여성의 관점은 남성의 관점과 다르다는 점 등에 관해 교육받는다. 그러나 이는 실제의 세계에 대한 체험과는 부조화를 이룬다. "우리는 교육의 포로가 아니기" 때문이다(Kronman 2007: 147). 교육, 여행 또는 사회적 상호작용을 통해서 학생들은 다른 사람들의 눈으로 세계를 보는 법을 배우고, 더 어린 시절에 가졌던 부분적 관점을 비판적으로 보기 시작한다. 물론 정체성은 역동적이며, '우리는 누구인가'를 구술하는 것이라기보다는 '우리는 무엇을 하는가'의 기능이라는 사실을 개인이 인식하는 한 개인적 관점으로부터 추론하는 것도 가능하다.

지리에 대한 다문화적 접근 방식의 모순은 기껏 관용에 대해 말해 놓고도 문화적 가치에 대한 문제 제기를 회피함으로써 다른 문화적 실천과 아이디어에 관한 수동적 판단을 조장하는 것과 같은 새로운 형태의 편협성을 조장한다는 사실이다. 다문화적 지리 교과서에서 문화를 배우고 문화에 대한 강한 의미감을 개발한다는 것은 문화 다양성에 대한 존중을 문화 그 자체의 가치로 전환시키는 일이 되었다. 다시 말해, 생커는 다른 문화에 대한 판단을 거부하고 관용 중심에서 가치 중심으로 진행하는 다문화주의자들이 취한 모순적 접근 방식을 강조한다. 즉 "이러한 주장을 거부하는 사람들은 아이러니하게도 관용을 절대 가치화하고 있다는 사실을 알아야 한다. 왜냐 하면, 그

들은 그 외 다른 어떤 가치 판단도 꺼리기 때문이다."(Shanker 1996)

따라서 다문화 교육의 주된 목적은 학생들이 다른 문화에 대한 존중의 가치를 갖게 하는 것이어야 한다. 결국, 글로벌 관점은 인간 생활에 대한 어떤 관점도 회피하려고 한다. 즉 우리는 다른 문화와 다른 관점에 대해 판단할 수 없다. 왜냐 하면 모든 문화적 실천과 세계의 지식은 똑같이 정당한 것으로 묘사되기 때문이다. 그러나 글로벌 교육 이데올로기에 대한 한 연구에 따르면, 이러한 접근 방식은 학생들을 더욱 다른 것에 대한 진지한 관용보다는 무관심으로 이끄는 것처럼 보인다.

> 도덕적 표준안을 적용하지 않으려는 압력으로 인해 진정한 관용의 윤리보다는 오히려 '무관심'의 윤리를 양산하는 것 같다. 학생들은 특히 비서구권에서 어떤 종류의 충격적인 문화적 실천에 대해서도 판단을 내리지 말라고 배우기 때문이다. 이것은 어쩌면 아주 자연스러운 인간의 성향(판단하는 것)으로 생각되는 것을 억제하도록 함으로써 학생들은 더욱 도덕적으로 침묵하게 되고 확실히 '다른' 것에 대해 '민감하지' 않게 된다. (Burack 2003: 53)

이 설명은 현재 일부 지리 교육과정들에서 문화 분석과 도덕적 평가의 결핍을 설명하는 데 도움이 된다. 따라서 지리에 다문화적 접근 방식을 적용함으로써 그 효과는 지리에서 주장하는 것과는 반대로 나타날 수 있다. 즉 학생들의 관점을 확대하고 도덕적 세계에 도전하는 대신에 다문화적 접근 방식은 어린 학생들에게 제한적이면서도 비인간적인 도덕적 관점을 강요하게 된다.

마무리 제언

이 장의 주요 관심사는 지리 교육에서 다문화주의 및 글로벌 관점을 가르치는 것의 효과였다. 다시 말하지만 여기서는 모든 지리 수업이 이 모델을 사용한다고 주장하는 것은 아니다. 그럼에도 불구하고 이 주제에 대한 많은 옹호자들은 문화지리학을 다문화 가치를 가르치는 것으로 보려고 한다. 분명한 것은 이 접근 방식을 통해 다른 문화를 교육하는 곳에서는 지리 교육의 목표가 변해 왔다는 점이다. 학생들은 더 이상 다른 문화권 사람들의 실천, 역동성 및 상호 관계에 대해 통찰력을 받지 못하고 있다. 대신에 학생들은 문화를 인간의 창의적 역량에 의해 변화시킬 수 없는, 그리고 외부적인 것으로 보도록 교육받았다. 다문화적 접근 방식의 결과로 인해 다른 문화 지역 사람들 간의 사회적 거리가 더 크게 벌어졌다는 것이다. 어떤 의미에서 '다른 문화를 배우는 것'이라는 구절은 다문화 교육을 부정확하게 설명한다. 다문화 교육의 목표에서 볼 수 있듯이, 다문화 교육의 목적은 세계 문화에 대해 학생들을 가르치기보다는 학생 스스로, 즉 다른 사람들에 대한 학생들의 태도를 바꾸는 것이다. 물론 학생들은 이 과정에서 다른 사람들과 지역에 관해 무언가를 배울 수도 있지만, 이것은 부차적인 고려 사항이 되었고, 여기서 취한 접근 방식은 진정한 문화 이해를 무력화시킨다.

더 읽을거리

Banks, J. (ed.) (2004) *Diversity and Citizenship Education: Global Perspectives*, San Francisco, CA: Jossey-Bass.

Burack, J. (2003) 'The Student, the World, and the Global Education Ideology', in J. Leming, L. Ellington and K. Porter-Magee (eds) *Where Did the Social Studies Go Wrong?* Washington, DC: Thomas B. Fordham Institute.

Ellington, L. and Eaton, J. (2003) 'Multiculturalism and the Social Studies', in J. Leming, L. Ellington and K. Porter-Magee, *Where Did the Social Studies Go Wrong?* Washington, DC: Thomas B. Fordham Foundation.

Finn, C. and Ravitch, D. (2004) *The Mad, Mad World of Textbook Adoption*, Washington, DC: Thomas Fordham Institute.

Johnston, R., Gregory, D., Pratt, G. and Watts, M. (2000) 'Cultural Geography', in *The Dictionary of Human Geography*, 4th edn, Oxford: Blackwell.

Ravitch, D. (2003) *The Language Police: How Pressure Groups Restrict What Students Learn*, New York: Knopf.

제6장

글로벌 이슈 교육의 접근방법

GLOBAL PERSPECTIVES
IN THE GEOGRAPHY CURRICULUM

핵심 질문

- **왜 지리에서 이슈를 학습해야 하는가? 이슈들은 지리적 세계를 이해하는 데 어떤 기여를 하는가?**
- **어떤 이슈들이 교육과정에 포함되어야 하며, 왜 그래야 하는가?**
- **과거에 글로벌 이슈를 가르치는 것과 비교하여 오늘날 교육과정에서 글로벌 이슈를 가르치는 것에는 어떤 차이가 있는가?**
- **학생들은 글로벌 이슈 학습에서 어떤 역할을 하는가? 단순히 이슈들을 이해하는 것인가? 아니면 이슈 자체에 무언가 책임을 갖는 것인가?**

이 장은 지리 교육과정에서 글로벌 이슈들의 상승하는 인기를 알아볼 것이다. 이전 장들에서 논의한 바대로, 세계를 상호의존적인 것으로 보고 현재의 글로벌 이슈들에 관심을 갖는 것은 글로벌 관점을 개발하기 위한 필수 부분으로 보인다. 만약 이슈들이 본질적으로 글로벌한 것이라면 각 개인은 그 이슈들이 어디서 발생하건 간에 그것들을 해결하는 데 책임이 있다는 의미이다. 지리 교육과정에 등장하는 이슈들로는 환경 문제, 지속가능한 발전 프로젝트, 교역, 사회정의, 인권 보호 또는 소수자 인권 보호, 평등, 빈곤과의 투쟁, 자연재해에 대한 대응 등이 있다.

그러나 이슈 학습의 교육적 장점을 고려한다면, 지리를 배우는 학생들이 이슈 학습 과제를 통해서 무엇을 얻을 것인지를 생각하는 것이 중요하다. 지리적 이해의 증진인가? 또는 학생들에게 특정 방법으로 그 연구 주제를 생각하도록 하는 것인가? 학생들이 세계가 직면한 이슈들을 배우는 것은 지리의 이해에 어떤 기여를 할 것이며, 어떤 방법이 가장 최선인가? 이 장에서는 국지적 환경에서 사회가 직면한 이슈와 문제들을 학습하는 것이 세계에 대한 지리적 이해에 얼마나 중요한지를 보여 줄 것이다. 그럼에도 불구하고 이슈를 바라보는 관점은 국가의 정치적 틀에서 글로벌 관점으로 변화하는 과도기에 있다. 이슈들은 그것들의 지리적·정치적 맥락에서 배제되고 있으며, 서구적 시각에서 재해석되고 있다. 글로벌 이슈들을 공부하는 목적은 주어진 국지적 환경에서 사람들이 직면한 이슈들을 이해하려는 노력뿐 아니라 학생들로 하여금 개인적으로 그 이슈에 공감하고, 참여하도록 하는 데 있다. 글로벌 이슈는 그것이 발생한 국가의 사람들만이 직면한 문제가 아니라 학생들을 포함한 우리 모두의 책임으로 이해되어야 한다. 이는 글로벌 이슈 학습이 자기 인식을 증가시키는 과정이라는 것을 의미한다. 즉 학생들은 지구온난화 또는 몇몇 아시아 국가들의 남아선호사상 등에 대해 어떻게 생각하는가? 학생들은 아프리카의 일부 지역에서 나타나는 기아 현상이나 열대우림의 황폐화에 대해 어떻게 생각해야 하는가? 따라서 현재의 교육과정은 학생들이 멀리 떨어진 지역에 있는 사람들과 '연대'하기를 기대하는 곳 또는 자연재해나 인간 재해 후 심리적 안정에 기여하기를 기대하는 곳에서의 '지리하기(doing geography)'를 포함하고 있다. 여기서 학생들은 단순히 이슈만 배우는 것이 아니라 이슈들에 대해 감정적·개인적인 역할을 수행하도록 요구받는다.

이러한 새로운 접근은 지리를 가르치는 것도 아니고 학생들의 지적인 성장에도 기여하지 않는다는 비난을 받을 수 있다. 그 대신 글로벌 이슈는 학생들이 스스로 지식 기반을 약화시키고, 사람들이 복리(well-being)를 증진시키기 위해 도덕 판단을 할 수 있도록 감정적·가치적 목적을 설정하고 있다. 이 장은 글로벌 이슈가 국가적 맥락에서 이슈들을 제기한 국가 교육과정과 어떻게 다르게 접근하는지를 논의하는 것으로 시작하여, 글로벌 이슈들을 가르치는 데 사용된 방법들을 설명할 것이다.

글로벌 이슈 교육은 무엇이 다른가?

이슈에 대해 학습한다는 것은 다른 국지적 장소가 직면한 사회적·정치적·환경적·경제적 문제들을 공부하는 것을 의미한다. 다른 사람들이 직면한 문제들에 관해 학습한다는 것은 공간적 차이에 대한 이해와 장소감의 원인이 되는 독특한 인문적·자연적인 특성에 기여한다. 문화와 자연 경관의 차이 때문에 사람들이 직면한 이슈는 지구 전체적으로 다양할 것이라고 기대할지도 모른다. 다른 장소에 직면한 문제들을 공부하는 것은 지리가 드러내고자 하는 인간사의 부분이다.

따라서 이슈를 공부하는 것은 지리에서 새로운 것이 아니다. 그러나 현대의 국민국가는 국가 시민성의 개념을 통하여 합법적으로 인간의 의지를 표현할 수 있는 매체가 되어 왔다. 대부분의 지리학자들은 자연스럽게 이러한 개념을 통하여 이슈들에 접근해 왔다. 결국 국민국가의 시민들은 국가 영역 안에서 발생하는 이슈들에 대해 책임이 있는 사람들이며, 따라서 활동의 방향을 결정할 수 있는 자유를 갖고 있는 사람들이다. 그러므로 국가 주권의 원리는 유지시켜야 하는 중요한 것이 되었다. 물론 이러한 원리는 특정 시민과 특정 국가들에만 적용되었다. 식민지 기간 동안, 주권은 유럽의 강력한 국가들, 미국, 일본을 위해서 유지되었다. 그럼에도 불구하고 제2차 세계대전 이후에는 많은 국가의 시민들이 국제적 관계에 기반하여 형식적인 평등과 국가 주권을 얻었다. 그것이 항상 존중되지는 않을지라도. 그리하여 전후 수십 년간, 지리 교과서는 이슈들을 개별 국민국가의 책임으로 다루었으며, 점령지에 대한 식민지 책임의 관점에서 벗어나려고 했다. 그러나 비록 이 시기 동안 서양의 국가들이 개발과 원조 정책을 통해 많은 개발도상국들과 새로운 관계를 형성했을지라도, 다수의 이슈들은 국가의 정치적 틀을 통해 다루어질 것이라는 기대와 함께 국가적 측면에서 논의되었다.

21세기에 변화한 것은 이러한 이슈들에 접근하는 방법이며, 그 분야에서 이슈들이 차지하는 중심성이다. 글로벌 이슈들은 국경을 가로지르는, 초국적 반응을 필요로하는 보다 광범위한 규모의 문제로 나타난다. 왜냐하면 세계화 시대에서는 사회가 상호연계되어 있기 때문이다. 냉전 후 시기는 정부간 조직의 확대, 비정부기구의 중요성 증가, 국제법의 확대 등 점점 강력한 국제정치의 특성이 목격되었다(Duffield 2001). '국제사회'라는 용어의 사용이 증가하는 것은 정치적 차원보다는 인도적 차원의 문제를 해결하기 위해 초국가적으로 협력하는 경향을 의미하기도 한다(Chandler 2002). 이러한 변화의 결과 중 하나는 국민국가들이 글로벌 이슈들을 단독으로 해결하는 데 무력해진다는 것이다. 실제로 '국제사회'에서 단독으로 행동하는 것은 종종 비판을 받는다.

결과적으로 상호의존성은 최근 많은 지리 교육과정에서 중심 주제가 되었다. 이것이 과거 지리학자들이 원거리 지역 간 관계를 고려하지 않았다는 것은 아니다. 실제로 지리학자들은 과거에도 원거리 지역 간 관계를 고려하였다. 그러나 오늘날, 상호의존성은 글로벌 이슈들에 대한 이러한 새로운 접근의 본질(essence)을 담고 있다. 미국의 사회과와 지리 교육과정에서 상호의존성의 개념은 일반화되었다. 제3장에서 언급한 대로, 사회과 국가 교육과정 표준은 '글로벌 상호의존성의 실제'를 논의하기 위한 '글로벌 연관성'을 10개 주제들 중의 하나로 포함하고 있다(National Council for Social Studies Standards 2003). 그리고 여러 주의 표준안들도 지리 표준안에 상호의존성을 포함하고 있다. 2005년판 *World Geography: Building a Global Perspective*는 지리가 학생들에게 "지구적 사건과 지역적 사건들 간의 연계를 이해"하도록 돕는 역할을 할 것이라고 제시하면서 학생들에게 지리를 소개하고 있다(Baerwald and Fraser 2005: 32).

잉글랜드와 웨일스에서, 상호의존성은 Key Stage 3(11~14세) 학습을 위한 2007 지리 교육과정 프로그램에서 학생들의 학습을 위한 핵심 개념들 중의 하나로 강조되고 있다. 마찬가지로 시범용 지리 중등교육자격시험(GCSE)에서도 상호의존성을 다섯 가지의 기본 개념들 중의 하나로 다루고 있다. 시험 요강에서는 상호의존성 개념을 통해 길러야 할 사고를 다음과 같이 묘사하고 있다.

> 응시자들은 장소와 사람들 간 다차원적인 연결, 이러한 연결의 인과관계가 스케일에 따라 어떻게 작동하는지, 그리고 이러한 것들이 사람과 장소에 미치는 영향들을 이해하고 설명해야 한다.
>
> (Oxford, Cambridge and RSA Examinations 2004: 4)

그럼에도 불구하고 국가적 차원에서 이슈를 바라보는 것에서 지구적 차원에서 바라보는 것으로의 변화는 단지 스케일의 문제만이 아님을 인식하는 것이 중요하다. 이러한 논의의 기저에서 보다 근본적인 변화는 문제들을 확인하고 다루는 방법에 있었다. 제1장에서 지적한 대로, 지리학자들은 본질적으로 현상들이 어떻게 공간적인 관련성을 갖는지를 이해하고 증명하려고 한다. 예로, 지리학자들은 다른 지역에서 발달한 경제가 무역과 투자를 통해 어떻게 서로 상호보완해 가는지를 보거나, 거주지 패턴들이 자연 경관 및 기후와 어떻게 관련되어 나타나는지 또는 다른 문화적 배경을 지닌 사람들은 어떻게 상품과 아이디어들을 교환하는지를 연구한다. 상호연계성을 발견하는 것은 지리학의 핵심에 해당하는 것이며, 지리를 공부하는 학생들이 탐구해야 할 본질적인 것이다.

오늘날 글로벌 상호의존성 논의에 사용되는 언어는 상호의존성 개념이 새로운 의미 수준에서 취급되고 있음을 이미 보여 주고 있다. 지리 교육과정은 현상들 간의 연결을 발견하는 것일 뿐만 아니라 각 개인들이 사회적 그리고 자연적 세계와 어떻게 연결되어 있는지를 조사하려고 한다. 예를 들어, 이러한 접근은 초등학교와 중학교 사회과 교과서 *Self in the World*(McEachron 2001)에 명백하게 나타난다. 이 책의 저자는 세계에 대해 학습하는 것을 옹호하기는 하지만 학생 개인이 어떻게 세계와 관련이 있는지의 관점에서 바라본다는 점에서 접근 방식에 차이가 있다. 영국에서 몇몇 주요 지리학자들은 이와 유사하게 학생들의 자기인식에서 글로벌 차원의 중요성을 주장한다. 그들은 다음과 같은 면에서 학생들에게 도움을 줄 수 있다고 제안한다.

> 학생들이 인간 행동에 영향을 미치고 설명해 줄 수 있는 하나의 변인으로 가치를 보도록 도와줄 뿐만 아니라 장소에 대한 자신의 느낌과 그 장소를 만든 사람들을 이해하는 데 도움을 주는 가치 교육의 전략을 재발견하고 보다 발전시키도록 도와준다. (Lambert et al. 2004: 7)

여기서 학습의 목적은 학생들로 하여금 그들의 삶이 다른 사람들의 삶 및 자연과 어떻게 연결되어 있는지를 인식하도록 하는 것뿐만 아니라 개인에게 부여되는 도덕적 의무를 발견하도록 하는 것이다. Oxford, Cambridge and RSA[1]의 시범용 지리 중등교육자격시험에서 제시한 교사 지원 학습 자료는 글로벌 연계성의 도덕적 차원을 다음과 같이 설명한다. "그러나 상호의존성은 또한 관계, 믿음, 의존성, 지원에 관한 것이다. 따라서 사람, 국가 또는 회사 등 무엇이든지 간에 상호의존성 연구에는 가치 차원이 있다."(GeoVisions

1 역주: 중등교육자격시험 출제 기관, 약자로 OCR이라고도 한다.

GCSE Working Party n. d.)

사회적 이슈, 정치적 이슈, 그리고 다른 이슈들을 연구하는 데에는 가치 차원이 항상 존재한다고 논의될 수 있음에도 불구하고, 지리 교과서가 국가 차원의 이슈를 보여 줄 때, 학생들이 그들 스스로 의견을 개진해 나가야 한다고 할지라도 이슈에 대해 어떻게 반응할지는 각 국가의 시민들에게 달려 있다. 그러나 전 세계 사람들이 상호의존적이며 자연에 대해서도 의존적인 것으로 그려질 때, 그 의미는 우리 모두가 서로에 대해서, 그리고 자연에 대해서도 도덕적 책임을 갖고 있다는 것이다. 여기서 정치적 이슈는 더 폭넓은 사회적·정치적 맥락에서 벗어나 인간 간의 관계로 재해석되어 왔다. 이러한 발달은 정체성이라는 정치적 아이디어로부터 왔으며, 제5장에서 다룬 문화적 상호작용 논의와 평행을 이룬다. *World Geography Today*의 저자 홀트(Holt)는 '지리와 당신'이라는 주제하에서 지리가 개인의 행동으로서 재조명되고 있는 방법을 설명한다.

> 누구든지 우리 세계의 지리에 영향을 미칠 수 있다. 예를 들어, 개인의 행동들은 국지적 환경에 영향을 준다. 개인의 어떤 행동들은 환경을 오염시킬 수도 있다. 다른 행동들은 환경을 깨끗하고 건강하게 유지하려는 노력에 기여할지도 모른다. 지리를 이해하는 것은 우리들의 행동에 따른 결과를 평가하는 데 도움을 준다. (Helgren and Sager 2005: xxiii)

따라서 많은 21세기 지리 교육과정들은 마치 이슈들이 학생들의 일상과 직접적인 관련성(relevance)이 있는 것처럼 제시한다. 지리는 다른 사람들과의 상호작용, 그들이 구매하는 상품, 그들이 여행하는 방법과 장소의 선택, 그리고 몇 명의 자녀를 가질 것인지 등에 이르기까지 정보를 제공해야 한다.

'관련성'은 이슈의 교육에서 글로벌 접근을 위한 통찰력을 제공하려는 최근의 교육과정 개혁 과정에서 등장한 또 다른 전문적인 유행어가 되었다. 교육가들은 점차 가르치는 것은 반드시 학생들의 삶과 직접적인 관련성이나 유용성을 가져야 한다고 간주한다. 그렇지 않다면, 왜 관련성을 배워야 하는가? 제4장에서는 1970~1980년대 몇몇 지리 프로젝트가 관련성의 개념에 어떻게 영향을 주었는지 보여 주었다. 예를 들어, GYSL(Avery Hill) 프로젝트는 '비학문' 과정에 있는 학생들에게 보다 관련성 있는 지리 교육과정을 제공하려는 시도였다. 즉 지리를 학습하는 것이 모두를 위한 것은 아니라고 가정한다. 지리적 내용의 가치를 학생들에게 돌려야 한다는 이러한 회의주의는 관련성에 대한 시대적 요청을 잘 반영하고 있다. 관련 교육과정의 아이디어는 사람들에게 '적합한' 행동을 취하도록 지도 읽기 학습과 같은 기초적인 도구 사용 기술, 지역 공동체에서 서비스에 관한 지식, 그리고 지구 온난화와 같은 글로벌 이슈에 관해 학습하는 것에 적용해 볼 수 있다. 이러한 발달의 논리적 의미는 학교에서 학생들이 일상생활에서 사용할 수 있는 것들을 배워야 한다는 것이다. 도시 토지이용 모델, 빙식윤회, 취락 패턴, 문화적 중심지와 같이 경관 진화 이론에 관해 배운다고 할 때, 만약 학생들이 직접적으로 유용한 것으로 느끼지 않는다면 이러한 것들은 모두 질문거리가 될 것이다. 이것이 최근 지리 교육과정에서 이슈 자체가 중요하게 성장한 이유이다. 추상적인 지리 지식과 이론은 글로벌 이슈와 관련성이 적은 것처럼 보인 반면, 글로벌 이슈는 모든 사람들이 책임을 가져야 할 무언가로 보인다.

이러한 점에서, 지리 교육은 세계란 무엇인가 뿐만 아니라 세계는 어떻게 되어야 하는가에 대한 연구로부터 보다 폭넓은 분야로의 윤리적 전환을 실행해 왔다(제2장 참조). 다시 홀트의 고등학교 교과서는 학생들에게 "지리 학습은 우리가 과거, 현재, 미래를 연결할 수 있도록 도와준다."(Helgren and

Sager 2005: xxiii)라는 정보를 제공하며, 『삶을 위한 지리: 국가 지리 표준』은 사람들의 미래를 계획하는 데 도움이 되는 지리학의 역할을 촉진한다. 표준 18, '현재를 해석하고 미래를 설계하는 데 지리를 적용하기'는 "지리적 개념이 우리에게 대안적인 미래를 더 명확하게 생각하도록 하며 현명한 의사결정자로 만드는 데 도움을 준다."고 제안한다. 웹사이트는 학생들에게 '지구적으로 생각하고 지역적으로 행동하라'를 가르치는 데 도움을 준다(National Council for Geographic Education 2003).

'미래(futures)'라는 용어는 새로운 지리(new geography)를 위한 핵심 키워드이다. 잉글랜드와 웨일스의 중등교육자격시험 요강은 또 다른 핵심 키워드로서 '미래(Futures)'를 포함한다. 다시 말해서, 학생들은 대안적인 미래 시나리오를 위한 행동과 계획을 고려하도록 요구받고 있다. 이러한 개념은 "역사적 변화를 고려하고, 대안적인 시나리오를 예상하고 해석하도록 격려하며, 미래를 설계하고 창조하는 일과 관련된 가능성들을 인식하게 하는" 기회를 제공하는 것과 관련되어 있다(Oxford, Cambridge and RSA Examinations 2004: 12).

물론 미래에 관해 생각하는 것과 미래를 형상화하는 데 있어서 정치적 역할은 그것이 올바른 방향으로 접근된다면 발전적인 활동일 수 있다. 학생들이 오늘날 인류가 직면한 문제들을 배우고, 사회가 어떻게 다르게 일을 수행하는지를 생각하는 기회를 제공받는 것은 중요하다. 그러나 글로벌 이슈들은 종종 학생들에게 그들이 마치 성인인 것처럼 제시되면서 지금 당장 그 이슈들에 대한 책임감을 갖도록 만든다. Key Stage 3(11~ 14)에서 시민 교육 국가 교육과정 설계는 지리가 학생들에게 다음과 같은 것을 가능하게 함으로써 시민성에 기여한다고 주장한다.

글로벌 상호의존성에 대한 이슈와 과제를 이해하고, 장소 및 환경에 관한 상황에서 자신의 행동들에 대한 결과를 반영하고, 다른 사람들과 환경에 대한 그들의 권리와 책임을 이해한다.

(Qualifications and Curriculum Authority 2001)

이 아이디어는 글로벌 이슈를 통해 학생들이 시민성의 권리와 책임을 배우게 된다는 것이다. 제4장에서 논의된 대로, 잉글랜드와 웨일스의 교육과정은 이것을 글로벌 시민성으로 정의하였고, 미국에서는 이슈들이 글로벌 측면에서 일부 제시되고는 있지만 글로벌이라는 용어를 지리 교육과정에서 거의 사용하지 않고 있다.

그러나 대부분의 학생이들은 복합적인 사회-정치적 이슈들을 깊이 있게 이해하는 데 요구되는 지적인 통찰력과 세계가 어떻게 작동하고 있는지에 대한 일반적인 경험이 부족하다. 이는 학생들이 완전히 성숙한 시민이 아니며, 그들이 어른이 될 때까지 투표권이 없기 때문이다. 젊은이들이 세계에 관한 자신의 의견을 형성할 수 있도록 사회-정치적 이슈들을 고려할 기회를 갖는 것과 그것들을 다루기 위한 정치적 책임을 갖도록 하는 것 사이에는 구분이 필요하다. 국가 시민성 아래에서 이슈를 다루기 위한 정치적 책임은 어른들에게 해당되는 것이다. 대조적으로 글로벌 시민성은 학생들이 지금 당장 정치적 행위자가 되어야 한다는 기대감으로, 어른과 학생들 간의 경계를 모호하게 하는 경향이 있다. 이는 "우리가 글로벌 이슈를 향해 행동할 수 있는 미래에 대한 비전을 가지고 있을 경우에만이다."(Lambert et al. 2004: 8) 국가 시민성과 글로벌 시민성에 대한 대조적 접근은 제8장에서 더 깊이 있게 다룰 것이다.

글로벌 이슈 뒤에 감춰진 도덕적 의무는 그것이 무엇이든지 국가의 정치적 경계에 관계없이 행해져야 한다는 것을 암시한다. 어떤 행동이 포함되어야 하는가와 특별히 누가 그것을 수행해야 하는지가 명백하지 않을지라도 일반적으로 글로벌 이슈가 제안하고 있는 행동에는 두 가지 유형이 있다. 첫째, 소비 패턴이나 공동체 활동과 같은 학생들이 행하는 개인적 행위의 수정과 둘째, 국제 간, 정부 간 또는 비정부기구 간 조직을 위한 지원 활동(비록 서구 사회 주도일지라도)이다. 행동에 대한 이러한 의지는 '지리하기(doing geography)'라는 동사로서 지리 교과의 재탄생을 설명하는 데 도움을 준다. 이러한 맥락에서 지리는 추상적인 사고와 이해를 요구하는 학문 분야라기보다는 사회적 또는 환경적 측면에서 실천력을 이끌어 내는 어떤 유형의 행동으로 보인다.

비슷한 경향이 잉글랜드와 웨일스의 과학 교육과정에서도 나타났다. 물리 교사 데이비드 퍼크스(David Perks)는 과학 교육과정이 학생들을 미래 과학자—과학의 생산자들(producers)—로서 훈련시키기보다는 미래 시민이자 과학의 소비자로서 의미를 부여하도록 변화해 왔다고 기술하였다(Perks 2006: 11). 퍼크스는 최근 과학에 관한 이슈와 아이디어의 도입, 그리고 그것이 어떻게 교육과정에서 작동하는지를 기본적인 과학 원리에 대한 교육의 희생으로 보여 주고 있다.

지리에서 함축적으로 빙식윤회를 학습하는 것은 경관 형성이나 도시 패턴과 관련성이 없어야 한다. 학습에 관한 관련 접근의 결과로 교육은 지리와 같은 교과를 통해 세계를 이해하기 위해 학습하기보다는 생활 기술을 훈련하는 것이 되고 있다. 학생들은 어른이 되었을 때 미래를 형상화하는 데 역동적으로 참여할 수 있도록 학교에서 세계에 대한 이해를 기를 필요가 있다. 문제의 복잡성을 피하면서 글로벌 이슈를 가르치는 것은 도덕적 시민으로서 성장할 역량을 약화시킨다. 현재 학생들이 가치, 태도, 행위를 직접 찾는 것은 세계가 어떻게 되어야 하는가에 대한 학생들의 의견과 아이디어를 개발할 기회를 부정한다.

글로벌 이슈를 가르치기 위해서 어떤 방법들이 이용되는가?

의심의 여지없이 미국, 잉글랜드, 웨일스의 지리 교사들은 학생들에게 지리 교육과정에서 발생하는 이슈들에 관해 가르치기 위해 다양한 접근법을 활용하고 있다. 교사들이 어떤 방법을 활용할지는 그들의 교육적 목적에 달려 있을 것이다. 여기서 교육가들은 내용(content)뿐만 아니라 과정(process)을 고려할 필요가 있다. 어떤 경우에 교사는 학생들의 지리적 이해를 도모하기 위해서 학생들에게 다른 지역이 직면한 이슈들을 가르치려고 할 것이다. 반면, 어떤 경우에는 스스로 주제를 연구하는 방법을 배우는 것과 같은 예외적인 목적을 추구하기도 한다. 앞서 언급한 바와 같이 글로벌 이슈에 있어서 지리 교육의 목적은 자기성찰과 분석으로 전환되고 있다. 따라서 학생들을 참여시키기 위해서 다른 방법이 제안된다. 여기서는 이러한 다른 방법들을 살펴볼 것이다.

교사가 이슈에 관해 가르치기 위해 대안적 교수법을 활용할 것이라는 것은 논리에 맞다. 왜냐하면 이슈는 본질적으로 정치적인 것이기 때문이다. 이것은 다른 사람들 또는 집단들이 문제를 바라보는 시선에 차이가 있으며, 결과적으로 이에 따른 최선의 행동에 관한 의견도 다르다는 것을 의미한다. 간단한 예로, 한 마을이나 도시에서 새로운 슈퍼마켓을 짓는다고 가정해 보자. 어떤 사람들은 근처에 더 큰 슈퍼가 있어서 편리하다고 환영할지도 모르지만 다른 사람들은 교통 체증의 가능성과 혼잡 등으로 이를 꺼려할지도 모른다. 이 경우는 단순히 개인적 선호의 문제가 된다. 빈곤과 같은 다른 이슈들의 경우, 문제는 사람들에게 가해질 문제 상황을 얼마나 최소화할 것인지에 있을 것이다.

이슈들의 정치적 본질 때문에 지리 교과서는 종종 그 이슈의 영향을 받은 다양한 집단 사람들의 관점을 제시하기도 한다. 능숙한 교사는 학생들에게 문제가 되고 있는 이슈의 복잡성, 그것을 해결하기 위해 가능한 전략의 범위, 그리고 그 이슈에 의해 영향을 받은 사람들이 그 이슈에 대해 어떻게 느끼는가에 대해 통찰력을 제공할 것이다. 지리적 이슈들에 관해 확장적·개방적인 학습의 본질이 주어진다면, 어떤 교육가들은 탐구적인 접근을 취할 것이다. 어떤 교사들에게 있어서 이것은 그 이슈를 조사하기 위한 교사 자신의 연구 중 한 부분을 학생들이 행하도록 하는 것을 의미하기도 한다. 그러한 접근의 목적은 학생들이 그 이슈 자체에 관해 배우는 것뿐만 아니라 연구 기술을 개발하도록 하는 것이기도 하다. *Teaching Geography*의 현재 편집자인 마거릿 로버츠(Margaret Roberts)는 탐구 기술의 5단계를 다음과 같이 제시했다.

1. 탐구 설계하기, 이슈, 문제, 가설 확인하기, 조사 방법 설계하기
2. 자료의 수집, 녹음, 제시
3. 자료 분석과 해석
4. 결론 도출
5. 탐구 평가하기

(Roberts 2006: 93)

로버츠에 의해 규정된 과학적 방법으로 연구를 수행하는 것은 쉬운 일이 아니다. 이러한 모든 기술은 숙달하기가 어렵고, 연구 자체의 실행을 통해 개발될 필요가 있으며, 또한 교과 자료 자체의 개관을 필요로 한다. 이것은 탐구 기술이 종종 고등교육 기간에 연마되는 이유이다. 연구자는 물어볼 최고의 질문, 자료 수집을 위한 적합한 방법 및 출처, 결과를 분석하고 해석하는 방법을 알기 위해서 그 교과를 개관해 볼 필요가 있다. 학교에서 교사에 의해 능숙하게 지도되는 한, 학생들은 이러한 연구 과정을 흉내낼 수 있을 것

이다. 이러한 접근에 대한 지적인 요구가 주어지면, 자연스럽게 보다 성숙한 학생들과 작업을 하게 될 것이다. 만약 교사가 엄격하게 연구 자료와 변수들을 통제한다면 탐구 방법이 성공적으로 사용될 수 있을 것이다.

미국 고등학교 지리 교과서에서는 학생들이 현재의 이슈들을 조사하도록 제안한다. McDougal Littell사의 *World Geography* 교사용 지도서에서는 이슈에 대한 통찰을 제공하기 위해 사례 학습을 강조한다. 지도서는 교사들에게 "모든 사례 학습은 학생들에게 그룹으로 활동할 수 있는 기회를 주어야 하고, 1차적 자료의 사용, 깊이 있는 연구의 수행, 그리고 프레젠테이션을 만들도록 하는 프로젝트를 포함한다. Research Link는 학생들이 인터넷상에서 연구하는 것을 도와준다."고 조언한다(Arreola et al. 2005: T8). Prentice Hall사의 *World Geography: Building a Global Perspective*는 New Tracker Web link를 소개하고 있는데, 이는 학생들이 "글로벌 이슈들에 대한 정보를 찾는 것을 도와준다."(Baerwald and Fraser 2005: xxii)

그러나 제4장에서 제시한 바대로, 많은 교사들에게 탐구적 접근은 하나의 이슈를 조사하거나 프로젝트의 한 부분을 수행하는 것 이상을 의미한다. 로버츠는 탐구가 "학습될 모든 주제들과 장소들에 사용되는 학습 접근방법"을 의미할 수 있다고 설명한다. 달리 말하자면, 모든 지리 교육은 이러한 방법으로 접근되어야 한다. 전체적인 탐구 접근방법은 진보적 교육 사상에 기반하고 있으며, 1960년대 미국의 고등학교 지리 프로젝트(HSGP)와 1970~1980년대 잉글랜드와 웨일스의 학교운영위원회 프로젝트를 통해 대중화되었다. 오늘날 이 접근방법은 잉글랜드와 웨일스의 가장 최신 지리 교육과정의 특징을 이루고 있다. 탐구 방법은 지식의 수동적 수용보다는 질문과 이슈들에 대해 학생들이 탐구하도록 장려하고, 지리학자들이 활용한 연구 과정을 흉내내도록 하기 위해 학습 과정에 학생들을 능동적으로 참여시키도록 주장한다. 로버츠에 따르면, 이러한 학습 접근은 다음과 같은 면에서 교훈적인 가르침보다 더 낫다.

> 학생들이 스스로 새로운 정보 창출에 참여한다. 이는 지리적 지식은 어떤 절대적인 실재로서 '외부'에 있는 무언가가 아니라 지리학자들에 의해 수행되는 것이라는 것을 인정하는 것이다. 이것은 학생들이 스스로 학습하는 것을 보다 많이 통제할 수 있는 가능성을 높여 준 것이다. (*ibid.*: 95-96)

탐구 학습을 통해서 제기된 지리 교육에서의 몇몇 혁신적인 교수 자료와 교수법이 교사들에게 귀중한 자료가 되었지만, 학생들이 성취하기 위해 필요한 지식보다 학생에게 초점을 두는 교육에 관한 접근방법이 기본적으로 얼마나 다른지를 보여 준다. 학습 과정은 학생들이 배울 필요가 있는 학습 내용과 분리되어 왔다. 공통 지리 지식의 본체에 대한 포스트모더니즘적 회의주의를 수용하면서 이러한 접근은 지리적 분석을 위한 핵심 개념과 이론보다는 주관적인 지식(다양한 사람들의 지리 정보 해석)과 학생들의 가치와 태도에 초점을 두고 있다. 글로벌 이슈에 의해 예시되었듯이, 지리 교수에서 윤리적 접근으로의 전환은 주제 자체의 본질적인 미덕에 의해 점유된 빈 공간을 채우고, 21세기 교육과정에서의 심리적·사회적 목적의 성장을 반영한다.

지리 수업이 지리보다는 윤리적 관심에 초점을 둔다는 것은 교육가의 관심을 학생들이 지리 교과를 습득하기 위해 배울 필요가 있는 것으로부터 멀어지게 한다. 필수적인 지리 지식과 기술을 대신해서 이슈 기반의, 그리고 탐구 중심의 학습이 이루어지고 있음이 월포드(Walford 2001)와 마스덴(Marsden 1997)에 의해 제기되었다. 교육과정이 감정과 태도의 탐구와 같은 교과의 외재적 목적으로 채워졌기 때문에, 이슈 기반의, 그리고 탐구 중심의 학습 결과는 지리를 가장 잘 배울 수 있는 내용과 과정 모두를 약화시켰다. 마찬가지로 영국 시민 교육과정에서 '글로벌 시선(global gaze)'에 관한 논문에서, 마셜(Harriet Marshall)은 '글로벌 시민 교육의 지식 기반'의 약점을 다음과 같이 지적했다.

> 글로벌 교육가들은 때때로 '무엇'보다는 '어떻게'에 더 많은 관심을 갖고 있었다. 즉 인지적 영역보다는 정의적·참여적 영역에 더 많은 명료성을 나타냈다. (Marshall 2005: 82)

이는 글로벌 이슈에 관한 대화에 참여하는 것이 발달된 지식보다 더 중요하다는 것을 의미한다.

예로, *Geography: The Global Dimension*에서 이슈를 보는 관점은 세계지리의 한 부분으로 이슈를 보는 것에서 학생들의 내적 삶으로 변화한 것을 알 수 있다. 이 책은 글로벌 시민 교육을 위해 학생들에게 도움을 줄 수 있는 6개의 주제를 목록화했다. 즉 이야기 개발, 지도 개발, 지속가능한 미래 개발, 공감과 이해 개발, 해석 개발, 교류 개발이다. '지도 개발' 주제에서 교사들은 학생들에게 실제 세계를 모델화한 지도를 구성하고 읽도록 하는 대신, '정서지도(affective map)'를 사용하도록 권장한다. 정서지도를 만드는 것은 '지도상에 특정 장소들이 불러일으키는 감정을 표시하는 것'과 관련 있다. 감정은 기호로 보여 줄 수 있는데, 가능하면 주석을 활용하는 것이 좋다(Roberts 2003). *Global Dimension*이라는 소책자에서는 정서지도 구축을 위한 지침을 다음과 같이 제시하고 있다.

1. 여러분이 잘 알고 있는 지역을 스케치하시오.

2. 열 가지 감정에 대해 생각해 보시오.
3. 각 감정을 표현할 상징 기호를 만드시오.
4. 상징기호에 대해 지도에 주석을 다시오. (Lambert et al. 2004: 21)

이러한 활동이 일부 지리적 지도화를 포함하는 동안, 수업의 초점은 지도의 정확성과 가독성을 떠나서 학생들이 지도상의 장소들에 부여하는 감정들로 전환되었다.

*Global Dimension*은 계속해서 지구적 차원에 관한 수업은 교육과정을 단순히 전달하는 것이 아니라는 것을 설명하고 있다. 대신에 글로벌 차원에 관한 수업은 학생들을 그들이 생각하고 느끼는 것을 탐구할 수 있도록 이슈들에 관한 '대화'에 참여시키고자 한다. 저자들은 다음의 교수 학습 과정이 '대화로서의 교육'을 잘 설명해 준다고 말한다.

1. 초기 자극(Initial Stimulus): 더 많은 것을 발견하도록 동기를 유발한다.
2. 지리적 이해의 조정: 지리적 현상 또는 이야기(narrative)를 발견하고, 묘사하고, 분석하고 설명하기 위해 우리가 필요한 것은 무엇인가?
3. 문제 인식하기: 학습자의 지리적으로 사고하기(think geographically) 능력을 개발시키는 활동을 통해 학습을 응용하고 학습자의 이해 개발를 증진시킨다.
4. 생각 정리하기: 학습자들은 어떤 형태로든, 다른 사람들에게 자신의 지리적 이해 결과를 분류하고 재현한다.
5. 반성: 학습자들은 자신의 지리적 이해에 대해 반성한다.

(*ibid.*: 14)

이러한 모델은 앞서 로버츠가 제시한 바대로 일련의 탐구 기술과 비슷한 패턴을 따른다. 그러나 이러한 일련의 과정은 로버츠에 의해 정의된 실제적인 연구 기술보다는 '사고하기'와 '반성하기'에 더 많은 강조점을 둔다. 이러한 이동은 글로벌 이슈들에 대한 지리의 새로운 접근이 갖고 있는 분명한 전환을 보여 준다. 기술은 정보와 자료를 분석하거나 처리하기 위한 도구라기보다는 마음의 태도 또는 성향으로 재정의된다. 사람들은 '지리적 사고하기'를 공간적인 감시를 언급하는 것처럼 상상할지도 모른다. 그러나 한 프로젝트에 따르면 "지리적 사고하기는 당신, 당신의 장소, 그리고 당신의 장소가 다른 사람들의 장소와 연결되어 있는 방법에 관해 생각하는 것을 포함한다."
('Valuing Placing', Lamberts et al. 2004: 7 재인용)

'비판적 사고하기'와 같이 동일한 내용이 오늘날의 지리와 다른 교과의 교육과정들에서 다른 '기술'로 언급될 수 있다. 미국의 한 지리 교과서는 이러한 기술의 중요성과 글로벌 시민성과의 관련성에 대해 다음과 같이 묘사하고 있다.

> 비판적 사고력의 발달은 효과적인 시민성에 필수적이다. 비판적 사고력은 학생들이 주변 세계에 관해 더 많이 배울 수 있도록 할 뿐만 아니라 그들의 시민적 권리와 책임성을 발휘하도록 도와준다. 학생들이 비판적 사고력을 발달시킬 수 있도록 돕는 것은 *World Geography Today*에서 아주 중요한 목적이다. (Helgren and Sager 2005: S2)

비판적 사고의 의미는 항상 정확하게 주어지는 것이 아니라 종종 애매모호하게 주어진다. 한 정의를 살펴보면, 그것은 액면 그대로 사물을 받아들이는 것이 아니라는 것을 의미한다. 즉 "비판적 사고는 '사물들은 보이는 대로 항상 존재하는 것은 아니다.' 또는 '거기에는 눈으로 볼 수 있는 것 이상의 것이 있다."(Lamberts et al. 2004: 7) 세계에 관한 학습에 이러한 태도가 만약 의도된 결과였다면 아주 환영받을 것이다. 그러나 공동의 지리 지식의 체계에 대한 회의적 접근의 맥락에서 보면 그러한 설명들을 공허하게 들릴 것이다. 지식 그 자체는 학생들에게 정확한 정보와 편견을 구분하도록 하는 능력을 길러 주는 데 사용되어야 한다. 그러나 이러한 마음의 태도가 점차 교육의 내용을 대신해 버린다면, 개인을 계몽시키지 못할지도 모른다. 특히 교육과정에 비판적 사고를 포함하는 것은 학생들에게 모든 지식을 주관적이면서 동등한 유효성을 갖는 것으로 보게 하는 한편, 객관적 지식 자체에 대해서는 회의적 시각을 갖게 한다는 면에서 훨씬 더 부정적인 영향을 미칠지도 모른다. 또한, 퍼크스는 잉글랜드와 웨일스 과학 교육과정에서 똑같은 관찰을 하였다(Perks 2006).

앞 장의 주제였던 다원적 또는 글로벌 관점을 발달시키는 것은 하나의 기술로 위장한 다른 성격의 것이다. 글로벌 이슈를 탐구하는 것은 학생들이 세계에 대해 생각하고 느끼는 방법을 반영하는 방법일 뿐만 아니라 다원적인 관점을 생각하게 하는 방법이다. 주어진 이슈는 그 이슈의 영향을 받는 다른 사람이나 집단들의 관점으로 탐구될 수 있으며, 결국 잠재적으로 학생들의 시각에도 영향을 줄 것이다. 동일한 이슈에 대한 이러한 대안적 관점을 고려하는 과정은 고려된 다른 관점에 대한 해법을 찾는 것 없이 주관적 지식에 초점을 부가하는 것이다. *The Global Dimension*은 이러한 접근을 다음과 같이 설명한다. "글로벌 지리 수업은 학생들을 탐구 문제에 대한 명료한 대답이 존재하지 않는 복잡하고 끝없이 개방된 곳에 포함시키려고 노력하는 것이다."(Lamberts et al. 2004: 7) 대안적 관점 고려의 목적이 단순히 평가하고 비판하기보다는 그것들을 존중하고 공감하는 것이 될 때, 학생들은 다른 의견들의 상대적 장점들을 평가하는 수단도 없는 채로 남겨진다. 모든 의견은 고려되어야 하지만, 모든 의견이 동등하게 실세계의 최선의 해법에 근거하는 것은 아니다. 다원적 접근의 위험성은 학생들이 질문은 많이 하지만 대답은 없을 것이라는 사실이다. 다시 말해서, 이것은 몇몇 교육가들에게 학생들의 사회적 태도와 성향은 지적인 탐구를 위해 사용될 수 있는 실제 기술을 학습하는 것보다 더 중요해질 것이라는 것을 의미한다.

글로벌 이슈를 배울 때는 하나의 프로젝트에 참여하는 것 또는 어떤 유형의 활동을 이끌어 내는 것이 중요하다. 종종, 글로벌 이슈의 발견은 그 문제를 다루기 위해서 무엇을 할 수 있을지에 대한 질문을 이끌어 낸다. 앞에서 제시했듯이, 글로벌 이슈는 학생들을 그들 스스로 조사하고 있는 문제에 참여시키고자 하기 때문에 이슈에 관한 기존의 학습 접근과는 차이가 있다. '무엇을 할 수 있는가'라는 질문이 던져지면, 예상대로 자연스럽게 학생들은 반응한다. 그리하여 지리 교육과정은 오늘날 참여, 서비스 학습 또는 대상이 아닌 실천으로서의 지리를(geography as a verb) 강조한다. McDougal Littell사의 *World Geography* 저자들의 의견처럼 "학생들은 단지 지리에 관해 배우는 것이 아니라 지리하기(do geography)를 배우는 것이다."(Arreola et al. 2005: T29) 이는 사람의 가치, 태도, 행동이 변화하는 것을 의미할지도 모른다. 예를 들면 쓰레기 재활용, 환경에의 영향 감소를 위한 소비 변화, 개발도상국에서 비정부기구들의 작업을 지원함으로써 덜 개발된 국가들에게 도움을 주는 것, 지방 공동체의 업무를 떠맡는 것, 해외 연구나 다른 문화권 사람들과 연계하는 것 등이다. 다시 말하면, 이는 환경이나 다른 사람에게 어떤 작은 영향을 줄지도 모르는 어떤 활동을 의미한다.

몇몇 사례들에서 보면, 서비스 학습이나 공동체 기반 학습은 글로벌 이슈를 제기하기 위한 하나의 방법으로 제시되어 있다. 즉 이는 지리와 시민성

간의 연결을 강조하고 있다. 도시(Dorsey 2001)는 대학생들을 위한 이러한 접근을 옹호한다. 왜냐하면 이는 대학과 공동체 간의 직접적인 연결을 가져다주기 때문이다. 또한 학생들에게 이론과 실제 간의 연결을 만들어 주고, '시민성 실천하기'를 경험할 기회를 주기 때문이다.

마무리 제언

이 장에서 제시된 글로벌 이슈를 가르치기 위한 접근에서 첫번째 문제는 그것이 지리 학습에 관한 것이 아니라는 것이다. 앞에서 언급했듯이, 글로벌 이슈의 학습 목적은 특정 지리적·정치적 환경에서 글로벌 이슈를 발견하는 것보다는 자기성찰과 이슈에의 개인적 참여를 이끌어 내는 것이다. 초점은 이슈에 관한 지식과 이해에서 이슈에 포함된 사람들과의 관계를 만들고 공감하는 것으로 이동했다. 이슈에 개인적으로 참여하는 것이나 지리하기는 더 의미가 있다. 왜냐하면 그것은 학생들의 삶과 더 직접적인 관련성을 갖고 있으며, 성인의 생활에서도 정치적 참여를 이끌어 내는 데 보다 용이하기 때문이다.

그러나 그러한 접근은 지리 교과 지식의 가치를 무시하는 것처럼 보이고, 학생들의 능력을 과소평가한다. 사람들이 직면한 지리적 문제들의 추상적 학습과 이해는 본질적으로 계몽적이지 않다. 즉 학생들이 자신들의 삶과 직접적인 관련성을 찾지 못한다면 빈곤, 기아, 사막화, 분쟁, 이주, 물 분쟁의 원인들을 조사하는 것은 학생들의 상상력을 붙들지 못할 것이다. 그러나 아직, 교육이 왜 학생들에 대해 이루어져야 하는가? 그리고 어떤 방법으로 그들의 일상생활과 연결되도록 할 것인가?에 대한 답은 이루어지지 않았다. 교육은 젊은이들에게 그들의 한정된 삶의 경험을 초월하여 그들의 삶과 아주 다른 이슈와 삶에 대해 보여 주어서는 안 되는 것인가? 글로벌 이슈에 취해진 접근방법은 학생들이 학습의 단순한 행위에 의해 동기화되지는 않을 것이라고 가정한다. 그러나 지리는 학생들에게 표면적으로 이해할 수 없는 것처럼 보이는 상황(즉 세계는 사람들을 먹일 식량을 가지고 있지만 사람들은 지속적으로 굶고 있으며, 질병을 치료할 약품이 있음에도 죽어 가고 있고, 사람들은 명백한 정치적 동기 없이 자살 폭탄 테러를 하는가)을 이해하게 할 수 있는 잠재성을 갖고 있다. 대부분의 젊은이들에게 그들의 세계를 인식하는 것은 충분한 동기부여가 된다.

두 번째 문제는 어른으로서 학교 프로젝트를 돕거나 자원봉사하는 것과 정치적 참여 간의 연결을 제시할 만한 증거가 거의 없다는 점이다. 글로벌 이슈와 서비스 학습 모두 정치적 사고에 대한 서곡으로서 추상적 아이디어를 거부한다. 다시 말해서, 젊은이들이 복잡한 현재의 정치적 이슈와 체계의 작동 방법을 이해하지 못한다면 어떻게 행동에 돌입할 것이며, 세계를 어떻게 형상화할 것인가? 교육은 사람들에게 그들이 행동하는 시민이 되기 위해 필요로 하는 도구를 제공하는 일이다. 적어도 시민 교육의 국가적 모델은 학생들에게 정치 체계 및 시민의 참여 원리와 매커니즘에 관해서는 가르쳤다. 학교에서 글로벌 이슈를 배우는 것은 활동하고, 참여하며, 자신의 감정을 반영하는 것으로 채워져야 한다. 이는 학생들에게 무언가 흥미로운 사람을 만나게 할 수도 있고, 그들 자신에 대해 좋은 것을 느끼게 할 수도 있을 것이며, 그들의 감정에 머물러 있게 하는 데 도움을 줄 것이다. 그러나 이는 지리적 지식과 이해의 희생에서 온다.

오늘날 글로벌 이슈를 가르치기 위해 주장되는 이러한 접근은 지식과 이해가 행동을 앞서지 않는다고 가정할 뿐 아니라 객관적 지식 자체에 대해서도 회의적이다. 이것은 고등교육에서 학생들이 지식은 복합적이고 끝없이 개방적이라는 것을 인정하도록 학습하는 경우에 해당할지도 모른다. 그러나 이러한 통찰력을 인정하기 위해서는 학생들은 나중에 질문받을 수 있는 개념, 아이디어, 이론을 익힐 필요가 있다. "우리는 여러분에게 이 사례를 X학년에서 이야기했지만, 우리는 Y학년에서 그 상황이 더 복잡하다는 것을 배울것이다."라고 말하는 교사를 생각해 보라. 지적인 성숙도가 다른 학생들은 순차적으로 더 복잡한 수준에서 개념과 아이디어를 익힐 수 있다. 교사들은 스스로 이것을 배우고 알게 된다. 만약 학교 학생들이 지식의 단단한 기초로서 아이디어와 개념을 배우지 않는다면, 그들은 지적으로 이러한 것을 형성할 수 없을 것이다. 학생들의 마음속에는 대답은 없고 질문만 가득찰 것이다.

더 읽을거리

Balderstone, D. (ed.) (2006) *Secondary Geography Handbook*, Sheffield: Geographical Association.

Lambert, D., Morgan, A., Swift, D. and Brownlie, A. (2004) *Geography: The Global Dimension: Key Stage 3*, London: Development Education Association.

Marshall, H. (2005) 'Developing the Global Gaze in Citizenship Education: Exploring the Perspective of Global Education NGO Workers in England', *International Journal of Citizenship and Teacher Education*, 1 (2): 76-92.

Qualifications and Curriculum Authority (2001) *Citizenship at Key Stage 3*, London: Qualifications and Curriculum Authority, accessed at http://www.standards.dfes.gov.uk/schemes2/citizenship/.

Roberts, M. (2006) 'Geographical Enquiry', in D. Balderstone (ed.) *Secondary Geography Handbook*, Sheffield: Geographical Association.

제7장

지리 교육과정에서 글로벌 이슈

GLOBAL PERSPECTIVES
IN THE GEOGRAPHY CURRICULUM

핵심 질문

- **현대의 지리 교육과정에서는 글로벌 이슈에 어떤 방식으로 접근하는가? 학습의 목표는 무엇이고, 그것은 실현 가능한 것인가?**
- **교육과정에서의 글로벌 이슈는 특성상 실제로 글로벌한가? 그리고 그것을 어떻게 말할 수 있는가?**
- **글로벌 이슈는 학생들이 현지 주민들이 직면한 문제를 학습하는 데 어떻게 도움이 되는가?**
- **글로벌 이슈는 교육을 통해서 해결할 수 있는 것인가?**

이 장에서는 교과서, 수업 자료, 관련 문서, 교사들과의 인터뷰를 통해 얻은 글로벌 이슈와 관련된 더욱 상세한 사례를 제시할 것이다. 교과서는 과목 관련 아이디어를 바꾸는 데 천천히 반응하는 경향이 있기 때문에, 반드시 교과서가 중요한 최신 교육과정의 변천을 확인하는 최고의 출처가 된다고 볼 수는 없다. 많은 이들이 몇몇 글로벌 이슈를 교과서에 포함시키지만 주로 기존의 지리 교육과정에 간단히 추가한다. 그에 반해서 수업 자료, 지리 관련 잡지 및 학술지 또는 지리 교육 관련 문서가 구비되어 있는 웹사이트는 교육에 대한 새로운 접근 방식을 가장 명확하게 설명하는 곳이다. 이러한 이유 때문에 이 장의 토론을 위해 다양한 자료를 수집, 활용하였다.

이 자료들은 미국과 잉글랜드/웨일스에 출처를 두고 있다. 동일한 이슈의 많은 부분을 대서양 양쪽 지역의 지리 교육과정에서 다루고 있기 때문이다. 그럼에도 불구하고 분명하게 밝힐 점은 강조점과 접근 방식에 있어서 일부의 차이가 보인다는 것이다. 미국과 잉글랜드/웨일스 두 곳의 지리 교과서에는 전통적인 지리 교육과정 이외에 글로벌 이슈가 포함되어 있다. 잉글랜드와 웨일스에서는 글로벌 차원(gobal dimension)에 대한 강조가 더욱 뚜렷하며, 지리 교육과정에서 글로벌 이슈의 중요성은 21세기에 들어 극적으로 증가하였다. 이런 현상은 저명한 지리학자의 저술뿐만 아니라 정부 및 지리학 단체의 출판물을 통해서 입증되었다.

지리적 이슈 탐구와 관련하여 시범용 지리 중등교육자격시험(GCSE)가 고안되었다. Key Stage 3(11~14세)를 위한 최신 연구 프로그램 또한 지리 지식에 관한 학습에 우선순위를 두기보다는 이슈에 대한 탐구적 접근을 하도록 권장한다. 반대로 미국 지리 교육과정에서의 글로벌 차원은 적어도 교과서에서는 좀 더 절제되는 경향이 있으며, 때때로 국가적 접근을 포함한다. 남서부 출신의 한 교과서 저자는 글로벌 시민성이라는 주제를 넣고 싶지만 "주민들이 반대할 수도 있기 때문에" 그럴 수 없다고 설명한다(Standish 2006). 따라서 대부분의 지리 과목 표준, 문서 및 교과서에 글로벌 이슈가 포함되기는 하지만, 국가 시민성의 선상에서 더욱 전통적인 용어로 관련 이슈들을 논의하고 있다.

이 장에서는 옹호자들의 주장과는 반대로 글로벌 이슈들은 특성상 글로벌하지도 않고 전 세계 사람들이 직면하고 있는 주요 문제들을 반영하거나 설명하지도 않는다는 사실을 보여 줄 것이다. 나아가 글로벌 이슈는 지리 내용을 거의 담고 있지 않는 경우가 비일비재하고, 개인에게 특별히 의미 있는 도덕적 딜레마를 탐구하도록 진작시키지도 않는다. 존 허클(John Huckle)은 이미 가치 교육은 "많은 의사결정에 대한 잘못된 비유이다."라고 지적하면서 "가치 교육에 내재된 정치적 편향"에 관한 우려를 표명하였다(Huckle 1983: 60). 글로벌 이슈는 학생들에게 자신의 개인적 가치를 심사숙고하도록 하는 목적에 맞게 선택된다. 내재된 정치적 편향은 사전에 결정된 가치 입장(values position)을 탐구하는 것의 목적을 위한 글로벌 이슈의 선택에서 온다. 대부분 예정된 가치 입장에 도달할 방식으로 학생들에게 지나치게 단순한 시나리오를 제시한다. 이러한 가치 입장은 학생들의 목표이며, 이는 주어진 위치에서 사람들이 직면한 이슈를 탐구하는 것을 대신하게 되었다. 제6장에서 논의했던 것처럼 글로벌 이슈에는 매우 상이한 질문이 제기된다. 즉 특정 지리적 위치에서 살고 있는 사람들이 직면한 이슈 중에서 가장 관련성 깊은 이슈가 무엇인지가 아니라 '글로벌' 이슈가 어떻게 당신과 관련되어 있는지이다. 즉시 그러한 이슈들은 사회, 경제, 정치 및 지리적 맥락에서 벗어나게 되고, 개인의 변화가 일부 글로벌 효과를 낼 수 있다는 그릇된 추정인 개인의 편견에 편승하게 된다. 그러나 정치는 개인적 가치에 근거하여 작동하지 않는다. 정치는 시민은 자신의 삶에 관해서 뿐만 아니라 보편적인 인간성에 관한 도덕적 질문들도 고려할 필요가 있는 사회적인 일인 것이다.

이슈를 사회적·정치적 맥락에서 벗어나게 함으로써 글로벌 이슈는 서구적 시각으로 비춰지고 있으며, 현대의 서구식 가치에 빗대어 평가되고 있다. 소위 '글로벌 가치'에는 환경 가치, 문화 다양성 존중, 사회정의, 공감, 정치 권리보다 인권의 우선시, 그리고 상대에 대한 도덕적 의무 등이 포함된다. 이러한 가치는 정치보다 우선시되는 것으로서 모두가 참여해야 할 어떤 것으로 제시된다. 이 장에서는 글로벌 이슈의 사례를 설명할 뿐만 아니라 서구 자유주의의 위기를 통해 알려진 글로벌 윤리가 부분적이고 개인주의화된 실상을 대변한다는 것을 보여 주고자 한다. 글로벌 이슈에 대한 연구는 여러 가지 관점을 제기하기보다는 이러한 새로운 서구식 관점을 강화하는 역할을 한다.

환경 이슈

오늘날 지리 교과서에서 가장 빈번하게 등장하는 이슈는 환경에 관한 것이다. 가끔 논의되는 '글로벌' 이슈 중 하나는 열대우림의 파괴이다. 그러나 현재 이 이슈는 일반적으로 서구적 관점에서 제시되어 그들의 글로벌 윤리에 빗대어 평가되고 있다. 관심사는 일반적으로 모든 인류에 대한 열대우림 지역의 중요성에 맞춰져 있지만, 토착 주민의 특권으로 간주되는 아마존 같은 숲의 활용은 거의 관심 밖에 있다. 홀트(Holt)의 *World Geography Today*에서는 아마존 분지의 삼림 벌채가 이 지역 고유의 식물 및 동물의 생명을 위협한다고 학생들에게 가르친다. 또한 개발이 산림 분지에서 오랫동안 살아온 아마존 인디언의 삶의 방식을 위협한다고 하면서 다음과 같이 언급한다.

> 아마존의 상당 부분은 앞으로 100년 이내에 사라질 것이며, … 대부분의 숲이 농장과 목축용으로 없어지고 있다. 일부 기업은 숲의 원목을 수확하고 있다. 주요 광산은 망가지기 쉬운 숲으로 탐사자와 개발업자를 끌어들이고 있다. (Helgren and Sager 2005: 269-271)

학생들은 "우림 지대가 사라지는 것이 왜 글로벌 관심사인가?"와 같은 질문에 답하도록 요구받는다. 학생들은 열대우림을 생물 다양성 보존을 위한 중요한 자원으로, 그리고 대기의 산소 공급원으로 강조하는 교과서에서 이 질문에 대한 모범 답안을 찾을 수 있다. 그러나 열대우림을 그곳에 거주하는 주민의 소유라기보다는 '글로벌 자원'으로 묘사하면서 열대우림의 미래를 남아메리카 주민의 정치적 의지와 분리시켜 왔다. 전체 열대우림의 11%가 보존지역으로 지정(FAO 2005)된 것처럼 생물 다양성을 위해 일부 숲을 보존하는 것이 대체로 인류의 이해관계에 있는 것은 사실이지만, 남아메리카를 더욱 압박하는 경제적·정치적·사회적 이슈는 거의 주목받지 못하면서 삼림 벌채는 이 대륙에서 가장 중요한 이슈로 제시된다. 대부분의 개발도상국의 많은 주민들은 가족을 부양하고, 사회 폭력에 시달리며, 제한된 정치적 권리와 빈약한 교육 및 보건 혜택을 받으면서 하루하루를 힘겹게 버티고 있다. 브라질과 볼리비아 같은 국가들은 서방 국가가 산업화 및 도시화 과정에서 겪었던 것을 정확하게 똑같이 재현하고 있다. 서방 국가들은 이미 주택, 공장과 농지를 위해 숲을 개간하였다. 수백만 명의 브라질 인과 볼리비아 인이 빈곤에서 벗어날 방도를 찾을 수만 있다면 그들은 국가가 제공한 천연자원을 보다 잘 활용할 필요가 있다. 그다음에 그들은 더 광범위하게 인류의 미래를 위한 환경 보존을 논의할 수 있는 위치에 있게 될 것이다.

계획은 열대우림을 더 잘 보존하면서 이 지역 공동체에 경제적 기회를 제공해야 한다. 브라질 정부는 생태 관광 등을 통해서 보존해야 할 열대우림을 3배로 늘리는 아마존 보호 구역 프로그램을 지원했다. 그러나 부처(Butcher 2007)가 지적한 것처럼 이러한 계획들이 대단위 개발 및 부의 축적으로 통하는 길을 열어 주지는 않는다. 의심할 여지없이 정부는 지구환경기금(Global Environment Facility), 월드뱅크(World Bank), 세계자연기금(World Wide Fund for Nature) 등을 비롯한 서구 단체에서 투자한 4억 달러의 금액에 휘둘렸다(*Economist* 2004). 당연히 대단위 외국 지역을 보호 구역으로 돌리는 것은 숲을 이용하는 현지 주민의 생활양식을 침해하기 십상이어서 생태제국주의라는 비난을 야기하였다(Driessen 2003).

학생들은 광대한 환경에서 열대우림을 고갈시키는 실상들을 알지 못한다. 매년 줄어드는 열대우림과 관련해 우려를 자아내는 수치를 통해서 학생들은 임박한 위기와 조치에 대한 절박한 필요성을 느낀다. 그러나 1950년부터 2005년까지 UN이 작성한 지구의 숲 면적에 관한 장기간의 수치에 따르면, 숲 면적은 약 40억 ha로 지구의 30%를 차지하면서 꽤 일정하게 유지되었다. 그러나 1990년대 초반 이후 연간 700만~900만 ha씩 줄어들고 있다

(FAO 2005). 아마존은 원래 규모의 80% 정도만 남아 있지만, 그래도 서구 유럽보다는 넓은 면적이다. 그에 반해 선진국은 숲의 절반 정도가 이미 사라지고 없다. 교육과정에서 열대우림은 흔히 산소를 만들고, 이산화탄소를 저장하는 지구의 허파로 묘사되곤 한다. 따라서 열대우림의 벌채는 세계를 질식시키는 것이나 다름없다. 다시 말해, 이와 같은 지나치게 단순한 설명은 학생들로 하여금 오해하게 만든다. 특히 지나치게 단순한 설명은 지구에서 이산화탄소에 대해 가장 규모가 큰 탄소 저장소인 해양 플랑크톤의 역할을 무시한다. 열대우림 보존과 같은 환경 문제를 글로벌 이슈로 제기하는 것은 방관적인 서구 세계의 눈과 염원에 맞춰져 있을지는 몰라도 이것이 해당 대륙과 그 주민의 지리를 진정으로 포착하는 것인지에는 의문이 남는다.

현재의 지리 교육과정에서 취급하고 있는 두 번째 일반적인 환경 이슈는 자원 이용이다. 1960년대 또는 그 이전에 제작된 지리 교과서에서는 천연재를 상품으로 바꾸는 인류의 능력을 긍정적으로 바라보면서 경의를 표했다. 21세기 교육과정에서는 자원 문제에서 인간 측면을 경시하면서 많은 자원들을 그 양에 한계가 있는 것으로 묘사하는 경향이 있다. 자연 물질은 인간이 그것을 이용하는 법을 아는 경우에 한해서 자원이 된다. 전근대 시대에는 석유와 우라늄을 자원으로 분류하지 않았다. 자연 물질을 자원으로 바꾼 것은 바로 인류의 지식과 기술이다.

일부 지리 교육과정에서는 새로운 자원을 발견하고, 기존의 자원을 활용할 새로운 방법을 찾아내는 사회에 신뢰를 표명하기보다는 젊은이들에게 소비를 줄이거나 풍력과 태양 에너지 같은 재생 가능한 에너지원을 지지하도록 고취시킨다. 현재 특정 지리 수업에서 각광받고 있는 활동은 학생들에게 자신의 '생태 발자국'을 측정하도록 하는 것이다. *Geography: The Global Dimension*에서는 교사들에게 글로벌 발자국(Global Footprints) 프로젝트 웹사이트에 접속하도록 지시한다. 교사들은 이곳에서 학생들이 자신의 '글로벌 발자국'의 크기를 측정하는 퀴즈를 완료하도록 지도한다(글상자 7.1). 퀴즈는 다음과 같이 아동의 글로벌 발자국을 정의하면서 시작한다. 즉 "글로벌은 세계를 의미하고 발자국은 아래로 짓누르는 것을 의미한다. 우리는 세계를 너무 세게 짓누르는 것을 원하지 않는다." 이후의 퀴즈에서는 학생들에게 자신의 개인적 가치 및 행동에 관한 질문 영역에 대답하도록 질문한다.

퀴즈의 말미에 학생들은 자신의 환경적 영향을 표시하는 점수를 받고, 이 점수를 다른 사람들과 비교할 수 있을 뿐만 아니라 행동을 바꾸어 환경적 영향을 줄일 수 있는 방법도 바로 숙지하게 된다. 지리교육학회(Geographical Association) 문건에서는 이것을 귀중한 교육적 도구로 간주한다. 이 도구는 "지속가능한 미래의 가능성에 대한 자신의 생활양식의 영향을 고려하게 하기 때문이다."(Lambert et al. 2004: 23)

분명히 환경에 대한 자신의 생활양식의 '영향을 고려하는 것' 너머에는 강력한 도덕적 의무가 존재한다. 지리 교육과정에서 자원을 토론하는 방식을 놓고도 위와 동일하게 말할 수 있다. 오늘날 대부분의 지리 교과서에서는 재생 자원과 비재생 자원을 구별하고 있는데, 이것은 비재생 자원이 제한되어 있으므로 재생 자원과 재활용 상품에 가치를 둔다는 것을 암시한다. 홀트의 *World Geography Today*에서는 다음과 같이 독자를 일깨운다.

> 오늘날 많은 제품은 재활용 광물로 만든다. 재활용의 이점은 분명하다. 그 중 한가지는 우리가 재활용을 많이 할수록 비재생 자원을 천천히 이용하게 된다는 점이다. 또 다른 점으로는 광산은 경관에 큰 상처를 만들기 십상이다. 처리 공장들은 먼지와 연기를 뿜어내고 대규모 에너지를 소비한다. 반대로 광물 제품을 재사용하면 돈을 절약할 수 있고, 환경에 대한 손상을 줄

일 수 있다. (Heigren and Sager 2005: 79)

그러나 목적은 환경친화적 에너지 소비의 미덕을 청소년들에게 교육하는

글상자 7.1

글로벌 발자국 퀴즈를 통한 질문 사례

(http://www.globalfootprints.org)

무엇이 폐기물을 줄이는 데 가장 중요하다고 생각하는가?

- 재사용한다.
- 재활용한다.
- 모두 쓰레기통에 넣도록 한다.
- 처음부터 쓰레기를 많이 만들지 않는다.

지역사회에서 취할 수 있는 활동

- 나는 내가 속한 공동체의 주민이나 환경을 지원하기 위해 조치를 취하는 단체나 클럽에 참여한다.
- 이러한 조치를 취하는 사람들이 이미 많이 있기 때문에 지역사회에서 조치를 취하지 않는다.
- 지역사회에서 조치를 취하는 것에 참여하지는 않지만 내가 할 수 있는 방법을 모색한다.
- 지역 환경과 지역 주민은 나에게 중요하지 않기 때문에 어떤 조치도 취하지 않는다.

공정 무역

- 차, 커피 및 초콜릿 같은 우리 집에 있는 많은 제품들이 공정 무역을 통해 들어왔다.
- 우리 가족이나 나는 가끔 공정 무역 제품을 구입한다.
- 나는 공정 무역이 무엇을 의미하는지는 알지만 다른 제품을 구입하는 것을 선호한다.
- 나는 공정 무역이 무엇을 의미하는지 모른다.

(Humanities Education Centre 2007)

것이기 때문에 수업이 이슈 자체를 분석하지 못하는 경우가 비일비재하다. 지리 교과서가 물질 재사용과 관련하여 재활용의 이점을 일부 부각시키기는 하지만 다른 대안적 관점은 등한시한다. 예를 들어, 스웨덴 단체의 한 연구에서는 폐기물의 소각이 경제적·환경적 측면에서 더 이롭다고 설명한다(Scott 2004). 소각로는 역사적으로 대기 오염 때문에 좋은 평판을 받지 못했고, 환경 측면에서 부정적으로 간주되었다. 그러나 현대식 공장에서 필터 및 가스 세척기를 다방면으로 사용하면서 종종 소각로는 주변 공기보다 더 낮은 수준으로 다이옥신 내지는 기타 오염 물질을 배출할 수 있게 되었다. 즉 소각로는 공기를 정화시킨다. 또한 소각 과정에서 생성된 열 역시 잠재적으로 유용한 에너지원이며, 소각로는 매립지로 흘러들어 가는 폐기물의 양을 대폭 감소시킨다. 반대로 재활용에는 폐기물을 구분하고 분류하기 위해 많은 운송 및 자원이 수반된다.

위의 두 사례는 자원이 한정되어 있으므로 사용하면 없어진다는 가정에서 출발한다. 그러나 역사적으로 보면 자원을 사용하는 새롭고 효율적인 방법을 배운다면, 대부분의 자원은 감소하는 것이 아니라 많아진다(Simon, *The Ultimate Resource* 1981 참조). 예를 들어, 알려진 세계 석유 매장량 규모는 소비가 늘어남에도 불구하고 계속해서 증가하고 있다. 과거 10년 동안에만 세계 석유 매장량 규모는 15% 늘어났다(British Petroleum 2007). 어떻게 된 것일까? 새로운 유전을 발견하고, 각 유전에서 석유를 추출할 업체의 역량이 성장하고 있고, 석유 사용의 효율성이 증가하기 때문이다. 또한 로키 산맥의 캐나다 유전 지대에서 석유를 추출하거나 천연가스를 석유로 변환시킬 잠재력도 있다. 비재생 자원의 공급을 제한할 수 있는 것은 이 자원을 찾아서 추출할 인류의 잠재력과 새로운 방식으로 자원을 활용하려는 우리의 상상력뿐이다. 이러한 두 가지 관점은 현재 대부분의 지리 교과에서 학생들에게 제시하지 않는다.

지구 온난화는 지리 교과서가 수년에 걸쳐 다루어 온 또 다른 환경 이슈이지만 21세기 들어 더욱 중요해졌다. 현재 미국 지리 교과서에서는 지구 온난화가 최소한으로 다루어진다. 지구 온난화가 미국 주요 정치인들에게 국가적 관심사로서 심각하게 취급된 것이 불과 몇 년 전이기 때문이다. 내셔널 지오그래픽(National Geographic) 웹사이트에는 '기후 및 이산화탄소 사이의 관계를 분석'한 교수학습과정안이 들어 있다. 이것은 학생들에게 "온실효과가 증가할 경우 다양한 시나리오의 미래 세계 기후에 관해 예측하는 것"을 목표로 한다(Xpeditions Web site, National Geographic Society 2007). 이 수업에서 학생들은 1997 교토 회의, 증가하고 있는 이산화탄소의 수준과 이것이 인구 및 개발과 어떻게 관련되어 있는지 등을 조사한다. 학생들은 "섬과 해안선이 침수되고, 기후대가 이동하며, 기후가 더욱 격변할 수 있다."는 등의 온실효과와 관련하여 일어날 수 있는 결과를 알게 된다(*ibid.*).

잉글랜드와 웨일스에서는 온실효과와 관련하여 청소년들의 태도와 행동을 바꾸는 데 교육과정을 활용하자는 공동의 캠페인이 순조롭게 진행 중에 있다. 교육부 장관 앨런 존슨(Alan Johnson)은 지구 온난화와 관련하여 "아동들은 다르게 생각해야 한다."고 명시했다(Johnson 2007). 존슨의 태도는 지리 교육과정에서 글로벌 이슈를 지지하는 몇몇 사람들 배후의 권위주의적·반지성주의적(anti-intellectual) 충동을 보여 준다. 존슨은 학생들이 글로벌 이슈에 담긴 과학을 조사하고, 미래 사회가 어떻게 지구 온난화를 다룰 것인가에 대해 학생들이 스스로 결정하도록 하는 것에 어떠한 관심도 없다고 표명한다.

따라서 지구 온난화는 *Global Challenge*와 *Key Geography for GCSE*와 같은 잉글랜드 및 웨일스의 교과서에서 더욱 상세하게 다룬다. 이들 책에서는 지구 온난화에 대한 매우 기본적인 대기과학 배경을 일부 제시하면서 다소 우려스러운 방식으로 결과에 대해 토론한다. 즉 영국의 많은 지역이 침수되는 것을 보여 주는 지도, 특정 동식물의 멸종, 멕시코 만류의 붕괴, 영국으로 이동하는 열대성 질병 등 극단적 지구 온난화 시나리오에서만 고려할 수 있는 문제들을 다룬다. *Global Challenge*에서 학생들은 지구 온난화가 토양 습도, 지구 생물체량(global biomass), 극한 기후 사태, 인류 건강, 해수면과 해류에 미치는 영향을 학습할 수 있는 연구 활동을 제시한다. 이런 활동을 수행하기 위해 교과서에는 기후변화에 관한 정부 간 협의체(Intergovernmental Panel on Climate Change, IPCC), 미국 환경보호국(Environmental Protection Agency, EPA) 오존 행동 단체(Ozone Action Group) 같은 기후변화를 연구하거나 정책 변화를 지지하는 단체의 웹사이트 주소가 포함되어 있다. 2007년 영국 정부는 지구 온난화에 대해 모든 학생들에게 교육할 수 있는 계획안을 발표했다. 이러한 목표를 실현하기 위한 하나의 시도로서 앨 고어(Al Gore)의 다큐멘터리 영화인 「불편한 진실(An Inconvenient Truth)」을 모든 학교에 보냈다. 당연히 지구 온난화는 지리 교과에 중요한 특성이 되었으며, 지구 온난화와 글로벌 시민 교육과의 관계를 보여 준다.

일부 교육과정에서 지구 온난화의 배경에 대한 기본 과학을 어느 정도 제시한다고 할지라도, 대다수 지리 교육과정에서는 재난 시나리오를 강조하면서 개인의 탄소 '발자국'을 개별적으로 줄임으로써 지구 온난화를 최소화할 수 있다는 가정을 지지한다. 이에 따라 이 이슈는 비과학적 내지는 정치적 용어를 평가하기보다는 청소년들을 훈계하기 위해 사용되는 것으로 보인다. 지구 온난화에 대한 증거와 인간중심적 활동과의 연결은 포괄적인 반면에, 사회가 어떻게 대응해야 하는가는 이론의 여지가 있고 하나의 정치적 사안이다. 예를 들어, 과학자 마이크 흄(Mike Hulme)은 지구 온난화에 대한 사회의 현재 반응이 어떤 식으로 더 깊은 사회 불안과 위험의 담론을 표출하는가에 대해 언급한다.

> 기후 재난에 대한 현재의 담론은 미래에 대해 정도가 심하면서도 어찌할 수 없는 인류의 불안에 맞춰져 있다. 결국 현재의 이 불안은 과학이라는 예측성 주장에 의해 사회에 제시된 미래 기후에 단순하게 결부되어 있다. 과거에 과학은 불확실성 영역, 티핑 포인트 및 확률을 포함한 먼 미래의 추정 지식을 제시해 본 적이 없기 때문에 연약하고 불안한 인류의 마음은 이러한 선언에 열정적인 애착을 갖게 되었다. (Hulme in press: 18)

즉, 위험과 불안에 대한 현재의 담론은 불필요한 우려와 과학 및 기술 문제에 대한 비합리적인 반응을 조장하고 있다. 이것은 지구 온난화가 어떻게 정치적 영역에서 개인적·도덕적 영역으로 바뀌었는지를 설명하는 데 도움이 된다. 아동들을 지구 온난화 발생에 책임이 있다고 엮는 것은, 특히 지리 교육 시간을 활용한다고 할 때, 그 이슈를 진행하는 성숙한 방식이 결코 아니다. 다시 말해, 이슈는 지구 온난화가 일어나고 있는지의 여부가 아니라 사회가 그 문제에 어떻게 대응해야 하는가이다. 그리고 일부 교육자(또한 정치인)는 이 사안에서 아동들에게 선택권을 주지 않으려 하고 있다.

개발 이슈

개발과 관련된 접근 방식은 최근 10년 동안 획기적으로 변모했다. 제2차 세계대전 이후, 과거 서구 식민지와 새로운 후기식민주의적 관계를 구축하려는 서방 국가들로 인해 남반구 국가들(Southern nations) 개발에 관한 관심이 증가하고 있다. 초기 개발 모델은 서방 국가와 유사한 개발 경로를 따르거나 일부의 경우에 소련 모델을 따르는 남반구 국가들이 국민의 이익에 최선이라는 가정에 기반을 두고 있었다. 남반구 국가들의 자주권, 즉 개발 경로를 스스로 선택할 수 있다는 자주권이 새롭게 강조되었지만, 산업화가 어떤 경로를 따르든 경제 성장 및 기술 발전은 모두 주민들의 부와 삶의 질을 끌어올리는 데 중요한 수단으로 작용했다. 미국의 일부 지리 교과서에서는 여전히 산업화하려는 국가들의 노력에 관해 토의한다. *World Geography: Building a Global Perspective*에서는 '제한된 숙련 노동자들의 수' 및 '자본 부족' 등 이집트의 '개발 장애물'을 부각시킨다(Baerwald and Fraser 2005: 529). 그러나 이러한 접근 방식, 즉 대규모 개발이 남반구 국가들의 역량에 속하는지 여부를 떠나 대규모 개발의 타당성이 빈번하게 의문시되고 있는 오늘날의 서방 세계에서는 일반적이지 않다. 대신에 개발도상국에 투영되는 환경의 한계 및 사회·정치적 불안에 대한 서방 세계의 염려가 개발을 바라보는 주요 프리즘이 되었다. 그 결과는 원조가 남반구 국가들 주민의 수요 및 요구보다는 서방 세계의 목적과 연결되는 제한된 개발의 관점이다.

개발의 모호성에도 불구하고, 지속가능한 개발은 개발에 접근하는 지배적 패러다임이 되었고, 이것은 지리 교육과정에서 비정치적이고 비논쟁적인 용어로 학생들에게 제시되었다. 표면적으로 보면 '지속가능한 개발'이라는 용어는 상식적인 것으로 보인다. 누가 지속 불가능한 개발에 찬성하겠는가? 그러나 지속가능한 개발은 꽤 최근에 서방 세계에서 고안된 용어이며, 서구의 근대주의 프로젝트에 대한 신뢰가 무너졌음을 반영한다. 이것은 위에서 설명한 것과 완전히 다른 개발 모델이며, 개발을 환경 영향 측면에서 바라보거나 또는 물질적 및 사회적 복리보다는 심리사회적 측면에서 재구성한 모델이다(Pupavac 2002). '녹색 개발'로의 이동은 1980년대에 시작되었으며(Adams 2001), 이것은 남반구 국가들 정부보다는 비정부기구를 통한 지원 채념과 연관되어 있었다.

지속가능성이라는 개념은 미국 교육과정에서 서서히 입지를 확보해 오다가 현재는 일부 주(州)의 사회과 표준에 포함되어 있다. 이 용어는 현재의 고등학교 지리 교과서에서는 거의 볼 수 없다. 잉글랜드와 웨일스의 상황은 완전히 다르다. 1990년대 중반 이후, 잉글랜드와 웨일스에서 사용한 지리 교육과정과 교과서에서는 지속가능성을 개발 개념 및 모델로 채택해 왔다. 예를 들어, *New Key Geography for GCSE*에서는 "지속가능한 개발은 자원, 특히 재생 불가능 자원, 적정 기술의 합리적 사용을 수반한다."고 학생들에게 가르친다(Waugh and Bushell 2002: 270). 저자는 이것이 고양된 삶의 질 향상, 그리고 더 나은 삶의 수준으로 이어진다고 주장한다. '적정 기술'이라는 용어의 사용은 구상 중에 있는 개발 유형만큼이나 유익하다. 저자들은 선진국과는 반대로 경제적 저개발 국가에서는 "대안적 유형의 기술을 채택할 필요가 있다."고 주장한다(Waugh and Bushell 2002: 270). 교과서에는 우물을 둘러싸고 있는 일부 여성들의 사진(그림 7.1)이 실려 있고, 일부 설명(글상자 7.2)에서는 교과서가 저개발 국가를 위해 적정 기술을 어떻게 보고 있는지를 기술한다.

교과서의 지속가능한 개발에 관한 장에는 영국의 개발 비정부기구인 적정기술개발단체(Intermediate Technology Development Group, ITDG)의 업무 설명도 포함되어 있다. 이 단체가 교과서에 왜 포함되었는지에 관해서는 아무 설명도 없지만, 교과서는 이 단체가 "사람들에게 음식, 의복, 주택, 에너지 및 일자리의 기본 수요를 충족하도록 도움을 제공한다."고 학생들에게 알려 준다(*ibid.*: 270). 이후 학생들은 '미래의 개발에서 지속가능성은 왜 중요한가?', 개발도상국에 대한 '원조는 세계은행 또는 선진국이 제공한 대규모 대출보다 더 가치가 있는가?' 같은 완성해야 할 수많은 활동 및 질문을 받게 된다(*ibid.*: 271). 여기서 서부 비정부기구의 업무는 정치적이라기보다는 인도주의적 용

그림 7.1 개발도상국을 위한 적정 기술. 케냐 키수무에서 Keyo Women's Group 회원들이 세 개의 돌로 구성된 화로에 비해 화력이 좋은 Upesi 스토브에 불을 붙인 후 가마를 내려 놓고 있다. (럭비, Practical Action의 허가; 사진 저작권, Neil Cooper)

글상자 7.2

개발도상국을 위한 적정 기술

***New Key Geography for GCSE*에 포함된 사진에는 아래의 내용을 담은 설명이 들어 있다. 적정 기술의 의미:**

- 기존의 노동력을 기계로 대체하는 것이 의미없기 때문에 일자리를 구하고 있는 많은 사람들을 위해 노동 집약적 프로젝트의 도입
- 환경과 조화를 이루는 프로젝트의 개발
- 국가가 빚더미에 앉는 것을 방지하기 위해 국가가 감당할 수 있는 속도로 경제 개발 추진
- 국민이 부담을 갖지 않고 관리할 수 있는 저비용 계획 및 기술 채택
- 현지 주민이 갖추고 있는 기존의 기능을 사용하고, 미래 세대에게 물려줄 수 있는 기술의 장려

(Waugh and Bushell 2002: 271)

어로 제시된다. 일부 개발 비정부기구의 업무를 둘러싼 논쟁 또는 원조가 이롭다기보다는 해롭다는 학계 및 원조 종사자 일부가 제기한 논점과 같은 다른 관점에 대한 고려는 없다(Vaux 2001 참조).

지속가능한 개발이 최근 수년에 걸쳐 개발에 대한 대중적 접근 방식이 되어 왔지만, 주민의 사회적·경제적·정치적 환경의 틀을 바꿀 가능성을 제한하는 개인적 차원에서 개발의 재정의 관련 이슈를 취한 경우는 거의 없었다. 개발에서 명시된 목표는 아마도 개발도상국 주민의 삶의 질과 생활 기준을 개선시키는 것이며, 당연히 일부 주민들은 개발과 병행할 기술 지원을 환영한다. 그러나 여기에는 지속가능한 개발 및 적정 기술이 산업화와 실질(real) 개발을 의제에서 제외시키는 제한된 제안이라는 사실을 감추고 있다.

지속가능한 개발은 실질 경제 소득을 통해 개발도상국 국민의 생활을 탈바꿈시키는 대신에 시골 지역의 가난한 공동체를 조장하여 그들의 현행 경제 관행과 전통을 유지함으로써 그들의 삶을 존속시키고 바꾸지 않게 한다. *New Key Geography* 저자들의 지적에 따르면, 특히 선진국의 더 높은 수준의 소비 및 오염 수준을 감안하면 지속가능한 개발이 경제적으로 앞선 선진국에게도 적합하지만, 선진국의 "유일한 차이점"은 "그 적정 기술이 첨단기술인 것 같다."는 점이다(Waugh and Bushell 2002: 271). 즉 선진국 국민은 노동을 줄이는 컴퓨터와 전자 제품 같은 첨단 기술 제품이 허용되어 있지만, 빈곤 국가 국민에게는 이러한 제품이 '부적정'하다. 따라서 교과서에서는 개발도상국에서 노동을 대체하지 않는 기술을 강조하지만 서방 선진국에서는 대규모 사회 이득을 생산한 관행을 강조한다. 교과서는 제2차 세계대전 이후 수십 년 동안 현대의 대량 소비 사회의 혜택을 보편적 선으로 그렸다. 오늘날 일부 지리 교과서에서는 이것이 일부 사람들에게만 명백한 선이며, 그 외는 원시적 기술과 낮은 수준의 소비로 삶을 영위해야 한다고 밝힌다.

지속가능한 개발의 제한된 특성은 세네갈 같은 국가에서 운영하는 옥스팜(Oxfam)의 마이크로 크레딧(micro-financing)[1] 프로그램에서도 명백하게 드러난다. 이 사례는 내셔널 지오그래픽 교수학습과정안에 포함되어 있다. 간단하게 말하면, 마이크로 크레딧이 거액 금융을 대체한 것이다. 세네갈에서 마이크로 크레딧의 목적은 여성들을 지원하여 소규모 비즈니스나 저축 계획을 통해 자신의 수입을 개발하도록 하는 것이다. 예를 들어, 여성들이 자신의 양을 소유하거나 자금을 필요로 하는 다른 여성에게 대출하는 공동 저축 계획에 공동 출자하는 것 등을 들 수 있다. 마이크로 크레딧은 일부 개인들이 그럭저럭 살아가는 데 도움이 될 수는 있으나, 서방 세계와 동일한 수준으로 전체 국민의 생활 수준을 끌어올릴 수 있는 대규모 장기 개발로 인해 이루어지는 산업화에는 장애가 된다. 중국은 산업화를 통해 대다수 인구의 부를 끌어올린 국가로서 최근 모범 사례에 해당한다. 1981년과 2001년 사이에 중국은 4억 명의 주민을 빈곤에서 탈출시킴으로써 빈곤율을 53%에서 8%로 감소시켰다(Ravallion and Chen 2004).

또한 비정부기구의 원조 업무에 초점을 맞추고 있는 이러한 수업에서 개발도상국은 서방 정부 간 단체 및 비정부기구에 의존하면서 자체의 미래를 구상하지 못한다는 개념을 강화한다. 옥스팜의 프로그램을 다루고 있는 내셔널 지오그래픽 수업은 학생들에게 서방 비정부기구의 개입을 유익한 것으로 평가하도록 하며, 심지어 토착민의 자율성과 같은 개입의 정치적 영향을 고려하지 않고 친구와 가족 사이에서 비정부기구의 업무를 홍보하도록 한다(자세한 내용은 245쪽을 참조하라). 다시 말해, (교수학습과정안에서 '복잡'하기 때문에 빼버린) 빈곤의 원인에 대해서 학생들에게 교육하기보다는 학생들이 가지고 있

1 역주: 공동체 형성 및 빈곤층 사업 지원을 위한 무담보 소액 대출을 말한다.

는 가치에 초점을 맞추고 있다.

수많은 지리 교육과정들에서 산업화 및 현대화에 대한 회의적 입장으로의 변화는 개발도상국의 진정한 필요 및 염원과는 분리된 이슈들에 의해 이루어졌다. 개발에 대한 과거의 접근 방식은 당연히 서방 세계의 이해관계를 나타내고 있지만 최소한 산업화와 근대화를 개발도상국 국민의 보다 나은 미래를 위한 열쇠로 간주했다. 현재 서방의 많은 국가들은 개발도상국 국민의 실제 목소리와 염원에 대해서는 귀를 막고 있다. 아프리카 국가들에 대한 중국 투자의 역할을 논의한 논문에서, 저자는 대부분의 개발도상국 주민에게 "경제권과 최저생활권은 서방 세계에서 개념화한 개인적 권리보다 우선한다."라고 본다(Taylor 2007: 11). 이 논문에서는 서방 세계와는 달리 중국이 어떤 방식으로 개발도상국의 주권을 존중하는지, 조건에 따른 원조 및 투자를 제공하지 않는지를 설명한다. 저자는 다음과 같이 베이징 중국 사회과학원의 아프리카 연구 부문 이사인 웬핑(Wenping)의 말을 이용한다. "우리(중국)는 인권이 주권에 우선해야 한다는 사실을 인정하지 않습니다. … 우리는 이에 대해 다양한 관점을 가지고 있으며, 아프리카 국가들은 우리의 관점을 공유해야 합니다."(Taylor 2007: 11 재인용) 불행히도 많은 지리 교육과정은 서방 세계의 접근 방식을 개발도상국 국민의 실질 수요와 관심보다 높게 평가하고 있다.

인구 이슈

19세기에 토머스 맬서스(Thomas Malthus)는 기하급수적 인구 성장이 지구의 수용 능력의 산술적 성장을 초과할 것이라는 전망을 제기하였다. 인구 성장은 1960~1970년대 신맬서스주의(산아제한에 의한 인구조절론)의 성장과 함께 지리 교과서의 핵심 주제였으며, 최근에는 글로벌 이슈가 되었다. 이 주제는 주어진 지역의 노동 및 자원 수요 또는 그곳에서 살고 있는 주민의 개인적 선호도와 관련해서는 거의 다루어지지 않았다. 보다 빈번하게, 인구 이슈에는 개발도상국에서 쏟아져 나오는 많은 문제에 대한 서방 세계의 공포나 성장에 대한 환경적 제약 관점이 반영되어 있다. 이러한 이슈는 지리적 환경에서 벗어나 모든 것과 관련되어 있는 글로벌 이슈로 격상되었다.

탈식민지화 기간 중 또는 이후에, 서방 국가들은 오랜 기간에 걸친 식민지 착취로 인해 자신들에게 복수할지도 모르는 개발도상국으로부터 '밀물처럼 쏟아지는 기대'에 관심을 가졌다. 이러한 불안을 표명하는 하나의 방법은 인구를 통해 이루어졌다(Furedi 1997). 선진국에 비해 개발도상국에 훨씬 많은 인구가 살고 있다는 사실, 특히 인구성장률이 개발도상국에서 훨씬 높다는 사실을 감안하여 서방 세계는 이러한 불균형에 우려를 표명했다. 따라서 출산율을 낮추려는 지역 및 국제적 계획이 수많은 교과서에 등장했는데, 일부 사례에서 출산 저하가 인도에서 취해진 강제 불임 프로그램 등으로 달성되었음에도 불구하고 대부분 긍정적 용어로 묘사되었다. 시간이 지남에 따라 인구 감축을 위한 근거는 바뀌었고, 이러한 목적을 달성하기 위해 제안된 덜 강압적인 수단들이 부각되었다.

이전의 맬서스 학파의 종말적 예측은 모두 빗나갔다. 농업 생산의 틀을 바꾸는 인간의 잠재력을 고려하지 않았기 때문이다. 1961년 이래 지구의 인구는 두 배가 되었지만 농업 생산은 두 배 이상이 되었고, 개발도상국에서는 세 배가 되기도 하였다(Lomborg 2001). 그럼에도 불구하고 21세기 들어서 맬서스 학파의 논쟁은 다시 한 번 활발해졌다. 최근의 인구 통제 지지자들은 지구가 계속 늘어가는 인구를 감당할 수 없다고 추정한다. 서구식 소비 수준으로 지구가 감당할 수 있는 인구는 60억 명으로 추정되고 있는데, 이는 사람들이 계속해서 자원의 기반을 확대할 방법을 등한시한 것이다. 이것은 자원은 정해져 있으므로 천연자원은 '다 써버릴 수 있다'는 것을 다시 한 번 암시하고 있다.

롱맨(Longman)의 *Global Challenge*에서는 오늘날 인류가 직면한 주요 '도전 과제들' 중 하나인 '가족 축소'라는 제목하에 인구를 소개하고 있다. 도전 과제는 "자발적인 방법으로 출산율을 낮추는 것"이다(McNaught and Witherick 2001: 91). 비록 대상으로 삼고 있는 인구가 분명히 개발도상국에 해당하지만 누가 이러한 도전을 떠맡아 실행에 옮길 것인가에 대해서는 분명하지 않다. 경제적으로 저개발 국가에서는 "여성들이 너무 일찍 아기를 갖기 시작하여 오랫동안 출산하는 것이 일반적 현상이다. 이러한 국가에서 출산율을 낮추기 위해서는 출산 통제 및 성 평등에 관한 교육이 필요하다."(*ibid.*) 교과서에는 아이에게 수유하는 부르키나파소 출신의 흑인 여성의 사진과 "이 여성은 얼마나 많은 아이를 낳게 될 것인가?"라고 묻는 설명이 실려 있다(그림 7.2). 그러나 여성이 아이를 갖기에 너무 빠르고, 중단하기에 너무 늦다고 하는 시점을 누가 결정한다는 말인가? 선진국의 기술로 인해 더 많은 여성들이 더 많은 나이까지 아이를 가질 수 있게 되었다. 왜 개발도상국의 여성들은 동일한 기회를 가져서는 안 되는 것인가? 또한 가족 수가 너무 많다고 부모에게 말할 권리를 누가 가지고 있는가?

개발도상국 전역에서 서방의 강압이나 '교육' 없이도 다양한 이유로 인해 출산율이 감소하고 있다는 사실을 해당 국가가 인식하고 있음을 감안하면, 개발도상국에서 가족 규모를 축소하는 것을 *Global Challenge*의 저자가 가치 있는 목표라고 간주한 것은 매우 놀랍다. 개발도상국에서는 세계 인구가 21세기 중후반에 약 100억~110억 명으로 최고에 달하고, 그 이후 줄어들 것이라는 UN의 예상을 고려하고 있다. 이러한 수준에서 인구 성장률이 저절로 감소하고 있음에도 불구하고, 서구의 국민이 개발도상국의 인구 성장에

그림 7.2 부르키나파소 야텡가(Yatenga) 주의 한 어머니가 아이에게 수유하고 있다. *Global Challenge* (McNaught and Witherick 2001: 91)에 "이 여성은 얼마나 많은 아이를 낳게 될 것인가?"라는 설명이 사진과 함께 실려 있다. (런던, Still Pictures의 허가: 사진 저작권, Mark Edwards)

집착하는 것은 이상하게 보인다. 그러나 *Global Challenge*에서는 1994년 인구 및 개발에 대한 카이로 회의를 상세하게 다루는 부분을 포함하여 인구 이슈를 문서화하기 위해 상당히 많은 공간을 할애한다. 본문에서는 카이로 회의가 개발도상국 여성들의 권리, 특히 교육 및 직업에 대한 권리를 진작시키기 위해 모색한 방법을 언급한다. 확실히 이것은 칭찬할 만한 목표이지만 더 깊이 읽게 되면 출산을 제한하려는 의지가 이러한 목표 뒤에 도사리고 있음이 분명해진다. 즉 "이 프로그램 이면의 사고는 자신의 운명을 스스로 개척하는 여성이 증가하면서 다수는 더 적은 아이를 가지려고 한다는 것이었다." (McNaught and Witherick 2001: 112) 이 프로그램의 '생각'에 대한 교과서의 설명에 따르면, 더욱 많은 여성들이 가정 밖에서 직업을 갖게 되고, 피임과 안전한 낙태에 더욱 쉽게 접근할 수 있으며, 유아사망률이 감소할 경우, 이로 인해 대가족에 대한 필요성과 개연성이 줄어들 것이다. 그다음 학생들은 이 회의의 목표에 관해 토론하고 정리하도록 요구받는다. 예를 들어, 한 가지 활동은 학생들에게 개발도상국을 연구하도록 요구하며, "카이로 회의 실행 프로그램의 실시로 어떤 것이 진보(progress)되었는지 알아내야 한다."(*ibid.*: 113) 그러나 다시 말해, 누가 출생률이 감소하는 것을 볼 수 있을까? 그렇다면 개발도상국에서 인구 성장에 대해 고려할 다른 관점은 없다!

실제로 나이지리아를 제외한 대부분의 아프리카 국가의 경우에 유럽이나 미국 북동부 인구에 비해 인구 수준이 꽤 낮다. 세계에서 인구밀도가 가장 높은 국가로는 일본, 싱가포르, 벨기에 및 네덜란드 등이 있다. 인구밀도가 가장 높은 도시로는 뉴욕, 멕시코시티, 뭄바이를 들 수 있다. 그러나 이 지역들의 생활 수준은 인구밀도가 낮은 국가나 개발도상국의 시골 지역에 비해 더 높다. 따라서 인구밀도와 부유함 사이에 직접적인 관계는 없다. 오늘날 세계에서 한 국가가 국민에게 충분한 식량을 제공하지 못한다면, 그것은 인구수 때문이 아니라 낮은 수준의 기술과 개발, 그리고 부족한 정치, 경제, 사회 조직 때문이다. 인도는 11억 명의 인구가 먹고 살 수 있는 충분한 식량을 생산하지만, 모든 국민이 식량에 접근할 수 있는 방식으로 사회를 적합하게 구성하는 데에는 실패했다(de Blij and Muller 2006). 반면, 맨해튼은 세계에서 인구밀도가 가장 높으면서도 최고 수준의 부유함을 보이고 있다. 인구폭발론을 뒷받침하는 수용 역량 개념은 종종 국제무역의 실상을 무시한다. 일본과 싱가포르는 무역을 통해 자원이 빈약한 그들 섬나라의 인구를 부양할 수 있다.

내셔널 지오그래픽 웹사이트 역시 사례 학습의 예시로 '중국과 인도의 인구 이슈' 조사를 들고 있다. 이 학습에서 학생들은 CIA *Factbook*을 사용하여 중국과 인도의 인구 통계를 수집하고, 두 나라의 인구 관련 이슈에 관해 읽고, 중국이 했던 것처럼 인도가 한 자녀 정책을 채택해야 할지 여부를 결정한다. 이 학습은 첫째로 학생들이 출생률, 자연적 증가 및 평균 수명과 같은 인구 용어를 이해하도록 하는 것에 초점을 맞추고 있다. CIA *Factbook*을 통해서 학생들은 인도와 중국의 인구통계학 자료를 비교할 수 있다. 학생들은 "이러한 숫자가 중국과 인도에 관해서 무엇을 드러내는가?"라는 질문에 답하도록 요구된다. 여기서 권장하는 평가 활동은 학생들이 "인도는 중국처럼 한 자녀 정책을 채택해야 하는가? 채택해야 하는 이유 또는 채택해서는 안 되는 이유는 무엇인가?"라는 내용의 보고서를 쓰도록 하는 것이다. 다시 말해, 인도의 인구 성장률이 너무 높다는 전제를 강조하고 있는 것으로 보인다. 그러나 이 교수학습과정안에서는 논쟁의 두 측면을 최소한으로 고려한다. 심화 활동을 통해서 학생들은 사람들이 소규모의 가족을 갖고자 하는 경제적 이유를 고려하도록 요청받는다. 그러나 "학생들은 더 많은 자녀가 있는 가족의 경제 관념이 더욱 투철할 것이라는 정반대의 시나리오에 대해서도 생각할 수 있을까?"(Xpeditions Web site, National Geographic Society 2007)

글로벌 이슈로서 인구 성장은 국민의 지리적 환경을 분석하는 대신에 환경의 제한이라는 서구식 윤리를 통해서 다뤄진다. 흔히 지리 교육과정에서 인구를 자원으로 간주하는 대신에 오염원, 자원 소비자, 지구에 대한 일반적인 부담자로 묘사한다. 미래 세대에게 주어진 메시지는 사람들, 특히 빈곤 국가의 사람들은 해결체라기보다는 문제덩어리라는 사실이다. 이에 따라 개발도상국에게 인구 성장률을 낮추도록 압력을 가할 수 있도록 국제 협의체 및 단체에게 정당성을 부여한다.

무역/산업

20세기 중반과 비교하여 오늘날 지리학자들이 세계를 바라보는 방식의 또 다른 중대한 변화는 생산에 대한 관심에서 소비에 대한 관심으로의 전환이다. 앞서 언급했듯이, 1950~1960년대의 지리 교과서는 물질적 이익 측면에서 생산 및 생산이 사회에 미치는 영향을 긍정적 과정으로 보았다. 1950년부터 2005년까지 출판된 미국의 세계지리 교과서에 대한 한 연구는 1990년대나 2000년대에 출판된 교과서들이 인간의 자원 소비에 대한 관심은 증가한 반면, 생산 과정 자체에 대한 설명이나 분석은 보다 줄어든 사실을 관찰했다(Standish 2006). 마찬가지로 최근의 미국 및 잉글랜드/웨일스의 많은 지리 교육과정은 우리가 생필품을 어떻게 거래하고 소비하는지에 관심을 두고 있다. 대부분의 교과서들은 국제무역, 무역 장벽, 지역 무역권 형성과 관련된 이슈를 다룬다. 대부분은 자유무역의 장점과 시장 접근성 및 생산성 증가에 대한 자유무역의 영향력을 찬양한다. 예를 들어, Glencoe사의 *World Geography*는 "세계 경제 개방을 통해 무역이 15배 증가함에 따라 세계 경제 생산이 6배 증가하고, 1인당 수입은 3배로 늘어났다."는 워싱턴 D.C.의 내셔널프레스클럽(National Press Club)의 샬린 바셰프스키(Charlene Barshefsky)의 발표문를 인용했다(Boehm 2005: 94).

21세기에 들어서면서 세계 무역은 글로벌 이슈로 그려졌고, 이를 통해서 학생들은 소비자로서 자신의 역할을 생각할 수 있게 되었다. 이것은 새로운 시범용 Oxford, Cambridge and RSA 중등교육자격시험에서 취한 접근 방식이다. 학생들이 학습해야 할 3가지 주제들 중 하나의 제목이 "소비자로서의

글상자 7.3

시범용 지리 중등교육자격시험 주제인 '소비자로서의 사람들—우리의 결정이 미치는 영향'을 통한 탐구 사례 질문들

질문:

- 나는 무엇을 구매하며, 왜 그것을 사는가?
- 다른 사람들은 왜 유사한/상이한 것들을 구매하는가?
- 이러한 결정의 공간적 결과를 일부 제시한다면?
- 소비자로서 나의 권리/책임은 무엇인가? 그것들이 지속가능한 미래를 어떻게 진작시키는가?
- 생산망은 무엇인가? 생산자/소비자는 어디에 있는가?
- 다른 소비자 시나리오로는 어떤 것들이 있는가? 왜 다른 그룹들은 서로 다른 미래를 선호하는가? 누가 이득을 보고/손해를 입으며, 그들은 어디에 위치하는가?

(Oxford, Cambridge and RSA 2004: 30–1)

사람들–우리의 결정이 미치는 영향"이다. 이 출제 요강은 "학생들은 자신을 소비자로 보고 장소와 환경에 대한 소비의 영향을 추적하도록 요청받았다."고 설명한다(Oxford, Cambridge and RSA 2004: 29). 이 과제를 완성하기 위해 학생들은 코카콜라나 나이키와 같이 친숙한 제품의 생산, 유통 및 마케팅을 추적해야 한다. 출제 요강은 학습을 발달시킬 수 있는 수많은 탐구 질문들을 포함하고 있다(글상자 7.3).

여기에는 분명히 추구해야 할 몇 가지 흥미로운 지리 지식이 있다. 상세한 생산망을 작성하고, 오늘날 생산 및 소비의 공간적 분포를 학습하는 것은 유용한 활동이다. 이 활동은 국제적으로 연결된 많은 국가들의 경제 상황에 관한 통찰력을 제공한다. 그러나 '나는 무엇을 구매하며, 왜 그것을 사는가?'와 같이 이 주제를 위해 제기된 대부분의 질문들은 지리보다는 개인의 습관, 수요 및 가치와 더 많이 관련되어 있다. 그러나 이 주제에 제시된 질문들은 학생들에게 자신의 소비를 분석하고, 소비가 기반하고 있는 가치 체계를 조사하도록 하기 위해서 채택되었다. 이 출제 요강은 이 사안에 대해 매우 분명하다. 출제 요강에서는 이러한 과정을 "생산망을 분석하여 소비자들의 의사결정 결과를 조사하는 것"을 의미하는 "소비 윤리학"이라고 부른다(*ibid.*: 31). 학생들은 코카콜라나 나이키 신발 같은 생활용품 구매의 공간적, 환경적, 사회적 영향을 찾아낼 것으로 보인다. 여기에는 제품을 만드는 데 사용된 자원뿐만 아니라 운송에 소비된 에너지 및 오염 물질 배출, 제조 공장의 사회적 조건 고려, 판매를 통해 누가 어떤 이득을 챙겼는가에 대한 분석이 포함되어 있다.

다양한 생필품에 대한 환경적 및 문화적 영향을 고려하는 것 역시 미국 사회과 교사들이 활용하는 하나의 활동이다(Standish 2006). 예를 들어, 뉴저지주 중학교의 한 교사는 수업 중에 수많은 제품들(알루미늄 캔, 햄버거 용기, 세척액 및 에어로졸 캔 등)을 어떻게 교실로 가져왔으며, 이 제품들을 제작하는 데 사용된 재료와 처분할 수 있는 다양한 방법에 관해서 설명한다. 이러한 활동을 위한 교수학습과정안은 내셔널 지오그래픽 웹사이트에서 찾아볼 수 있다. "당신의 소지품들은 어디에서 왔는가?"라는 수업을 통해 학생들이 "자원 추출 과정과 관련된 환경적·인간적 영향을 인식하고, 보다 의식을 갖춘 소비자가 되기"를 원한다(Xpeditions Web site, National Geographic Society 2007). 이 교수학습과정안에서는 학생들에게 그들이 좋아하는 소지품 생산에 있어서 자원의 추출 과정과 환경적·인간적 영향을 연구하도록 제안한다. 학생들은 발견한 사실을 기록하고, 수업에서 배운 것에 대한 그들의 반응을 적도록 요구받는다.

마지막으로, 오늘날 일부 지리 수업에서 탐구하는 대중적인 소비 활동의 사례는 휴가를 가는 것이다. 모든 것으로부터 떠나 쉬는 것을 의미하는 이러한 활동은 일부 지리 교육과정에서 학생들에게 글로벌 결과의 윤리적 측면으로 제시된다. *New Key Geography*에서는 생태 관광을 환경을 보호하고 지역 문화 및 관습을 존중하는 데 초점을 맞춘 지속가능한 형태의 관광으로 정의한다. 이 책은 Friends of Conservation을 준수한 목록을 수정한 여행 규칙(Traveller's Code)를 포함하고 있다(글상자 7.4).

여행은 잠재적으로 계몽적·재충전적·교육적인 체험일 수 있지만, 오늘날 일부 지리 수업에서는 '학생들은 어떻게 최신 여행 코드에 부합할 수 있는가'와 같은 도덕적 자기 성찰 수업으로 변형되어 왔다. 여행 코드는 개별 여행자에게 도전 의식을 북돋우는 예상치 못한 새로운 체험으로 학생들의 마음을 열어 주는 대신에, 효과적으로 이러한 체험을 규제하고 인간 사이의 상호작용을 통제하려고 한다.

그러면 한 국가의 경제적 자원 이용과 생산에 관한 지리학적 분석으로부터 윤리적 소비의 '지리'로 이동한 결과는 무엇인가? 현대 사회에서 생산은 일반적으로 사회적·능동적인 행위이다. 왜냐하면 생산을 통해서 천연자원을 유용한 생필품으로 변형시키기 때문이다. 이와 같이 생산에는 물질과 사람들의 사회적 복리를 변형시키는 잠재력이 담겨 있다. 반대로 소비는 일반적으로 개별적이며, 상대적으로 수동적인 추구 행위이다. 윤리적 소비를 주장함에도 불구하고, 우리는 생산 과정이나 사회에 더욱 총체적으로 영향을 미칠 정도의 소비자로서는 상대적으로 힘이 부족한 편이다. 공정 무역 제품이 이에 대한 바로 그 핵심을 보여 준다. 일부 학교나 지리 교과서에서는 공정 무역 제품을 사람들이 구매할 수 있는 도덕적으로 우수한 제품으로 인용한다. 학생들은 '일반' 제품과 '공정 무역' 제품을 구입하는 데 드는 상대적 비용과 누가, 어떤 상품 공급 체인에서 구매하는지에 대한 정보를 제공받는다.

글상자 7.4

Friends of Conservation을 준수한 목록을 수정한 여행 규칙
– 해외로 여행할 때 학생들에게 주어지는 지침

- 기념품을 구매할 때, 지역 공예가는 흔히 볼 수 없는 선물을 만들어 지역 경제에 도움을 준다는 사실을 기억하라.
- 산호, 조가비, 불가사리같이 암초에서 나온 기념품을 구매하거나 수집하지 마라. 이와 같은 것들을 구매하면 해양 암초 지대나 해양 생물에 손상을 가하게 된다.
- 현지에서 옷을 구매하고, 현지 아울렛에서 쇼핑하며, 현지 음식을 먹는 것은 한 국가를 즐기는 훌륭한 방법 중 하나이다.
- 휴가 중에 다른 사람의 문 앞에 있다는 것을 기억하라. 방문지의 사람들, 문화, 그리고 주변의 자연을 존중하라.
- 쓰레기를 남겨 놓지 마라. 그것은 볼품없을 뿐만 아니라 환경에 피해를 주고, 야생동물에게 심각한 결과를 초래할 수도 있다.

(Waugh and Bushell 2002: 243)

공정 무역 제품으로 농부는 그들의 1차 제품에 대해 늘어난 수익을 얻게 되므로 겉으로 보기에 공정 무역은 학생들에게 긍정적인 해결책으로 제시된다. *Geography: The Global Dimensions*의 저자에 따르면, 이러한 접근 방식의 이점은 "학생들에게 농산물의 생산자와 공감하도록 장려한다."는 점이다(Lambert et al. 2004: 25). 그러나 이러한 활동에는 농부가 생존을 위해 1차 상품의 시장가치에 전적으로 의존하는 이유와 이러한 상황을 경제개발을 통해 바꿀 수 있는 방법에 대해서는 어떠한 평가도 없다. 농부의 호주머니에 동전이 몇 개 더 늘어난다고 해서 그들의 물질적·사회적 복리가 바뀌지는 않을 것이다. 다시 말해, 이 접근 방식은 개발도상국의 농부 및 기타 노동자들의 생활 수준을 선진국의 수준까지 끌어올리기 위한 실질적 개발에 대한 필요성을 논의하지 않는다.

보다 광범위한 사회–경제적 관계에서 생산/소비 과정을 제거하면 학생들은 더 큰 그림을 볼 수 없고, 전체적으로 사회의 물질적 복리를 끌어올릴 수 있는 생산의 잠재력을 이해할 수 없게 된다. 윤리적 소비가 물건을 구매할 때 사람들의 기분을 더 좋게 만들지는 몰라도, 쇼핑으로 세계를 바꿀 수 있다는 그릇된 인상을 심어 줄 수도 있다.

재해에 대한 대응

인간 활동의 공간적 분포와 자연환경과의 상호작용을 이해하려는 과목으로서 지리는 인재 및 자연재해와 필연적으로 관련되어 있다. 즉 자연재해는 도전적인 자연적 또는 정치적 사건과 인간의 대응 사이의 상호작용을 학습할 기회를 제공한다. 개발도상국에서의 재난과 기타 문제들은 개발에 초점을 맞춘 주제로서 식민지 이후 지리 교과서에서 중요한 특징이 되었다. 21세기에는 에이즈, 말라리아, 에볼라 같은 보건 이슈, 수단에서와 같은 종족 갈등, 지진, 허리케인, 들불 및 산사태 같은 기타 자연재해 등 지구 전역에서 다양한 종류의 재해나 위기가 중요한 글로벌 이슈로 제기됨에 따라 학생들은 이에 관심을 갖고 대응할 필요가 있다. 여기에서 토의하는 두 가지 사례는 2004년 아시아에서 발생했던 쓰나미와 영양실조이다.

2004년 12월 26일, 인도네시아 수마트라 섬 인근에서 발생한 지진과 이에 따른 쓰나미는 선진국으로 하여금 자연재해에 대한 특별한 대응을 발생시켰다. 이러한 대응에는 단일 재해에 대한 대규모 재정 원조(BBC에 따르면 60억 달러 이상)뿐만 아니라 광범위한 대중의 공감적 반응을 포함하며, 이는 학교로도 확대되었다. 이후 재해에 관해 학생들을 수업할 수업 자료와 교수학습과정안이 넘쳐났다. 곤궁에 빠진 사람들을 향한 공감의 표현은 칭찬받을 만하며, 학교에서 인도네시아의 쓰나미 같은 대규모 재해를 학생들에게 이해시키는 것도 중요하지만, 일부 지리학자들이 이러한 사건에 접근하는 방식은 현재 글로벌 이슈와 관해 논쟁의 여지가 있는 교육 관점의 일부 사례를 그대로 보여 준다. 인터넷 웹사이트에 요약된 쓰나미에 관한 지리 수업의 일부를 검토해 보면 이 점을 알 수 있다. 일부 수업에서는 쓰나미를 일으켰던 지각 운동 과정, 파도의 분포, 이것들이 주변 지역에 미치는 영향, 심지어 구조 활동이나 삶을 재건하려는 사람들의 노력에 대해 가르치고자 한다. 반면에 그 외 수업에서는 학생들의 자발적인 반응이 아닌 경우에도 학생들을 개인적으로 재해와 연결하도록 장려하면서 학생들의 반응에 초점을 맞추었다. 베이커(Richard Baker)는 쓰나미 교육을 위한 *Teaching Geography*의 특별판에서 다음과 같이 설명한다.

> 지리 교사들은 지각 운동 과정, 조기 경보 체계의 결함, 그리고 저지대 해안 지역의 취약성과 관련하여 쓰나미의 원인 및 영향을 학생들이 이해할 수 있도록 도움을 주는 특별한 위치에 있다는 것을 스스로 알았다. 그러나 여러 가지 이유로 이것은 충분히 실현되지 못했다. 학생들과 교사들은 만난 적이 없거나 알지도 못하는 사람들에게 국경을 초월하여 그들의 관심, 공감 및 연대감을 표출하고자 한다는 것을 깨달았다. (Baker 2003: 66)

다시 말해, 다른 사람들에게 연대감과 공감을 표하는 것은 이러한 감정이 자발적이고 진실할 경우 칭찬받을 만한 대응이다. 문제는 학생들의 감성적 대응이 교육적 가치가 되어 학생들이 대응을 지어내도록 수업이 구성될 때 발생한다. 예를 들어, 베이커는 재해와 관련해 몇몇 교육 활동(옥스팜의 *Dealing with Disasters*로부터 조정)을 제안했는데, 그는 이러한 교육 활동이 학생들에게 글로벌 시민으로서 그들의 역할을 숙지하는 데 도움이 될 것이라고 주장하였다. 그중 '우리는 재해에 대해 무엇을 생각하는가?'라는 활동은 "학생들에게 재해와 그 원인에 대한 자신들의 태도를 고려하도록 촉구하는 것"에 초점을 맞추고 있다(*ibid.*: 67). 수업 과정에서 학생들은 재해에 대한 여러 가지의 진술문를 받아 생각해 보고 그들이 찬성하는 진술문과 반대하는 진술문을 각각 하나씩 선택한다. 진술문에 포함된 내용은 다음과 같다.

- 재난의 영향을 받는 지역에 사는 사람들은 자선단체에게 너무 많은 것을 기대한다. 이들은 스스로를 돌보기 위해 더 많은 것을 해야 한다.
- 영국은 부자 국가이다. 우리는 다른 국가들을 도와 그들이 필요로 하는 것들을 갖도록 해야 한다.
- '자연재해'는 없다. 자연 상태를 재난으로 돌리는 것은 항상 인간에게 원인이 있다.
- 우리는 지진과 쓰나미 같은 자연재해에 보인 관심만큼 빈곤으로 인해 매일 겪고 있는 생활 재해에도 많은 관심을 기울여야 한다. (*ibid.*)

이후 수업 활동에서 학생들에게 자신들의 선택과 선택의 이유를 다른 그룹이나 전체 학생들과 공유하도록 제안한다. 수업은 "재난에 대한 우리의 태도와 의견은 어디에서 나오는가?", "우리는 다른 출처의 정보를 어떻게 얻을 수 있을까?"와 같은 교사 주도의 몇 개의 질문들로 마무리된다(*ibid.*: 67). 베이커에 의한 후속 수업에서는 "우리는 어떻게 대응할 수 있을까?"에 집중한다. 여기에서 학생들은 영향을 받은 지역에서 활동하는 비정부기구에 자금을 기부하는 것, 부자 국가들에게 빈곤 국가와의 거래를 더욱 공정하게 하도록 만드는 것, 영국의 전문가들을 재해 국가에 보내 문제를 어떻게 해결하는지를 피해 국민에게 보여 주는 것 등의 재난과 관련하여 제안된 일련의 대응을 고려한다. 다시 학생들은 그들이 생각하기에 어떤 것이 더욱 효과적인가를 고려하고, 그들의 아이디어를 공유하도록 요구받는다.

Teaching Geography 특별판에 실린 스위프트(Diane Swift)의 논문에서는 학생들의 생활과 쓰나미를 연계하도록 고안된 수업 활동을 제시한다. 스위프트의 주장대로, 여기서는 '윤리 교육 접근 방식'을 요구한다. "일부 학생들이 그들의 생활과 재해 지역을 연결하는 데 어려워한다는 것을 알기" 때문이다(Swift 2005: 78, 80). 스위프트는 교사들에게 BBC 웹사이트(http://news.bbc.co.uk/2/shared/spl/picture_gallery/04/south_asia_sri_lankan_tsunami_survivor/html/1.stm.)의 '스리랑카 생존자의 사진 보도' 같은 자료를 사용하여 개인적 입장에서 가정 및 정체성의 개념을 토의하도록 제안한다. 그다음 학생들에게 다음과 같은 과제를 제안한다.

- 학생들은 보도 사진의 이미지와 설명을 이미지의 위치를 보여 주는 지도와 함께 사용하여 인간 감성과 관심에 대한 파워포인트 프레젠테이션을 작성한다.
- 학생들은 자신의 생활과 피해 지역 주민들 사이에 연결을 정리하기 위해 잡지에서 하나의 이미지를 선택하여 '무엇이 이것을 나와 관련 있게 만드는가?' 프레임을 사용한다(그림 7.3).
- 학생들에게 던져진 두 번째 과제는 쓰나미 사태 이후 여행자들이 직면한 딜레마, 즉 '우리는 태국에 휴가를 가야 하는가, 아니면 가서는 안 되는가?'를 고려하는 것이다. (Swift 2005: 80)

분명히 말해서, 교육의 초점은 희생자나 그 주변 지역보다는 학생들과 재해와의 관련성에 맞춰져 있다. 학생들은 재난에 대해 어떻게 느끼고 개인적으로 어떻게 대처할 수 있는가에 대해 충분히 생각할 수 있지만, 쓰나미가 공간 및 사람들에게 미친 영향에 관해 학생들이 무엇을 배우는지에 대한 의문이 제기된다.

보다 상세한 사례는 내셔널 지오그래픽의 온라인 교수학습과정안에서 볼 수 있다. 중학교 학생들(11~14세)을 위해 고안된 '전 세계 기아 문제 처리'라는 주제하의 교수학습과정안은 국가 표준 18, 즉 현재를 해석하고 미래를 준비하기 위해 지리를 어떻게 적용할 것인가를 실현한다. 학습의 목적은 전 세계 기아 문제를 처리하고 "이 문제를 취급하기 위한 몇 가지 아이디어를 제

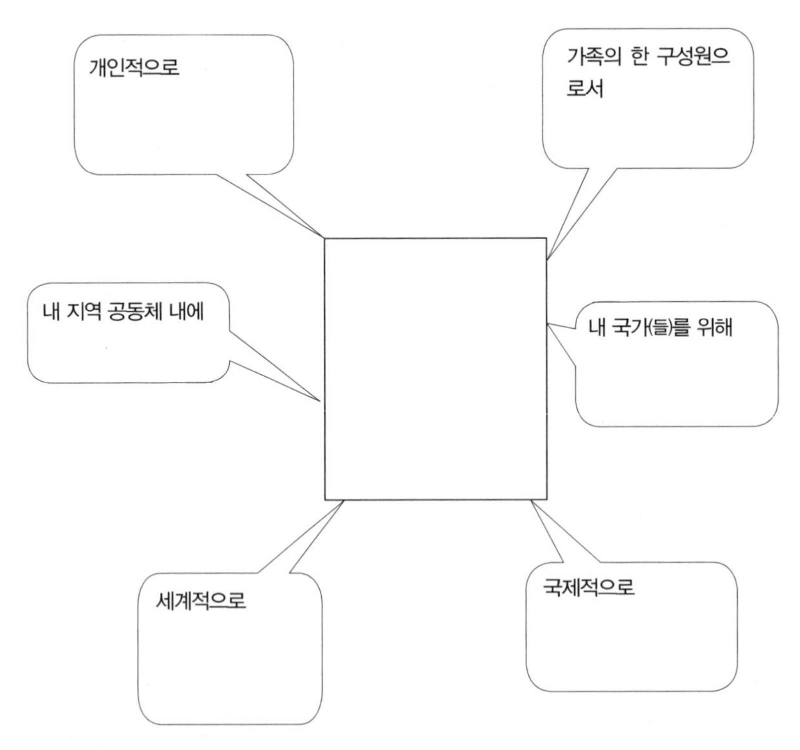

그림 7.3 스위프트의 '무엇이 이것을 나와 관련 있게 만드는가?' 활동지. '재난과 복구를 통한 생활 연결', *Teaching Geography*, 30(2), 2005: 78-82 (Geographical Association의 허가, Sheffield)

공하여 자기 고유의 아이디어를 형성하도록 장려"하는 프로그램을 학생들에게 소개하는 것이다(Xpeditions Web site, National Geographic Society 2007). 교수학습과정안은 교사들에게 전 세계 기아 문제(학생들이 명료하게 배워야 하는 것이다)가 복잡한 이슈이며, 학습이 학생들에게 이 문제에 관해 충분한 이해를 제공하려고 시도하지 않는다는 것에 대해 경고한다.

학습은 학생들에게 그들이 생각하기에 사람들이 왜 배고픔에 시달리는지, 왜 기아 문제가 현대 전 세계 많은 부분에서 여전히 문제시되고 있는지에 대한 이유를 설명하도록 요구하면서 시작된다. 이 학습은 Future Harvest, Heifer International, 옥스팜, UN 세계식량계획 같은 비정부기구들의 업무에 대해 조사하고, 이 내용을 입력하기 위해 인터넷을 사용하면서 진행한다. 다음에 학생들에게 기아 구제 단체와 관련된 논문과 웹사이트를 읽어 보도록 주문한다. '내셔널 지오그래픽 뉴스: 농업, 생물 다양성 보호는 보존과 공존해야 한다는 연구'의 논문들 중 한 편을 통해 학생들이 농경을 위한 개간에 따른 생물 다양성 위협에 관해 알도록 한다. 이 논문의 별채 부문에서는 토지에서 일하면서 동시에 생물 다양성을 보호하도록 농부들을 위한 'Conservation International'의 계획안을 토의한다.

옥스팜에서 선보인 교육 자료 중 하나는 세네갈의 마이크로 크레딧 교수학습과정안으로 앞서 개발 이슈에서 이미 다루었다. 일단 교수학습과정안을 소개하면, 논문에서 제안한 계획의 이점과 문제점을 토론하도록 학생들에게 제시된다. 예를 들어, 왜 가축을 제공하는 것이 자금을 제공하는 것보다 더 좋은 해결책이라고 보는가 등이다. 마지막으로, 학생들은 다음과 같은 과제를 받게 된다.

"세상에 많은 사람들이 굶고 있어서 심히 유감이지만 무엇을 할 수 있을까?

내가 할 수 있는 것은 없어 보인다."라고 친구나 친척이 말했다고 학생들에게 상상하도록 요구한다. 굶주린 사람에게 할 수 있는 질문들을 작성하도록 학생들에게 요구한다. 그들의 진술문에서 세계의 기아를 완화시키는 데 도움이 될 수 있는 활동들 몇 가지를 설명하게 한다.

(Xpeditions Web site, National Geographic Society 2007)

이 내셔널 지오그래픽 수업은 긍정적면과 부정적인 면이 있다. 사람들이 영양실조에 빠져 있는 지역과 그들을 돕기 위해 무엇이 행해지고 있는지를 숙지하는 것은 학생들에게 확실히 중요하다. 그러나 이 수업에서는 개발도상국의 생활 틀을 바꾸는 것보다 지속시키는 것, 그리고 비정부기구의 업무에 초점을 맞추고 있다. 가축을 제공하는 것은 지금 당장 농부에게 도움을 줄 수도 있고 아닐 수도 있지만, 그렇다고 그것이 그들 사회의 생산력을 증가시키지는 않을 것이다.

지리 교육과정에서 재해를 학생들과 '관련한' 글로벌 이슈로 끌어올리는 방법에는 두 가지 주요 문제점이 있다. 첫째, 학습의 초점이 지리가 어떻게 현지의 자연적·인문적 관점을 통해서 재해를 이해시키는 데 도움을 주는가에 맞춰져 있지 않고 학생, 재해에 대한 그들의 생각, 감정, 잠재적 조치에 맞춰져 있다. 둘째, 학생들이 관심을 가질 수도, 아닐 수도 있는 문제에 관한 학생들의 개인적·감정적 느낌을 공개하도록 하는 것은 그들의 프라이버시를 침해한다는 논란을 불러일으킬 수도 있다. 아시아의 쓰나미나 외국의 굶주린 사람들에 대해 감성적 대응을 느끼지 못한다고 말하는 학생에게 무슨 일이 일어날까? 실제로 청소년들의 감정과 행위는 그러한 문제에 대해 교육을 받지 못한 교사들에 의해 관리되고 있으며, 확실히 그러한 지리 수업은 교육과 도덕적 지침을 넘나들고 있다.

학생들은 글로벌 이슈를 통해서 무엇을 배우는가?

글로벌 이슈에 관한 교육은 학생들에게 오늘날 세계 도처에서 일어나는 중요하면서도 관심을 끄는 사건 및 문제점에 대해 가르친다. 그러나 이는 교육적·정치적 접근 방식 측면에서 문제점을 갖고 있다. 교육적 측면에서 글로벌 이슈는 지리학을 자기분석 수업으로 바꿔 놓았다. 앞의 사례에서 보듯이, 흔히 글로벌 이슈는 그것들이 제기되고 있는 지리적·정치적 맥락으로부터 벗어나 있다. 사람들이 직면한 문제들은 자연 및 인문 환경에서 이해되기보다는 서방 선진국에 있는 사람들과 관련된 문제로 재해석되고 있다. 그들이 처한 상황과 도전 과제로 개인의 생활을 이해하려고 노력하기보다는 글로벌 이슈를 서구적 관점에서 바라보았다. 교실에서 학생들은 정치적 권리 대신에 환경 보존, 문화 포용, 사회정의, 공감, 인권 등 서구 윤리에 따라 글로벌 이슈와 자신을 연관짓고, 개인적 가치 및 행위를 평가하도록 권장되었다. 그러나 이것은 지리가 아니라는 점을 인식하는 것이 중요하다. 글로벌 이슈 교육이 제공하는 유일한 통찰력은 현대 서구 사회의 염세적 속성과 가치가 전 세계로 어떻게 수출되고 있는가에 있다. 글로벌 이슈 교육에서는 이슈가 발생한 지역이나 국가가 직면하고 있는 일상적 문제나 과제에 대해 학생들에게 거의 가르치지 않는다. 이슈가 주민들의 빈곤이나 보건 문제와 같은 일상생활과 맞닥뜨리는 때조차도, 사람들이 더 나은 삶을 위해 자신의 생활을 어떻게 변형할 수 있을지보다는 서구식 원조 및 개입 측면에서 접근한다.

글로벌 이슈는 지리적 환경으로부터 분리되었을 뿐만 아니라 글로벌 이슈를 습득하기 위한 접근 방식 역시 개인적 윤리, 감정적 대응 및 조치를 지식과 이해보다 우선시하고 있다. 앞서 언급한 많은 지리 교육과정이나 교과서에서 명시한 대로 글로벌 이슈를 탐구하기 위한 주된 목적은 학생들로 하여금 자신의 가치, 태도 및 행동을 검토하도록 하는 것이다. 이것은 그 자체로

방법론적 문제이다. 여기에서 교육의 초점은 문제 그 자체의 원인 및 관리를 이해하기 위한 이슈의 탐구에 있지 않고, 수업 중에 학생들이 이슈에 대해 어떻게 생각하느냐에 있다. 예를 들어, 이러한 현상은 세계 기아와 빈곤 문제의 원인 제거에 대한 내셔널 지오그래픽 교수학습과정안에서도 분명히 볼 수 있다. 대신에, 이 수업에서는 학생들에게 이슈와 '연결짓기'와 '차별화' 방법 찾기를 권장한다.

이전 장에서 언급했듯이, 글로벌 이슈에 대한 교육적 접근 방식은 지적 이해보다는 공감과 참여를 강조한다. 정서 학습(emotional learning)은 감성 지능이라는 개념을 통해 학교에서 신뢰를 쌓아 왔는데, 이것은 하워드 가드너(Howard Gardner)의 『마음의 틀(Frames of Mind)』(1983)과 『다중지능: 인간 지능의 새로운 이해(Intelligence Reframed)』(2000), 대니얼 골드먼(Daniel Goldman)의 『감정지능(Emotional Intelligence: Why it can matter more than IQ)』(1995)에 의해 널리 알려졌다. 가드너는 신체 감각, 대인 관계 등 8가지 상이한 지능을 인용했다. 이러한 아이디어를 채택한 학교에서는 감성 및 대인 관계 기술의 숙달을 지리와 함께 또는 지리 내에서 가르쳤다. 이것은 두 가지 이유 때문에 문제가 있다. 첫째, 교실은 상담소가 아니다. 감성적 대응이 교육과정의 일부가 될 경우, 이것은 학생들이 자신의 느낌으로 평가를 받는다는 것을 의미하는가? 자신의 감성을 표현하지 않기로 한 학생들은 처벌을 받는 것인가? 이것은 자신의 감성을 조절하는 학생들을 가르치는 것을 훈련받지 않은 교사들이 학생들의 개인적 양심을 침해한 것과 동일하다는 주장을 야기시킬 수 있다. 둘째, 이것은 지성으로 자신의 감성을 통제하는 것과 동일시함으로써 생기는 오류이다. 감성은 우리가 성장하면서 일상의 경험을 통해서 학습하는 기술로, 정도의 차이는 있을지라도 모든 성인들이 어느 정도 성취하는 것이다. 이것은 지성적으로 추구하는 것이 아니다. 반대로, 지리와 같은 교과 학습을 위해서는 지리적 기술과 일반적 지리 지식뿐만 아니라 추상적 생각, 그리고 여러 수준에서의 이해력이 필요하다. 어느 정도의 지리학 지식 및 기술은 일상적 여행을 통해서 확보할 수 있지만 더 높은 수준의 이해력은 방법론적 학습 없이는 습득되지 않는다. 글로벌 이슈에 초점을 맞추고 있는 지리 수업은 의례 감성적으로 교양을 갖춘 학생들을 양산해 내겠지만 그들은 지리를 어려워할 것이다.

글로벌 교육 옹호자들의 주장에도 불구하고 글로벌 이슈가 주어진 이슈가 제기하는 윤리적 가능성에 대한 심도 있는 조사로 이어지지 못한다는 것은 앞선 사례들을 통해서도 분명해진다. 지리가 윤리를 탐구하는 입장에 있지 않다는 주장이 일어날 수 있으며, 동시에 지리는 종종 개발 대 보존, 문제에 대한 다양한 문화적 접근 방식, 개입 대 자주, 토지 사용 갈등 등과 같은 근본적인 딜레마를 표출한다. 이처럼 윤리적 질문을 추구한다는 측면에서 지리는 인간 환경을 이해하기 위한 탐구를 통해 인류에 기여할 수 있다. 그러나 앞서 설명했듯이 글로벌 이슈의 목적은 학생들에게 지배적인 도덕적 견해를 질문하도록 요구하는 것이 아니라, 글로벌 이슈가 발생한 지리적 환경에서 사람들을 이해하고 우리를 인간답게 만드는 것에 대한 통찰력을 습득하도록 하는 것이다. 대신에 글로벌 이슈는 환경 책임성, 문화 포용성, 감정이입 및 사회정의라는 현대 서구 윤리에 입각한 매우 엄격한 도덕적 사고방식을 강화한다.

글로벌 이슈를 해결하기 위한 심리적 접근 방식의 두 번째 결과는 근본적인 도덕적 임무이다. 글로벌 이슈의 옹호자들은 어린 학생들에게 자신의 가치 체계를 검토하도록 함으로써 그들을 자유롭게 하며, 특정 가치 관점을 갖도록 강요하지 않는다고 생각하고 싶어 하겠지만, 글로벌 이슈에 대한 수업 설계 뒤에는 분명하게 강력한 도덕적 의무감이 도사리고 있다. 인도네시아의 쓰나미에 대한 수업에서 학생들은 반응해야 하며, 생존자들과 연대해야 한다는 가정이 기저에 깔려 있다. 일부 학생들은 여기에 자발적으로 반응한다. 그러나 연대감을 느끼지 않고 그저 지리학을 숙지하려고 하는 학생들은 어떻게 해야 하는가? 지리학 교육 문서에서 비판적 사고의 모든 표현을 보자면, 사실은 정반대이다. 즉 이와 같은 수업에서 교육 기회를 도덕성 수업으로 바꿔 놓음으로써 학생들의 감성 및 행동 반응은 교사들에 의해 방향이 정해지고 있다. 이것은 개인들이 그들 자신의 도덕성을 자유롭게 결정하는 자유 교육 사상에 위배된다.

글로벌 이슈는 교육을 통해서 해결될 수 있는 것인가?

냉전 시대 이후 글로벌 이슈가 국제적인 공공 담론이 됨에 따라, 이 용어를 탐구하고 글로벌 해결책을 추구하기 위해 무엇이 이루어지고 있는지를 자세히 살펴보는 것은 가치 있는 일이다. 이 절에서 논의하겠지만 글로벌 이슈는 진정 세계를 바꾸는 것에 관한 것인가, 아니면 개인을 바꾸는 것과 더 관련되어 있는가?

최근의 글로벌 시대 이전에는 국민국가들이 이슈를 다룰 수 있는 주요 동체로 간주되었다. 국민국가들은 시민의 의지를 표현할 수 있는 형태였기 때문이다. 이러한 집단 의지는 국민국가에게 정치적 힘을 제공했고, 국가 조직과 결합된 정부는 국내의 변화에 영향을 미치면서 국제적으로 영향력을 행사할 수 있었다. 그러나 이슈를 국가보다는 글로벌 차원에서 바라볼 때 변화에 영향을 미치는 각 국가의 힘은 축소된다. 지구 온난화 같은 일부 문제는 속성상 실제로 글로벌한 반면에(즉, 국제적으로 협조적 대응이 필요하다), 종족 갈등, 보건 이슈, 빈곤, 무역, 오염, 인구, 개발 및 대부분의 재난 같은 그 외 문제들은 국가 정책을 통해서 다루어질 수 있다. 그런 것들을 '글로벌 이슈'라

부르게 되면 두 가지 결과가 초래된다. 즉 그것들을 해결되거나 해결되지 않을 수도 있는 보다 큰 규모의 이슈로 만든다는 점과 따라서 문제를 다루는 데 대한 정치적 책임성을 약화시킨다는 점이다. 한편 이슈는 정치적 책임성에서 분리되어 왔다(Chandler 2004 참조). 때때로 이것은 서구 국가들이 다른 국가를 개입할 수 있는 가능성을 열어 주었다. 그러나 이러한 개입이 정치적 책임과 관련이 없기 때문에 서구 국가들은 그들의 조치에 대한 책임을 피할 수 있다.

제3장에서 언급했듯이, 오늘날 글로벌 이슈를 다루는 데 있어서 국민국가의 역할은 제한된 것으로 인식되고 있으며, 이것은 일반적인 제한과는 다른 의미이다. 예를 들어, 국제 경제의 상호의존성은 국가 정부의 개입 범위와 영향을 당연히 줄이겠지만 그렇다고 그것이 국가 정부를 무력하게 만드는 것은 아니다. 글로벌화는 그 자체로 실질적인 변화만큼이나 세계를 보는 방법에 있어서 많은 변화를 수반한다(Chandler 2004 참조). 무역 같은 일을 글로벌 환경에서 바라보고 일자리가 아웃소싱으로 사라질 때, 정부는 '글로벌화의 힘' 앞에서 무력하다고 주장할 수 있다. 마찬가지로, 수많은 선진국들이 밀레니엄개발목표(Millennium Development Goals)를 충족하기 위해서 또는 빈곤퇴치운동(Make Poverty History)에 서명하면서 빈곤은 세계적 문제가 되어 왔다. 그러나 이러한 운동이 현실적 개발보다는 지속가능한 개발을 옹호하기 때문에 이는 개발도상국의 생산력을 끌어올리려는 실질적인 시도보다는 선진국의 이익을 챙기는 결과를 낳았고, 빈곤은 여전히 대규모로 남아 있다. '빈곤 퇴치' 운동들은 계속 진행되고 있고, 여기에 등록한 사람들의 수가 늘어가고 있지만 문제는 빈곤이 전혀 사라지지 않고 있다는 점이다. 목표가 충족되지 않아 결실이 없다. 정치적 책임 없이 조치를 취하기 때문이다.

지구 온난화를 늦추기 위한 국제적 시도 역시 비난받을 수 있다. 지구의 온도를 낮출 수 있는 실질적 시도보다는 성인군자처럼 행세하는 기업들이 더 많기 때문이다. 옹호자들이 진정으로 지구 온난화를 늦추려고 한다면, 사람들에게 그들의 생활양식을 바꿔야 한다고 말하기보다는 옹호자들의 응집된 힘을 과학적이면서 기술적인 연구에 투입해야 한다. 글로벌 이슈와 관련 문제는 우리가 고칠 수 있는 것이라기보다는 인간적인 것으로 정의되고 있다. 따라서 해결책은 우리를 둘러싼 세계를 바꾸기보다는 우리가 우리 자신을 바꿔야 한다는 것이다.

이러한 이유는 상호의존성이라는 주제가 현재 지리 교육과정에서 매우 인기를 끌어왔기 때문이다. 이 주제는 인간을 세계 문제를 일으키는 근원으로 보거나 적어도 해결책이 우리 자신을 고치는 것이라는 현대 염세적 사고방식에 맞춰져 있다. 여기서 사회 및 정치적 문제들은 개인의 정신 수준으로 변화되어 왔다. 글로벌 불평등은 우리가 생필품에 '공정한' 가격을 지불하고, 빈곤을 종식시키기 위한 운동을 지원할 경우 완화될 수 있다. 글로벌 환경오염은 우리가 지역의 환경친화적인 제품을 구입하고, 여행을 더 적게 하고, 더 적게 소비하고, 지속가능한 개발만을 착수할 경우 줄어들 수 있다. 또한 문화적 마찰은 우리 모두가 다른 문화와 전통을 존중하는 것을 배우고, 문화적으로 민감한 '기술'을 개발할 경우 완화될 것이다. 재해 영향력은 우리 모두가 더 많이 기부하여 구제 단체를 지원할 경우 줄어들 수 있다.

현재 글로벌 이슈에는 그 문제를 일으킨 정치적·경제적·사회적·환경적 맥락에 대한 무시가 내재되어 있다. 글로벌 이슈는 너무 복잡하거나 너무 규모가 커서 기술적·정치적·경제적 수단으로 해결할 수 없는 것으로 간주된다. 제안된 유일한 해결책은 우리 스스로를 바꾸는 것이다. 예를 들어, 교육과정에서 매우 단순화된 생산/소비 시나리오가 사회 과정을 개인적 양심 문제로 그린다. 정직하지 못하게도 이것은 어린 학생들에게 그들의 쇼핑 습관을 바꾸면 더 나은 세계를 만들 수 있다는 인상을 남기게 된다. 하지만 세계는 이보다 훨씬 복잡하다. 개인의 변화를 합친 것이 사회적 변화와 같지 않다(Habermas 1996). 유의미한 사회적 변화에 영향을 미치려면 생산적인 자원의 방향을 해당 문제로 바꾸기 위한 응집된 사회적 힘이 필요하다. 예를 들어, 선진국들의 자연환경은 여러 세대를 거치면서 기존보다 더 깨끗해졌다. 사람들이 산업 생산 및 폐기물을 더 깨끗하게 처리하도록 결정했기 때문이다.

사회적·정치적 이슈를 개인적 태도 문제로 재해석함으로써 일어나는 하나의 결과는 사회적 변화의 속성 및 메커니즘에 대해 어린 학생들을 혼란스럽게 만드는 것이다. 학생들에게 개인적 변화의 결과가 사회적 변화로 이어질 수 있다고 가르치는 것은 세계가 어떻게 작동하고 있으며, 원인과 결과 사이의 연결을 끊어 버리는 것에 관한 속임수이다. 세계적 기아, 지구 온난화, 저개발, 문화 충돌, 상승하는 인구 수준 또는 보건 이슈는 결코 사라지지 않을 것이다. 개인들이 그러한 문제들에 대해 각기 다르게 생각하면서 그들의 행동을 수정하기 때문이다. 유의미한 변화가 실현될 수 있다면 다루어야 할 글로벌 이슈에는 사회적·경제적·정치적·환경적 원인이 있다. 이것들은 여러 연구를 통해서 도덕적 교육 운동이 변화의 영향에 얼마나 비효과적인지를 보여 준다(Trenholm et al. 2007). 글로벌 이슈를 학습함에 따라 일어날 수 있는 결과는 어린 학생들이 세계를 더 낫게 바꿀 수 있다는 인간의 잠재력을 놓고 이전에 비해 더욱 환멸을 느끼게 된다는 점이다.

교육과정에서 글로벌 이슈로 인한 더 큰 우려는 성인 세계에서 나온 정치적 문제가 아동들의 어깨에 쌓이고 있다는 점이다. 앞서 언급했듯이, 세계화를 통해 정치 지도자들은 문제들을 국가의 범주를 넘어 글로벌 이슈로 격상시킴으로써 그들이 직면하고 있는 문제에 대한 정치적 책임을 종종 회피해 왔다. 성인 세계는 자체의 견제와 균형을 갖추고 있는 공식적 정치 시스템을 외면하고 있기 때문에 '책임성'이 아동을 비롯한 모두의 발밑에 놓인다. 하지만 아동은 아동일 뿐 성인이 아니므로 아직 사회적·감성적·지적으로 성숙하지 못하기 때문에 당연히 정치적 책임을 가지고 있지 않다. 사회적 내지는 정치적 체계의 힘을 이해하지 못한 채 완전히 파악하지도 못하는 이슈에 대해 그 책임의 부담을 아동들의 어깨에 지우는 것은 불공정하지 않은가?

마무리 제언

이 장의 목적은 미국 및 잉글랜드/웨일스의 지리 교육과정에 등장한 글로벌 이슈의 특징을 조사하는 것이었다. 본 조사를 위해 여러 가지 글로벌 이슈를 표본으로 선택했다. 이 장의 결론은 글로벌 이슈가 학생들에게 다중적 관점을 받아들이지 못하게 한다는 것이다. 실제로 글로벌 이슈는 그 반대의 역할을 한다. 즉 글로벌 이슈는 서구 국가의 관점을 학생과 그 외의 세계 지역에 강요한다. 지리 교육과정은 이슈를 자신들의 정치 및 지리적 맥락에서 제거하여 글로벌 이슈로 돌려놓으면서 퇴화한 현대 서구의 정치적 문화 프리즘을 통해 이슈를 재해석하고 있다. 여기에서 이슈는 환경 가치, 사회정의, 문화 포용, 다른 문화 존중, 공감 등 정치적 관점보다 상위의 가치로 간주된다. 이러한 가치로 인해 사람들은 이슈를 정치적 관점에서 보지 못하는 대신, 환경적·문화적 제약 측면에서 정치적 관점으로 이슈를 풀려는 사람들의 잠재성을 부정적으로 그린다. 대신에 사람들은 글로벌 이슈가 개인의 변화를 통해 가장 잘 다루어진다고 생각한다. 따라서 지리 교육과정의 목표는 학생들에게 글로벌 윤리와 관련된 자신들의 가치를 검토하도록 촉구하여 가치 체계를 내면화하는 것이다. 이것은 국가가 학생들의 가치의 방향을 정하고 학생들의 자유 교육을 부정하고 있다는 점에서 권위적이고 인간성을 부정하는 추세라고 볼 수 있다.

더 읽을거리

학생들은 글로벌 이슈 및 가치와 대비되는 특성을 알아보기 위해 현재 이슈에 상반되는 의견을 읽어야 한다.

Baker, R. (2005) 'Global Catastrophe, Global Response', *Teaching Geography*, 30 (2): 66-9.

Butcher, J. (2003) *The Moralisation of Tourism: Sun, Sand and . . . Saving the World*, London: Routledge.

Chandler, D. (2004) *Constructing Global Civil Society: Morality and Power in International Relations*, Basingstoke: Palgrave Macmillan.

Lomborg, B. (2001) *The Skeptical Environmentalist: Measuring the Real State of the World*, Cambridge: Cambridge University Press.

National Geographic (2007) Geography Standards in Your Classroom: Lesson Plans. http://www.nationalgeographic.com/xpeditions/lessons/18/g68/tghunger.html (visited 18 July 2007).

Simon, J. (1981) *The Ultimate Resource*, Princeton, NJ: Princeton University Press.

Swift, D. (2005) 'Linking Lives through Disaster and Recovery', *Teaching Geography*, 30 (2): 78-81.

Taylor, I. (2007) 'Unpacking China's Resource Diplomacy in Africa', in H. Melber (ed.) *China in Africa*, Current African Issues, 33: Uppsala, Nordiska Africainstitute.

Vaux, T. (2001) *The Selfish Altruist*. London: Earthscan.

제8장

교육과정 안에서 글로벌 옹호 활동과 코즈모폴리턴 시민

GLOBAL PERSPECTIVES
IN THE GEOGRAPHY CURRICULUM

핵심 질문

- **아동들은 지적·정서적으로 성숙하기 전에 정치적 책임감을 가진 시민으로 행동할 수 있을까?**
- **글로벌 시민은 권력의 핵심과의 관계 및 정치적 구조 없이 어떻게 사회적·정치적 변화에 영향을 미칠 수 있을까?**
- **교육과 정치의 연결 관계 약화가 아동에게 가져온 지적·정서적 결과는 무엇인가?**

글로벌 관점의 도입이 어떻게 지리 교육과정을 변화시켰는지를 이해하기 위해서, 이미 제1장에서 학문의 발전의 원리로 소개된 국가주의적 관점으로부터의 전환의 정치적 배경에 대해 살펴볼 필요가 있다. 글로벌 이슈 이면의 정치적 구조에 관한 분석은 이러한 접근을 포함한 대부분의 지리 교과서들에서는 거의 찾아볼 수 없다. 다시 말해, 미국과 영국의 모든 교실에서 글로벌 관점과 글로벌 시민 교육이 지리를 가르치는 것에 영향을 준다고 할 수는 없다. 미국과 영국의 수많은 훌륭한 지리 교사들은 문화와 글로벌 이슈를 지리적 맥락에서 접근하려는 시도를 계속하고 있다. 다른 한편으로 글로벌 관점은 수많은 교사나 교과서 출판사뿐만 아니라 미국지리학협회(National Geographic Society)나 지리교육학회(Geographic Association)와 같은 주요 기관에서 채택한 주제에 대한 주요 접근 방법이 되고 있다. 그렇다면 이 교육 모델과 배아기적 시민 개념에 대한 검토가 필요하다.

이 장에서는 스케일의 변화와 함께, 국가적 관심사에서 글로벌 관심사로 이동하는 것 자체보다는 좀 더 근본적인 전환이 어떻게 이루어지고 있는가를 보여 줄 것이다. 교육적인 관점에서 근대의 글로벌 시민성의 초점은 과목에 관한 지식을 습득하는 것에서 학생 스스로 가치와 태도를 알게 하는 사회적 이슈에 대해 배우는 것으로 변하고 있다.

사실 글로벌 시민 교육의 증진은 코즈모폴리턴적(Cosmopolitan)·정치적 주체의 개념에 전제를 두고 있으며, 그동안 자유민주주의에서 교육의 목적과 성격에 관해 전통적으로 취했던 가정들에 도전한다. 많은 면에서 이것은 개인에 관한 다양한 개념에 기초한 새 교육 모델로의 대체에 관한 것이다. 민주주의 모델은 정치적으로 자주적인 개인의 발전을 전제로 하고 있는 반면, 코즈모폴리턴 시민은 지속가능성과 같이 '복잡하고' 도덕적인 이슈를 조율할 수 있는 '길잡이(guidance)'를 필요로 한다(Wood 2005).

이슈 해결을 위한 글로벌 접근 이면의 가정에 대한 심도 있는 비판 역시 중요하다. 모든 글로벌 시민이 문제를 성립하고 해결하고 나아가 다른 사람에게 영향을 미치는 데 동등한 역할을 수행하고 있는가? 혹은 다른 이들보다 영향력 있는 자들이 존재하는가? 누가 글로벌 이슈를 언급하고 문제를 해결하는 데 있어 주요 행위자인가? 만약 아동[1]들이 글로벌 이슈의 행위자라면, 그들의 역할은 무엇이고, 어른들의 역할과 다른 점은 무엇인가?

국가 정치에서 글로벌 옹호(global advocacy)로

글로벌 시민과 글로벌 윤리의 인기가 증가하는 것은 국민국가의 쇠퇴, 시민 참여를 위한 구조와 전통적인 정당의 약화를 반영한다(Sassens 2002 참조). 제2장에서 분명히 한 것처럼, 이것은 장기간의 경향으로 1960~ 1970년대

1 역주: 여기서 아동의 개념은 18세 이하의 청소년, 어린이, 유아, 영아 등을 모두 포괄한다. 뒤에 언급될 UN 아동권리협약의 아동 역시 18세 미만의 모든 사람을 뜻한다.

시민 교육의 위기와 반체제 정치에 기인한다. 여기서는 국가 정치로부터 글로벌 옹호 활동으로의 전환을 살펴본다.

국가의 속성에는 영토, 영속적으로 거주하는 인구, 정부, 조직화된 경제, 순환 체계, 주권, (국제적인) 승인이 포함되는데(Glassener and de Blij, Knight 1982: 517 재인용), 나이트(Knight)에 따르면 영토 그 자체는 수동적이며, 인간의 생각과 행동이 영토에 의미를 부여한다. 그는 "명백히, 영토를 공유하는 것만으로는 충분하지 않고, 반드시 물리적, 사회적, 특별히 정서적으로 영토 안의 각 지역 사람들을 연결시켜 주는 복잡한 장치가 필요하다."는 사실을 발견했다(Knight 1982: 520). 국민과 국민국가를 연결시켜 주는 이러한 요소들은 종종 지리적 텍스트에서는 구심력이라고 불린다. 비슷하게, 하트숀(Hartshorne 1950)은 국가는 존재 이유가 반드시 있어야 하며, 이는 아주 기초적인 구심력이라고 주장했다. 키스토프(Ladis Kistoff)는 이 아이디어를 좀 더 발전시켰다. 국가의 존재 이유는 크게 두 가지 단계로 뒷받침되어야 하는데, 첫 번째는 심정적 동인(spiritus movens) 혹은 국민적 사상(national idea)이다. 이들은 "국민적 전통과 억제(inhibition)의 집단적인 심리 속에 뿌리를 내리고 있는 반무의식적인 경향"이다. 두 번째는 국가적 사상(state idea), 즉 "인간목적론의 관점에서 본 국가의 운명과 임무에 관한 철학적 도덕적 관념"이다(Kistoff, Knight 1982: 522 재인용). 키스토프는 국민적 사상이 좀 더 대중적이며, 정해진 형식도 없고 반드시 정치적일 필요가 없다고 본 반면, 국가적 사상은 정치적·지적 엘리트들이 생성해야 한다고 주장했다.

제2차 세계대전 이후, 초국가주의의 부상으로 표현되는 많은 물질적·사회적 변화가 있었다. 이러한 변화에는 초국가적 기구와 다국적 주체의 성장, 증가하는 국제 이민, 점점 더 커지는 경제 통합과 무역, 발달하는 글로벌 통신 시스템, 다문화주의와 다원주의의 사회적 모델, 정치적 행위자로서 비정부기구의 중요성 증대, 분리주의 운동, 정체성과 시민성의 대안으로서 신사회 운동 등이 포함된다. 그러나 가장 중대한 변화는 갈수록 국민국가가 그것을 만든 국가 엘리트들에 의한 리더십 체계로서 기능을 발휘하지 못하게 되었다는 것이다. 20세기 후반 전통적인 정치 생활에서 대중의 참여 수준이 낮아지고, 미국과 영국 시민 대다수와 공적 생활과의 연결이 감소한 것은 대중이 이 정치 시스템에서는 그들의 몫을 늘리는 것이 이전보다 힘들어졌는 것을 인식하고 있음을 의미한다(Furedi 2004).

언뜻보기에는 냉전에 대한 승리와 경쟁 이데올로기 종말의 여파로 서구 자유주의가 정치적 위기를 겪어야만 하는 것이 역설적으로 보인다. 여기에서 자유주의는 폭넓게 해석되어 개인과 개인의 자유, 신념과 양심의 사유화에 기반을 둔 서구의 핵심 정치 철학을 의미한다. 자유주의의 위기는 개인을 고양시키는 시민의 에토스(ethos) 내에 있는 내재적 모순에서 발생한다(Hinter 2001). 자유주의의 성공은 그들의 사적인 생각을 공적인 영역으로 가져오는 개인들에게 달려 있다. 자유주의의 종말은 '공적인 인간의 추락'(Sennet 1976), '나르시즘 문화'(Lasch 1984), '역사의 종말'(Fukuyama 1992), '풍기문란'(Ferve 2000), '주정론자(主情論者)적 에토스'(Nolan 1998), '치유 문화'(Furedi 2004)의 관점에서 분석되었다.

개인적 인식을 중심으로 삼는 시민의 에토스는 어떻게 시민들이 자기 내부를 향하고, 공적인 영역에서 분리되는 것을 막을 것인가? 역사적으로 자유주의하에서 시민의 에토스가 붕괴될 위험은 전통과 경쟁 이데올로기에 대한 수호 운동이나 자유주의의 국제적 임무와 더불어 전통의 방어적인 회복으로 인해 미루어졌다. 국가적·민족적 수준의 정치적 논란은 순차적으로 국가적 통합(통합성)과 정체성의 형성에 기여하는 대외 정책과 깊은 연관이 있다. 알렉산더 구레비치(Alexander Gourevitch)가 언급한 것처럼, "국가의 이익은 국내

분쟁에 의해 좌우된다. 국익 문제가 일관적으로 제기되는 것은 오직 사회의 근저를 조직하는 제도들이 도전받을 때뿐이다."(Gourevitch 2007: 64) 다른 말로 하면, 국제 무대의 문제는 어떻게 그것에 대응할지에 관한 논의를 촉발시킨다(*ibid.*). 국제 문제에 관한 상반되는 관점은 국가가 국내적·국제적 비전에서 무엇을 의미하는지를 명확히 하도록 한다. 이와 같이 국익의 관점에서 외교 정책의 목적을 고려하는 것은 국익의 이름으로 무엇을 수호해야 하는지에 대한 보다 폭넓고, 정치적인 논쟁을 조정하는 역할을 한다. 반면에 국가는 경쟁하는 정치 세력 간의 중재자 기능을 하며, 사회 전체의 이익을 위해 행동한다. 이에 따라, 구레비치는 대외 정책 역시 국내 정치에 건설적인 역할을 하며, 국내 정치 역시 대외 정책을 구성한다고 강조한다.

제2차 세계대전 이후, 냉전 이데올로기는 국가의 엘리트들에게 합법적인 권력을 수여하였으며, 자유민주주의의 정치 구조를 유지하고, 공적인 영역에서 국민들의 참여를 포괄하는 데 중요한 역할을 했다. 자키 라이디(Zaki Laïdi 1998)는 자본주의와 공산주의 진영 모두 잠재적으로 인류 보편의 체제가 되기 위해 주장했으며, 양 진영 모두 시민들을 위한 물질적·사회적 진보를 통해 어떻게 사람들에게 그 의미를 지속했는지를 나타냈다(소련이 지속하기가 점점 어려워짐에도 불구하고). 그는 다음과 같이 설명한다.

> 명확한 의미를 부여하려는 양 진영의 의지와 능력은 각각의 권력을 증대시켰다. '의미를 부여한다는 것'은 명백히 양 진영의 주장을 해석하고, 발전시키며, 전파하는 것을 수반한다 -'멈추지도 쉬지도 않으면서' 세상을 해석하고, 현재 사실을 넘어서는 진전이다. (Hegel) 더 나은 것으로 간주되는 그 목표를 추구하면서 다른 사람에게 전파된다. 그것이 한 국가의 야망이 아니라 보편주의적 주장이기 때문이다. (Laidi 1998: 18)

라이디는 정치적인 맥락에서 세 가지 의미를 발견했다. 그것은 다음을 아우른다.

> 기초(foundation), 통일(unity), 최종 목표(final goal)라는 세 가지 개념이다. '기초'는 집단적인 프로젝트 요구에 따른 기본적인 원칙이다. '통일'은 전체의 일관된 계획으로 수집되는 '세계 이미지(world image)'를 뜻한다. '최종 목적' 혹은 '목표'는 보다 나은 것으로 여겨지는 어딘가를 향해 투사(projection)하는 것이다. (*ibid*: 1)

라이디의 중요한 포인트는 어떻게 정치적 이데올로기가 국가를 통해 소통할 수 있는지, 개인의 일상적인 삶에 의미와 목적의식을 제공할 수 있는지를 설명했다는 것이다. 대부분의 시민들은 보다 나은 내일에 대한 비전과 그들의 정치 시스템을 계승하려는 신조를 집단적으로 공유했다. 이것은 일상생활(일하고, 아이를 낳아 키우고, 교육받고, 종교 활동을 하고, 심지어 스포츠와 같은 문화 행위에 참여하는)에 더 큰 의미를 부여한다. 이러한 행위는 보다 넓은 사회적·이데올로기적 구조 안에서 사회와 자아 사이의 차이를 연결시키고 이해하기 위해 나타났다. 동구와 서구 양쪽에서 국가의 정당성은 모든 분야에서 근대를 진전시키는 주장으로 발현되었다. 그 파괴적인 경향에도 불구하고, 냉전 정치는 서구 사회에 목적의식을 주입시키고, 진보 정치를 활성화시키고, 냉전의 종말이 표면화된 이후에 나타난 환멸, 진부, 무의미함에 대한 문화적 경향을 견제했다(Hammond 2007). 이들 의견은 냉전의 종식이 촉발한 의미의 혼란과 인식된 변화의 정도를 설명한다. 이는 과거 공산국가뿐만 아니라, 그들의 중심 논거와 국민을 통합시켰던 주요 도구를 잃어버린 서구도 마찬가지이다.

냉전 이후 시기, 탈전통과 세속화, 그리고 대안 이데올로기에 대한 승리의 결과로서 공공 영역에서 사적 영역으로 자유주의의 추락을 방지한 것은 무엇인가? 만약 정치에서 생명을 걸고 싸울 만큼 크게 경쟁하는 정치적 비전이 더 이상 없다면, 정당 간의 논쟁은 누가 더 나은 전문 관리자인지, 대량 해고가 일어나는 상황에서 정치적으로 관여하는 사람은 누구인지와 같은 기술적인 논의로 점점 더 좁혀진다. 정치적 분열과 방향 상실은 이전의 정치적 계파에 의해 조성된 낡은 유대와 충성, 허물어져 버릴 것 같은 정치적 스펙트럼 전반에 명백하게 나타났다. 국내의 정치적 분쟁이 잦아들면, 그것은 더 이상 외교 정책 수립에 건설적인 역할을 하지 못한다. 이에 대한 결과는 사회 발전의 어떤 비전과도 연관성을 갖지 못하는 국제정치이며, 이는 곧 존재 목적(telos)의 상실이다(Laïdi 1998).

글로벌 옹호 활동은 일상생활에서 지구의 남반구를 자유화하려는 사명감을 유지함으로써 자유주의의 약화에 대응하려는 중요한 방법을 제시했다. 제2차 세계대전 중에 서구에서는 개발도상국의 정치에 개입하는 일에 매우 방어적이었던 반면, 인도주의적 기구들은 보다 지속적인 효과를 얻기 위해 그들의 일을 좀 더 정치적이고 장기적으로 만들 필요가 있다는 것을 인식하게 되었다. 이에 따라 1980년대에 변화가 나타나기 시작했다(Duffield 2001). 1980년대 이후, 비정부기구 숫자의 성장은 놀랍다. 1970년대 비정부기구의 숫자는 불과 수백 개였던 반면, 1990년대 중반 비정부기구의 숫자는 29,000여 개이다(Duffield 2001). 더필드(Duffield)는 또한 20여 개의 미국과 유럽의 비정부기구들이 전체 구호 지출의 75%를 차지한다고 설명했다. 정치적 영향력의 틈새에서 이들 비정부기구는 그들 자신을 냉전 이후 국제 구조 안에서 과소평가 받아서는 안 되는 것으로 만들었다. 정치가 점점 국민국가 위아래에서 작동함에 따라, 국내 및 국제 담론에서 '정부(government)'라는 용어가 '거버넌스(governance)'라는 용어로 대체된 것은 당연한 일이다.

서구 정부들은 냉전의 종식 이래로 국가의 목적에 관한 생각의 재개가 거의 불가능 하다는 것을 발견하고, 번번이 그런 시도로부터 뒷걸음질했다. 뉴욕의 세계무역센터와 펜타곤 공격에 대한 반작용은 처음에는 이례적으로 보였다. 그러나 미국의 국가 목적에 관한 재개는 오래가지 못했다(Brooks 2000). 미국의 부시 대통령이 이란과 이라크에서 '국제적인' 개입 헌법을 강하게 강조하고, 자국의 이익 수호에 관한 담론이 이라크 국민의 민주주의 성취로 대체되는 데에는 그리 오랜 시간이 걸리지 않았다. 새뮤엘 헌팅턴(Samuel Huntington)은 미국의 기업과 정치적 지도자들이 "미국을 세계에 통합"시키는 데 열심이었다고 주장한다(Samuel Huntington 2004). 이것이 의미하는 바는 미국의 기업과 정치가들이 국가 프로젝트나 임무와의 관계에서 할 일을 인식하지 못한다는 것이다. 대신에 그들은 자신들의 역할을 글로벌하게 본다. 1996년, 랠프 네이더(Ralph Nader)는 미국의 100대 기업의 CEO에게 편지를 써서 그들을 '먹여 살리고, 만들어 주고, 보조해 주고, 지켜 주는 국가에 대해 지지하고 있음'을 보여 주어야 한다고 주장했고, 주장을 무시하는 사람들을 찾아내기만 하면 된다고 했다(2004: 7). 포드(Ford)의 대표는 다음과 같이 설명했다. "다국적 기업으로서 포드의 가장 큰 의미는 오스트레일리아에서는 오스트레일리아 기업, 영국에서는 영국 기업, 독일에서는 독일 기업이라는 것이다." 실제로는, 비록 현대 서구 위기에서 태어난 것이기는 하나, 국가 정체성의 위기에 대한 해결책은 '글로벌'한 임무(global mission)를 만드는 것이다.

UN과 EU 같은 정부 간 기구의 정치적 중요성의 확대는 이런 과정의 전형적인 예이다. 오늘날 '국제 공동체'는 종종 조직과 계획의 합법성을 얻기 위해 언급된다. 한때 국제 관계가 국익의 표현을 의미하던 것에서, 오늘날에는 집단의 이익(collective interest)이 국제적인 수준에서 점점 더 나타나고 있으며,

거대한 정치적 기반과의 연결의 부재 속에, 그야말로 국가 지도자의 주관으로 여겨지고 있다(Chandler 2005).

1990년대에 인도주의적 활동이 정치적인 성향을 띠었던 반면, 서구의 정치가들은 개발과 안보를 통합하는 데 앞장서면서 좀 더 인도주의적 공간으로 옮겨갔다(Chandler 2002; Duffield 2007a). 1990년대, 빌 클린턴으로부터 칼 빌트(Carl Bildt)[2], 토니 블레어에 이르기까지 서구의 정책 입안자 혹은 입안 지망자들이 어떻게 글로벌 옹호에 끌리게 되었는지는 놀랄 만하다. 르완다, 보스니아, 소말리아, 코소보와 같은 나라에 대한 군사적 개입은 국익과는 반대로 인권과 소수자 보호라는 명분으로 이루어졌다. 국제 무대에서 서구 지도자들은 국내 정치를 바꾸는 데 무력한 모습을 보이는 한편, 세계적으로는 '옳은 일'을 하는 것처럼 보이는 새로운 목적과 가능성을 발견한 것이다.

글로벌 시민 교육의 매력은 보편적 인권의 내재적 개념의 측면에서 개인으로부터 국가로 단계별로 올라가는 것이다(Pupavac 2005 참조). 한 국가의 시민권은 분절적으로 보이는 반면, 글로벌 시민권은 모두 평등하고 통합을 촉진하는 것으로 묘사된다. 글로벌 시민성을 지지하는 사람들은 국제사회에서 주권과 국가를 유일한 합법적 행위자로 보는 원칙을 가진 전통적인 지정학적 개념을 공격한다. 그들은 전통적인 지정학적 패러다임이 글로벌 도덕성을 능가하는 주권을 부여했다는 점에서 도덕성이 부족하다고 비난했다(Allot 2001; Held 2002; Midgely 1999). 또한 '개인 및 인류의 생존과 번영'을 '부차적인, 이론과 실천'으로 다루었기 때문에 비난했다(Allott 2001: 77). 글로벌 윤리주의자들은 비국가적 행위자 혹은 국익을 초월하는 윤리적 주장을 위한 공간이 없는 전통적 국가 중심 모델에 기반을 둔 배타주의자(particularist) 도덕

2 역주: 스웨덴 전 총리

성에 반대하여 공동의 인간성과 보편적인 도덕성을 주장했다(Allott 2001; Falk 1995; Held 2002). 지정학을 대신하여, 글로벌 윤리의 옹호자들은 개인과 비국가적 행위자들이 국내 정치에서 주권과 내정불간섭에 도전할 수 있는 인권과 국제 관계에서 목소리를 내는 인간의 지배(human governance)를 주장한다(Falk 1995; Roth 1999). 이 새로운 지배 시스템은 몇몇에 의해 글로벌 시민사회로 이름 붙여졌다(Kaldor 2001). 그리고 이는 국제 관계에 좀 더 진보적인 접근을 예고한다. 글로벌 시민성은 기존의 일인 일표 정치를 넘어서 소외된 목소리와 정치적 움직임에 새롭고, 보다 포용적인 공간을 제공할 것으로 예상된다. 핵심 주제는 권리의 부족을 국내적으로 호소할 수 있는 국제 인권의 정착이었다.

그러나 새롭고 진보적인 시대가 나타났음에도 불구하고, 글로벌 옹호 활동은 앞서 언급한 대로 약화된 서구 정치 문화를 기반으로 성장했다. 변화를 위한 집단 행동의 비전, 지도자, 최종 목표, 믿음의 부족으로 인해, 세계화가 약속한 신세계 질서는 기대에 부응하지 못했다. 사회 변혁(social transformation)을 위해 주어진 계획이 이데올로기의 종말을 통하여 신뢰를 얻지 못했기 때문에 글로벌 시대는 '전망의 총체적 부재'라는 성격을 지니게 되었고, 사람들의 일상적인 삶과의 직접적인 의미는 작아졌다(Laïdi 1998: 11). 그러므로 이것은 새 정치 프로젝트의 첫 번째 단계가 아니다. '정확히 말하면 그것의 정반대'이다(*ibid.*). 따라서 글로벌 옹호는 더 나은 미래를 만드는 것이 아니라, 시민들이 점점 '긴급의 노예(slaves of emergency)'가 되는 현재를 지속하는 것에 초점을 맞춘다(*ibid.*). 그럼에도 불구하고, 이는 그 체제의 민주적 토대를 좀 더 약화시키는 것을 통해서만 성취될 수 있다.

예를 들어, 글로벌 옹호 활동과 글로벌 정치 개입의 결과로 국가 주권이 약화되었고, 국민국가의 정당성이 손상되었다. 오늘날, 글로벌 정치는 모든 것을 가지고 있지만 국내에서 일어나는 일을 결정하는 국가의 권리를 소멸시킨다. 더구나 국내적으로 자유주의의 약화는 자국에서 자유주의의 위기에 대응하는 글로벌 옹호 역량을 저해하고, 지구의 남반구에 대한 열정에 제약을 가하면서 글로벌 임무의 특징에 영향을 준다(Pupavac 2005). '글로벌 임무와 같은 자유주의의 약화된 특징과 마찬가지로, 지리 교육과정에서 글로벌 관점'과 글로벌 정의, 정치적 주체성의 비전에 영향을 미친다. 이것들은 다음에 살펴볼 것이다.

국가 시민성의 성립

시민성에 대한 글로벌 접근이 국민국가하에서 시민성에 접근하는 것과 어떻게 다른지를 정확히 살펴보기 위해서는 후자가 어떤 기원과 원칙을 기반으로 이루어졌는지를 되돌아보는 작업이 꼭 필요하다. 근대 시민성의 기원은 고대 그리스와 로마, 특히 아리스토텔레스의 저술로 거슬러 올라간다. 라틴 어 *civitas* 혹은 *civis*는 시 정부의 구성원을 의미한다. 순차적으로 *civitas*는 그리스 어 *polites*의 개념, 즉 지배하는 사람이 곧 지배받는 사람(치자와 피치자의 일치)이라는 데에서 유래했다. 아리스토텔레스의 시민 개념에서 시민과 국가의 차이는 없다. 즉 국가는 시민의 집합인 것이다. 아리스토텔레스의 시각에서 시민권에 의미를 부여하는 것은 정치적인 계약이었다. 아리스토텔레스는 엄밀한 의미의 시민과 다른 사람을 구별하는 것은 "정의를 집행하고 공무를 맡는 것"이라고 주장했다(Aristoteles Ⅲ, Baaker 1958: 52 참조). 여기서 공무를 맡는다는 것은 꼭 정부에서 한자리를 차지하는 것이 아니라 배심원과 같은 (참여적인) 공무를 수행하는 것을 의미한다. 아리스토텔레스에 의하면 시민성의 기원은 인간의 본성 및 사회 변화를 위해 연합할 필요에 내재되어 있다. "인간은 함께 살고 싶은 욕망이 있다. 심지어 서로의 도움이 필요

없을 때에도 … 좋은 삶은 공동체적으로나 개인적으로나 참된 목적이다. 그러나 그들은 그들의 이익을 위하여 정치적인 연합을 형성하고 계속 유지한다."(Aristoteles Ⅲ, Harrington 2005: 187 참조)

시민과 시민의 정치적 역할에 대한 아리스토텔레스의 관점의 본질은 시민의 역량 그 자체이다. 윤리적, 경제적, 미덕 등의 문제에 대해 판단을 내리기 위해 시민은 교육받고 현명할 것으로 기대된다.

> 시민은 단순히 국가 거주민이나 정치적으로 특혜받는 계급의 구성원을 뜻하지 않는다. 시민은 공동체의 행복과 미덕의 최대화를 이룰 수 있는 국가 능력의 정수이다. 이것을 위해 시민은 반드시 미덕의 이해를 촉진하는 교육적·문화적인 추구에 자신을 맡길 수 있는 여가 시간을 가져야 한다.
>
> (Politics Ⅶ: 415, Harrington 2005 재인용)

물론 이것은 대부분의 도시 거주자, 특히 노예, 가난한 사람들, 여자는 아리스토텔레스의 시대에 시민이 될 수 없음을 의미한다. 왜냐하면 그들은 '교육적·문화적 추구'를 할 만한 시간도 자원도 없었기 때문이다. 랠프 해링턴(Ralph Harrington)은 이것이 "정의 및 선과 악에 관한 인식을 공유할 수 없는 사람들, 인간 심연에 있는 정치적 연합에 내재된 토의 및 숙의, 의사 결정 과정에 참여할 수 없는 사람들은 시민의 실체가 되는 것을 허락받지 못했다는 것을 의미한다."고 보았다(Harrington 2005).

아리스토텔레스 정치 이론의 핵심은 시민성이란 보다 큰 정치적 실체에 참여하고, 구성원의 본질적인 부분이라는 것이다. 시민이 되기 위해서는 어느 정도의 교육 수준과 문화적 이해 능력을 가져야 하며, 최종적으로 시민성은 국가 또는 모든 폴리스(polis)의 시민(civic body)이 주권 그 자체라는 것이다

(Aristoteles Ⅲ, Baker 1958: 114 참조).

로마 제국의 확장으로 로마의 지배가 유럽 전역으로 확대됨에 따라 시민성에 대한 새로운 아이디어가 생겨났다. 오거스틴(Augustine)은 도시의 신(City of God)이 로마 제국을 가로질러 확장되었다고 했다(Isin and Turner 2002). 오거스틴이 비록 지금과는 다른 불완전한 세계(globe)에 대해 이야기했을지라도, 글로벌 시민성을 개념화한 첫 번째 사람이라고 볼 수 있다.

아리스토텔레스의 시민권 개념은 17세기 이후 유럽의 국민국가가 발전하는 동안 근대 학자들의 생각에 지대한 영향을 미쳤다. 당연히 광활한 국민국가의 시민은 아리스토텔레스가 생각한 방식대로 국가를 운영하지는 않는다. 그와 달리 근대 국민국가의 개념은 그 시민의 실체를 통하여 구성된 아이디어에 기반을 두고 만들어졌다. 특히 시민권은 국가의 정치적·도덕적 방향을 잡는 책임을 수반하는 자리로 평가되었다.

자본주의의 부상과 함께, 17세기 유럽의 시민사회에서 보다 명확한 시민권의 개념은 존 로크(John Locke)나 토머스 홉스(Tomas Hobbes)와 같은 사상가들에 의해 정교화되었다. 로크는 시민권을 개인의 역할을 단계적으로 고양시키는 자유주의 전통으로 보았다. 여기서 개인은 이성(대개 당시에 신의 목소리로 이해되던)을 부여받고, 합리적으로 행동하는 것으로 묘사됐다. 홉스는 정치적 의지를 표현하는 주권으로서의 국민국가와 정치적 주체로서의 개인과의 연결을 강조했다(Burchell 2002). 이와 같이 많은 사람들에게 근대 시민권은 사회 안의 개인과 통치 기구 사이의 관계라는 의미로 이해되었다. 이런 사상은 아리스토텔레스로부터 유래되었으며, 영국인의 정치적·시민적 권리를 설정하고, 의회에 대해 왕권을 제한하는 영국의 권리 장전(1689)으로 알려졌다.

계몽주의 시대에 접어들면서 권리는 천부적이며, 따라서 정치적 권한은 독립된 것이라는 사상이 인기를 얻게 되었다. 모든 인간은 존재 자체로서 권리를 소유한 것으로 간주되었다. 이것은 노예제 폐지 운동의 결과로 모든 사람들 간의 형식적인 평등이 인정되는 경향을 반영했다. 그럼에도 불구하고, 18세기 말엽의 미국과 프랑스의 혁명은 사회 구성원과 국가 사이의 계약 관계로서 시민권의 개념을 강화시켰다. 두 가지 역사 기록이 이를 잘 보여 준다. 영국 권리장전의 영향을 받은 미국의 독립선언과 프랑스의 인권선언이 그것이다.

19세기 강한 시민권 전통과 정치적 참여는 서구 사회를 지속적으로 발달시켰다. 토크빌(Tocqueville)은 공동체와 개인을 위한 공공 계약의 장점을 언급한다. 그는 공화주의 시민권이 통합적이며 교육적이라고 역설했다(Dagger 2002). 토크빌은 공공 계약을 통하여 개인이 공동체에 통합되고, 개인의 미덕을 학습하고, 참여의 습관을 통해 완결된다고 보았다. 따라서 일부 맥락에서 시민권은 단순히 정치적·법적인 권리 그 이상을 의미한다. 이 용어는 교회나 학교와 같은 몇몇 조직의 구성원을 언급하는 데 쓰이기도 하며, 도덕적 행위의 표준과도 관련 있다(Smith 2002). 미국에서는 강력한 공동의 에토스(ethos)가 만연함에 따라 시민권의 공화주의 모델은 지배적 사상이 되어 갔다. 이 전통은 아마도 중요한 일을 함께 모여 공동의 결정을 내리는 타운미팅(town meeting)에서 가장 전형적으로 보여진다. 유럽의 시민성 모델은 좀 더 강한 자유주의 전통을 따랐다. 존 스튜어트 밀(John Stuart Mill)은 개성과 스스로의 이익이 사회적 진보와 복리(well-being)의 원천이라고 주장했다. 슈크(Schuk)의 보고에 따르면, "밀은 개인의 사상, 탐구, 종교, 표현의 제한이 없는 자유는 진리와 사회 진보로 가는 확실한 길이라고 주장했다."(Schuk 2002: 131)

미국과 프랑스에서 젊은이들을 교육시켜 활동적인 시민이 되게 해야 한다는 생각이 견고해지기 시작했다. 교육은 개인이 시민의 공무를 수행할 수 있는 능력을 키울 수 있는 기본으로 여겨졌다. 국가와 시민이 거의 분리됨에 따라, 토머스 제퍼슨은 시민이 국가와 집중된 권력의 남용을 계속해서 억지하는 게 필요하다고 언급했다. 그래서 그는 교육을 국가의 압제로부터 스스로를 보호하기 위해 시민을 '지식과 교양'으로 무장시키기 위한 도구로 보았다(Ravitch and Viteritti 2001). 19세기 중반이 지나면서 공교육은 영국과 미국의 모든 계층으로 확대되었다. 이 시기, 교육은 새로운 세대를 국가 문화로 이끄는 가르침의 필수적인 부분으로 여겨졌다. 비록 여성들이 투표권을 얻고 소수자의 동등한 정치적 권리를 위한 시민권 운동이 일어난 것은 20세기 이후에야 일어났지만, 이것은 애국심의 형성, 훈육, 그리고 사회의 모든 구성원들이 정치와 경제 양면에서 자유민주주의에 참여할 수 있는 능력을 갖출 수 있는 기초 교육을 의미했다. 미국과 잉글랜드/웨일스의 학교는 국가의 근간을 이르는 가치들(자유, 민주주의, 자본주의, 기독교적 덕, 애국심 등, 이들 중 일부는 자유주의적 에토스와 충돌한다)을 가르쳤다. 미국에서 시민 교육은 사회과 교육의 명백한 목적이 되었다. 반면 잉글랜드/웨일스는 좀 더 자유주의적으로 접근하여 오로지 몇몇 학교에서만 시민성을 직접적으로 가르쳤다. 그러나 역사와 모국어 과목이 학생들에게 국가주의적 감정과 문화유산을 전달하면서 비슷한 역할을 수행했다. 근대 교육과정은 이 과업을 위해 고안된 도구였으며, 이런 이중 교육 시스템은 미국과 잉글랜드/웨일스 모두에서 노동계급과 지배계급의 서로 다른 열망을 바탕으로 작동되었다.

20세기 시민권의 의미는 정치적 권리 이상으로 확장되었다. 마셜(Marshall 1950)의 권리 분류는 자주 인용되는데, 그는 권리를 정치적·경제적·사회적 권리로 범주화하였다. 시민에게 권리란 정치적 관심사에 목소리를 내고, 사회적 삶에 참여하고, 법적인 보호를 보장받으며, 생산에 기여하면서 시민사회에서 충실하고 활동적인 역할을 수행하도록 하는 중요한 도구이다.

자연권의 개념은 계몽주의 시대에 나타나 20세기 인권에 관한 논의로 변하였다. 모든 사람이 동등한 권리를 가지고 있다는 원칙을 고수하는 일은 그럴듯해 보이지만, 실제로 근대의 역사는 지배 권력에 대한 정치적인 투쟁 속에서 획득했다는 것을 보여 준다. 자노스키(Janoski)와 그랜(Gran)은 "기초적인 수준에서, 모든 시민의 권리는 합법적이고 정치적이다. 왜냐하면 시민의 권리는 정부의 의사결정기구에 의해 합법화되었고, 실행 절차에 의해 공포되었으며, 혹은 법적 결정으로 효력을 얻은 후에 강화되기 때문이다."라는 주장을 고수했다(Janoski and Gran 2002: 13). 이에 따라 자노스키와 그랜은 법적·정치적 권리가 다른 시민권을 뒷받침한다고 주장한다. 이것이 사실이라면, 시민권에 대한 현대적인 논의에 의문이 제기된다. 만약 시민이 그들의 공적·정치적 권리를 행사하지 않는다면 사회적 권리에 어떤 일이 생기게 될 것인가? 시민권이 정치적 측면 없이 좀 더 사회적 활동 및 개인적 행위가 된다면 무슨 의미일까?

앞서 논의한 것처럼, 국가 시민성의 중심은 국가(nation)가 정부(state)에 의해 실현되었다는 생각이다. 국가의 구성원, 정치적 기구는 집단 의지에 의해 촉진된 계획이나 방향성이 있을 때에만 의미를 지닌다. 이것은 좀 더 일반적으로 국가 사업과 자유주의에 대한 신뢰의 위기를 가져왔고, 이는 정·재계의 지도자들이 현재 교육과정에 반영된 글로벌 연결(global lines)에 따라 새로운 정치적 계획을 재정비하도록 유도했다. 그러나 이는 자유민주주의가 형성된 토대인 국가 시민성을 약화시키는 것을 통해서만 이루어질 수 있었다. 글로벌 시민성의 개념은 자율적이고 도덕적인 주체가 만들어 내는 중앙 정치의 실체를 전제하고 있지 않다. 사실 글로벌 시민성은 국가적 대의제로부터 파생된 정치권력을 거부하면서, 국가 시민성을 비판하면서 시작되었다. 대신에 이것은 개인과 그들의 사회 밖의 도덕성에 위치한다. 글로벌 시민성은 자연환경, 비서구 문명, 희생자와 같은 일련의 타자들(others)로부터 도덕성을 찾는다. 이 새로운 도덕성은 지리와 같은 과목의 교육을 토대로 나타났다. 그러나 정치적 행동과 책임의 국가적 연결을 부정하면서, 글로벌 옹호 활동의 한정은 모호해졌다. 누가 글로벌 시민성 모델에서 정치적 권력과 책임을 가질 것인가? 누가 도덕적 의제를 설정하며, 그에 대한 동의 여부는 우리가 어떻게 알 수 있을 것인가? 실제로 '정치적인' 행동이 사회적인 맥락으로부터 개인의 정체성과 책임 수준으로 재정교화되는 곳에서 코즈모폴리턴 개인의 비전은 성격상 분명히 비정치적이다.

글로벌 시민성은 무엇이 다른가?

글로벌 시민 교육에서 국가 시민은 코즈모폴리턴 시민으로 대체되었다. 일반적인 상황이라면, 코즈모폴리턴적 관점은 그 정의에 따라 국가적 관점보다 좀 더 도덕적으로 고려되었을 것이다. 그 정의는 "제한되거나 지방의 범위보다는 세계를 품을 것" 혹은 "더 넓은 국제적 정교함을 가질 것"을 제안한다(Merriam-Webster 2002: 261). 그러므로 글로벌 시민성은 국가적 분절을 뛰어넘도록 호소한다. 그러나 지리 교육 혹은 다른 교육과정에 있는 코즈모폴리턴 시민의 현대적 버전은 계몽시키는 것과는 거리가 멀다. 좀 더 자세히 살펴보면, 글로벌 시민의 비전은 이미 규범이 된 권리, 정치적 행동, 지식의 습득, 개인 의식의 사유화, 그리고 정치적 주체 자체로서 성립의 재정의를 통해서만 이루어졌다(표 8.1 참조). 그 결과는 시민성의 의미에 도전하는 것이며, 이를 통해 시민성의 의미에서 정치적 책임과 개인의 도덕적 자율성이라는 의미를 비워 내는 것이다.

미국과 잉글랜드/웨일스의 일부 지역에서, 글로벌 시민성의 부상에 관한 아이디어들이 1980년대 학교 교육과정에 이미 많이 알려졌고, 정확하게 이

표 8.1 시민성 모델을 도식화한 개요

	국가주의	코즈모폴리턴
지리의 중점	국가	지역(local)과 세계
정부	국가와 연방 정부	초국가적, 비정부적 거버넌스(지배)
정체성	국가적으로 결정	다양한 층위, 좀 더 개인의 선택
시민 교육의 내용	국가의 원칙, 기본, 유산, 정부의 구조와 매커니즘, 상징과 전통	건강, 환경, 문화, 무역, 개발에 관한 글로벌 이슈에 관련된 지역 활동(local action)에 중점
시민 교육의 형태	훈련된 지식, 특별히 역사와 시민과(시민 교과)	가치와 태도의 명확화를 통한 사회정치적 이슈에 관한 지식을 습득
시민적·정치적 참여	전통적 정치 이슈 및 정치적 행위를 위한 국가/연방 국가 모델	신사회 운동이나 소비와 같은 새로운 형태의 저항 및 행동과 함께하는 새로운 정치 이슈
국제 관계	국익의 확대	글로벌 문제(이슈)를 해결하기 위해 국민국가의 이익(관심)을 공유해 옴
시민의 개념	공동체와 국가의 진보를 위한 공적인 역할 기여	현대의 사회적 이슈 인식과 이를 이용한 개인적 사회적 행동 안내
권리	국가적으로 규정	모두 인권을 가짐
구성원의 정의	배타적	포용적
시기	근대부터 1980년대까지	1980년 이후

름 붙지 않은 과정임에도 불구하고 미국의 사회과와 잉글랜드/웨일스의 교육과정을 이미 급진적으로 변화시켰다. 전통적인 자유주의 교육 모델의 수정이 1990년대 글로벌 옹호 활동의 증가를 진행시켰다는 사실은 우리가 시민성을 인식하는 스케일보다 더 근본적인 교육적 전환이 진행 중이라는 것을 보여 준다. 글로벌 시민성을 나타내는 많은 아이디어의 기원은 1970년대 이후 영향력이 증대한 포스트모던 사회 이론이라고 할 수 있다. 이는 제2장에서 소개되었다.

길버트(Gilbert)는 포스트모던 시대의 시민성에 관한 새로운 이슈를 제기하려는 교육자들의 실천을 돕기 위해 다음과 같은 일련의 질문을 제시했다.

시민 교육 프로그램은 사회와 경제를 정치적·시민적 요소와 통합하는가? 소비라는 관행은 시민 행동을 위한 영역으로 간주되는가? 어떻게 교육이 사람들에게 미디어를 다루는 능력을 줄 수 있으며, 어떻게 표현을 위해 미디어를 이용할 수 있는 능력을 키울 수 있고, 시민권의 실천을 증진시킬 수 있는 능력을 개발시킬 수 있을까? 시민 교육이 정체성을 형성하는 데 장소감의 중요성과 이것이 환경의 질과 지구 공동의 미래에 관한 염려와 관계가 있다는 것을 인식하고 있는가? 시민의 권리와 의무에 관한 숙고가 공적 영역에서 공식적인 지위뿐만 아니라 사적인 영역에서 개인의 복지를 포함하고 있는가? (Gilbert 1997: 81)

코즈모폴리턴 시민성의 출발점은 앞서 암시한 대로 전통적인 시민권에 대한 비판이다. 코즈모폴리턴 시민성의 옹호자들은 국가 시민성을 배타주의자, 엘리트중심주의자, 타자는 반드시 동화되어야 한다는 서구의 사상과 역사 우월주의로 매도했다(Ong 2002 참조).

제2장에서 언급했던 것처럼, 심지어 지식 그 자체도 해체되었다. 보편적이고 객관적인 서구적 개념의 지식은 엘리트중심적이고 현실 세계를 반영하지 않는 것으로도 치부될 수 있었다. 대신, 지식은 문화적인 상황에 처한 것, 문화적 연결을 가로질러 적용되는 진실을 찾는 가능성을 저해하는 것으로 간주되기에 이르렀다. 이에 따라 모든 지식은 도덕적 전쟁터이자 동질한 문화를 향한 문이 되어 갔고, 적어도 지금은 역사에 대한 공유된 이해가 이루어지지 않는다. 사회적 구성주의에 의해 지식은 단지 그것의 생산자가 가진 사회적 가치들에 영향받기보다는 생산자에 근원을 두었고, 그러므로 본질적으로 지식은 진정으로 사회적인 것이 아니라고 여겨지게 되었다.

이와 같이, 글로벌 혹은 코즈모폴리턴 시민성은 이미 소외된 소수자들과 그들의 대안적인 형태의 지식을 포용하며, 소수자들의 지식의 정확성이나 기여의 성격과 상관없이 비서구 문화의 기여에 가치를 둔다. 시민성에 대한 다문화적 접근에 의하면 "본래 백인, 비장애자, 기독교 남성에 의해 혹은 그들을 위해 정의된 시민권적 공민권은 이들 집단의 특별한 필요에 부응할 수 없다. 이를 대체하기 위한 개념으로서 온전하게 통합적인 시민권은 이들의 차이에 대해 반드시 고려해야만 한다."(Kymlicka, Janosoki and Gran 인용 2002: 22). 여기서 '이들 집단'이라 함은 이전에 시민의 권리로부터 배제되어 있었던 집단들, 이를테면 소수민족 집단을 가리킨다.

시민성의 서구적·국가주의적 모델은 '타자'의 역할을 단계적으로 높이는 이분법적 접근에 의해 사라져 갔다. 유진 이신(Engin Isin 2002)은 서구의 시민성이 세계를 두 개의 문명권(한쪽은 이성적이고, 세속적이며 근대적인, 다른 한쪽은 종교적이고 인습적이고 또 정교일치인)으로 나눈 오리엔탈리즘을 전제로 하고 있다고 주장한다. 이 두 전제는 앞서 언급한 초국가적 경향, 특히 문화적으로 동질한 국가에서 다원주의·다문화주의로의 전환과 포스트모던 사상의 도전을 받고 있다.

그러나 다문화주의는 전적으로 새로운 정치적 해석을 야기한다는 점에서 정치적 과정에서 소수자들을 포용하는 것 이상을 의미한다. 이신은 이 과정에서 포스트모더니즘의 역할을 다음과 같이 설명한다.

> 만약 우리가 포스트모더니즘을 다양한 집단 정체성이 형성되는 것을 통한 분절의 과정과 '다름'이 지배적인 전략이 되는 담론의 과정으로 정의한다면, 이것이 시민성에 주는 효과는 두 가지로 나뉜다. 하나는 근대 시민권으로부터 소외받고 배제된 다양한 집단이 인정(recognition)을 추구할 수 있게 된 것이다. 다른 하나는 이 다양한 주장이 시민성의 경계를 압박하고 정체성과

인정을 추구하는 집단 간에 경쟁을 한다는 것이다. (Isin 2002: 122-123)

이신이 묘사한 전환은 전통적 정치에서 정체성과 인정의 정치로의 전환이다. 시민권의 초점이 각기 다른 집단의 정체성과 주장을 인정받는 방향으로 전환할 때, 시민성과 정치 그 자체의 의미는 변화했다. 근대 정치 체계는 국민국가가 개인이든 집단의 일부이든 거의 동일하게 국민국가의 정치적 경로를 형성할 능력이 있다는 도덕적 시민의 개념을 전제하고 있다. 개인들은 정당이나 조합의 구성원이 되는 것을 통하여 특별한 정체성을 습득하게 된다. 그러나 이것은 궁극적으로 개인과 사회의 발전을 이루기 위한 수단이다. 코즈모폴리턴 시민성에서 정체성은 '정치적 작동을 위한 기초적인 토대'가 되었다(Rasmumuseen and Brown 2002: 182). 많은 경우, 지금의 정체성은 정치적 도구인 만큼이나 목적이다.

정체성에 초점을 두는 것은 또한 보다 나은 내일에 대한 집단적인 비전과 기대지평(horizon of expectation)의 부재를 나타낸 결과이다(Laïdi 1998). 라이디에 의하면, 사회 진보에 관한 광대한 프로젝트에 참여하면서 장소에 관한 정체성이 생겨남에 따라, 사람들은 점점 예전에는 관계없는 것으로 여겼던 문화적 차이를 발견하게 되고 그들의 정체감(sense of identity)을 얻기 위해 과거와 현재를 살펴본다. 많은 경우에 정체성을 위한 탐색은 정치적이었고, 때때로 그들 자신의 물질적 환경에 손상을 입히기도 했다. 라이디는 과거 체코슬로바키아의 분리를 예로 들었으며, 이라크 내전도 또 다른 사례가 될 수 있다고 언급했다. 현재를 지속하거나 작은 문화적 차이를 고착화하는 것은 문화나 삶의 양식을 변형시키기보다는 그것을 보전하면서 사회적 발전을 일으킨다.

이것은 많은 사회 이론가들로 하여금 정치의 매우 정확한 의미와 실제로 정치적으로 보일 수 있는 인간 행동의 성격을 재개념화하도록 했다. 누군가가 사회적·개인적 변화를 일으키기 위해 하는 행동이라면 아무리 작을지라도 그것은 정치적 행동으로 해석된다(Kincheloe 2001). 즉 개인의 정신 영역이 정치 세계의 일부가 되었다. 실제로 라클라우(Laclau)와 같은 학자들은 개인의 정체성 형성을 조사하기 위한 심리분석적·후기구조주의적 이론을 이용했다. 비슷하게 미첼(Mitchell)은 코즈모폴리턴 시민을 키우는 것은 글로벌 경제에서 개인적으로 살아남거나 개인적 성공을 지향하는 주체들을 육성하는 것이라고 주장했다(Mitchell 2003: 387). 여기에서 주체의 육성은 정체성을 구축하는 것과 동일시된다. 주체성은 '당신이 무엇을 하는가'보다 '당신은 누구인가'로 재해석된다.

이에 따라 개인의 행위에는 폭넓은 정치적 의미가 부여된다. 따라서 유기농 농산물이나 공정 무역 커피, 착한 여행과 같은 환경친화적이고 사회의식적인 상품의 부상이 입증하듯, 오늘날 누군가의 개인적 소비 행위는 종종 정치화된다(Butcher 2003). 국민국가의 시민은 사회의 생산력 증가를 염두에 두고 있다. 반대로 코즈모폴리턴적인 주체는 그들의 소비 선택을 예민하게 인식하고 있다. 후기물질경제(post-meterial economy)의 부상을 다룬 책에서, 제임스 하트필드(James Heartfield)는 "오늘날 소비의 영역에서 논쟁이 이루어지지 않는 것은 소비가 자기표현(self-expression)이 이루어지는 유일한 영역으로 간주되기 때문"이라고 설명한다(Heartfield 1998: 23).

시민의 행동이 개인적인 관점으로 재해석될 때, 그들은 더 넓은 사회 변화로부터 분리된다. 심지어 많은 이들은 더 이상 사회적 행위조차도 정치적인 것으로 생각하지 않는다. 시민성에 대한 미국 젊은이들의 태도에 관한 연구는 병원에서 남을 돕거나 계곡에서 휴지를 줍는 봉사 활동 같은 대부분의 행위가 사회적 변화를 위한 광대한 프로젝트에 연결되어 있다기보다 개인적 관점에서 형제애적 행위로 간주되고 있다고 발표했다(Chiodo and Martain 2005). 이것은 국민의 행위가 보다 나은 사회를 위해 기여하는 것으로 보았던 국민(국가의 시민)의 태도와 반대된다. 미국 학교에서 시민 역량의 발전은 학생들이 '우리의 민주공화국'에서 '시민의 공무(office of citizen)' (토머스 제퍼슨이 말한 것처럼)를 수행할 수 있도록 요구되는 지식, 기술, 태도로 간주된다(NCSS 2003). 기대란 어린 미국인이 어른이 되었을 때, 주 또는 연방 국가 수준의 스케일에서 도덕적 표준 행동이나 정치적 과정에서 직접적인 영향력 유지를 통한 사회 변화에 영향을 주기 위해 '시민의 공무'를 맡는 것이다.

오늘날 개인주의화되었거나 비정치적 관점에 있는 많은 젊은이들이 보여주는 시민의 행위는 자유주의의 위기와 앞서 언급한 사회 변혁의 권위 실추를 반영한다. 국가 수준에서 또는 다른 어떤 수준에서든지 시민들이 인식할 수 있는 사회적 진보를 위한 계획이 없을 때, 그들은 더 이상 국가와 '한배를 탔다'고 보지 않는다. 이때 국가는 시민들에게 목적의식을 심어줄 수 있는 능력을 상실한 것이나 마찬가지이다. 이는 사회 변혁의 큰 그림 안에서 세계와 사람들의 삶의 장소를 이해하는 데 실패한 것이다. 이와 같이 개인과 국가의 관계에서 시민성은 점점 의미가 없어지고, 따라서 사람들은 그들이 하던 방식으로는 국가를 통한 사회의 변화에 영향을 미치는 것을 보지 못하게 되었다. 이것이 젊은이들을 사회 변화에 대해 무관심하게 만드는 것은 아니다. 사실, 몇몇 연구는 현 세대의 젊은이들이 비교적 높은 비율로 자원봉사 활동에 참여하고 있다는 것을 보여 준다(Lopez 2003 참조). 그러나 그들은 어떻게 사회 변화가 일어나는지에 관한 구조 및 의미 있는 방법으로 사회 변혁을 추구하는 제도에 어떻게 접근하는지에 대한 이해가 부족하다. 이러한 이해의 부족은 '권력은 아무것도 아닌 것'을 의미하지 않는 것처럼, 국민을 대리하는 국가의 도덕적 합법성을 약화시킨다(Laïdi 1998: 16). 사회 이론가들은 권력을 국가의 관리하에 집중된 것으로 보는 대신에 국가의 특권일 필요가 없는, 사회적으로 확산되는 것으로 보게 되었다. 이러한 발전은 권력을 사회적으로 구성되고, 더 이상 국가에 집중되지 않은 것으로 보는 푸코의 이론을 반영한다. 대신 그는 권력을 모든 곳, 많은 사회 제도와 담론에 내재된 것으로 보았다(McHoul and Grace 1993).

푸코의 이론을 수용하는 것은 곧 국가와 주체의 관계를 시민권의 문제에서 분리하는 것을 포함한다. 푸코주의 정치인과 후기 근대 이론은 권력이 모든 곳에 있다고 보기 때문에, 시민권 이론은 국가와 시민의 관계로부터 국가가 개입과 상관없이 시민들이 그들이 처한 상황을 바꾸려는 모든 부문으로 확장되었다(Janoki and Gran 2002: 13). 이와 유사하게 이칠로브(Ichilov)는 "사회가 동등하게 분절되어 있기 때문에, 개인과 사회의 계약 관계의 기초(시민권이 의존한다고 이야기 되는)는 더 이상 존재하지 않는다."고 주장하였다(Ichilov 1997: 22). 국가와의 관계에서 시민의 행동을 제거한 결과 중 하나는 권력으로부터 시민성 개념을 분리한 것이다. '권력은 어디에나 있다'는 말은 권력은 아무데도 없거나 최소한 어디에 집중되어 있는지 초점을 맞출 수 없어야만 한다는 뜻이다. 대신 코즈모폴리턴 시민성은 오늘날 개인의 태도, 가치를 변화시키는 일과 사람들이 세계를 바라보는 방법의 점진적인 변화에 영향을 주는 것, 그리고 그 안에서 자신의 역할에 관한 것이다. 실제로 이는 사회 변화보다는 개인으로 시민성의 초점이 이동한 것이다. 글로벌화와 국가의 쇠퇴로 개인은 그들만의 '기대지평'을 찾아야만 했다. 그러나 변화를 위한 집단적인 가능성에 대한 의식 없이 이루어지는 개인 차원에서의 변혁은 그 활동 범위(scope)에 한계가 있다. 라이디는 시민 스스로가 매우 빈번하게 글로벌화 속에서 '익명의 게임으로부터 배제되지 않는 것'을 추구하게 된다고 추측했다(Laidi 1998: 11).

정치적 행동의 정의가 사적·공적 영역으로부터 개인적 영역으로 재배치된 결과, 정치적 행동은 모두에게 열려 있게 되었다. 만약 정치가 개인의 행동과 정체성의 형성에 관한 것이라면, 개인이 활동적인 시민이 되기 위해서는 성인의 성숙함도, 세계에 관한 지식도 굳이 필요하지 않다. 초기에는 이전의 국가주의적 시민권으로부터 배제되었던 사람들에게 권리를 주는 것이 평등주의적인 것으로 보였다. 그러나 이것은 모든 사람을 '공무'를 맡을 수 있는 높은 지적·정치적 수준으로 끌어올리는 방법을 통해 성취된 것이 아니라 시민권에서 정치적 책무성을 분리하는 것으로 이루어졌다. 오늘날 재활용, 탄소 발자국 줄이기, 지역 식품 구입하기 등과 같이 사회적 진보의 구조 밖에서 일어나는 많은 개인의 행동이 정치적으로 해석된다. 어떻게 사회가 진전하는가에 대한 비전 없이, 그러한 행동의 목적은 단순히 현재를 지속하는 것이다. 그러나 그들이 사회 변혁을 위한 권력과 그 메커니즘에 관한 논의를 피함에 따라 환경적·다문화적 프로젝트는 현재를 지속하고자 하는 목적에 의해 제한받는다. 결과적으로 프로젝트와 명확한 결과 사이의 연결이 없어지고 정치적 책무성이 결여됨에 따라, 개인의 '정치적' 행동은 누군가의 정체성을 형성하는 것으로 기념된다.

개인의 정체성을 형성하는 미사어구가 정체성 형성 과정에서 개인의 역할을 강조할 때는 급진적이고 진보적으로 보이는 반면, 이는 정치적 변화를 위한 집단 행동 이슈를 피함으로써 정체성을 끌어낼 수 있는 목적적인 사회적 행동을 저해한다. 챈들러(Chandler)가 관찰한 것처럼 "집단적인 열망 및 참여와 관계없는 개인적 행동주의는 어떤 집단적 의미도 갖지 못한다."(Chandler 2004). 의미 있는 사회 변화를 낳는 정치적 행동은 사회적 혹은 정치적 권력을 가진 기관에 그들의 집단적인 에너지를 집중함으로써 공동의 목적을 표출하고 변화를 가져오는 정치적 권리를 실행하는 시민으로부터 나온다. 변화를 일으키기 위한 집단 행동과 분리되어 있거나 권력의 질문을 회피하는 개인적인 행동은 차라리 도덕적 행동으로 이해하는 것이 낫다. 한 개인이 개인적인 행동을 하는지 하지 않는지의 여부가 광범위한 사회적·정치적 변화를 이끌어 내지는 못하기 때문이다. 그들은 더 큰 정치적 파급력이 전혀 없다.

이러한 정치의 비정치적인 정의는 이전에는 정치적 책임을 지는 데 적당하다고 생각되지 않았던 개인(어린이 포함)으로 시민성의 개념을 확장했다. 어린이를 '배아기적 시민'이나 '만들어지고 있는 시민'으로 보는 대신, 코즈모폴리턴 시민성 모델은 어른과 동등하게 충분히 역량 있는 존재로 취급한다. UN 아동권리협약이 어린이를 수동적으로 수혜를 받는 사람이 아니라, 권리의 소유자 혹은 주체라고 주장한 이후로 '활동적인 시민으로서 어린이'에 대한 아이디어는 점점 중요성을 더하고 있다(Unite Nations Covention on the Rights of the Child 1989). 아동들의 삶과 세계에 대한 그들의 이해를 살피고, 그들에게 '능동적인 시민'으로서의 권한을 부여하는 주제로 이루어진 연구들을 포함해, '아동 지리학'에 대한 문헌 연구는 점차 확대되고 있다(Holloway and Valentine 2000 참조). 옥스퍼드브루룩스 대학교(Oxford Brookes University)의 사이먼 캘팅(Simon Calting) 교수를 포함한 몇몇 지리학자들은 학생들의 교육과정 개발에 학생들을 참여시키자고 주장하였다(2003). 학술지 *Geography*의 논문을 통해 캘팅은 "로컬과 글로벌 공동체의 책임 있는 구성원, 파트너, 참여자로서 아동들과 과업 수행을 옹호하는 학생 중심의 교육과정"을 주장했다(Catling 2003: 190). 그러나 아동들은 구성원의 자격 조건에서 정치적 책임감을 배제시킬 때에만 '글로벌 공동체의 책임 있는 구성원'으로 간주될 수 있다. 주목할 만한 것은 아동 '역량 강화'가 그들의 개인적 가치와 행동을 반영하는 글로벌 윤리 논의에 대한 참여와 연결된다는 점이다. 이것은 코즈모폴리턴 모델에서 시민이 되기 위해 요구되는 것의 전부로, 성인 시민에게도 마찬가지로 적용되며, 아동이 성인과 동등하게 여겨질 수 있는 유일한 길이기도 하다.

이전에 배제되었던 집단에게 권리를 확장하려는 시도는 확실히 치밀하게 의도되었지만, 이는 정치적 책임의 의무를 도려내고, 성인 시민들의 권리를 손상시키는 방식을 통해서만 성취될 수 있었다. 한나 아렌트(Hannah Arendt)는 인권을 수호하는 제도를 고려하는 데 실패한 인권의 개념을 비판하였다. 제2차 세계대전 중 난민들의 역경에 관해 논의하면서 아렌트는 다음과 같이 말했다.

> 만약 한 인간이 그 정치적 지위를 잃는다면, 그는 생득적이고 타협할 수 없는 인권의 영향으로, 일반적인 권리 선언이 제공한 상황 아래 있어야만 합니다. 실제로는 그 반대입니다. (Arendt 1985: 300)

그녀는 계속해서 "사람들이 그들의 정부를 잃고 최소한의 권리를 지키는 데 실패하는 순간, 그들을 보호할 어떤 권력도 남아 있지 않았으며, 그들의 삶을 보장할 어떤 제도도 없었다."고 말했다(Arendt 1985: 292). 그러므로 우리의 권리는 특정한 정치권력과 연관된 상태에서 획득되었기 때문에 의미를 가지게 된다. 정치적 맥락이 달라지면, 예를 들어 외국에서, 개인은 같은 권리를 가질 수 없다. 오늘날 인권 침해는 다르푸르(Darfur)[3], 수단 혹은 코소보 등의 상황에서 서구 개입을 정당화하는 데 이용되고 있다. 그러나 누가 이와 관련하여 행동하는지와 상관없이, 소위 인권 침해는 외부의 옹호나 강대국의 일

3 역주: 남수단공화국의 서부에 위치한 주. 분쟁 지역이다.

표 8.2 국민의 권리와 인권의 개념

	국민의 권리	인권
지리적 스케일	국가	글로벌
유형	배제	포용
주체	개인 자신	개인 자신
옹호자/창시자	개인 자신	외부의 타인
보증인	주/연방 정부	?

출처: Pupavac(2005)

시적인 기분에 전적으로 의지하고 있다. 인권의 침해와 개입이 외부에 의해 결정되는 이 지점은 코즈모폴리턴 시민성의 현재 개념에 관한 심도 깊은 문제, 권리의 소유자와 권리의 옹호자의 분리를 향하고 있다(표 8.2 참조).

근대 국민국가에서, 시민은 권리의 담지자이자 옹호자이다. 사람들은 그들의 권리를 위해 싸우고 방어한다. 새로운 코즈모폴리턴 모델에서, 권리의 담지자와 옹호자는 분리된다. 글로벌 이슈에 관한 이전 장에서 보여 주듯이, 글로벌 시민성은 때때로 타인의 권리에 대해 무수한 옹호 활동을 요구한다. 애초에 '누가 다른 사람을 대신하여 말할 권리가 있는가?'에 관한 법적인 지명(appointment)이 없기 때문에 이는 위험한 선례이다. 그리고 옹호가 권리와 권리 담지자의 이익을 잘못 대변하면 어떤 일이 일어나겠는가? 권리에 대한 이러한 접근은 권리 담지자가 무능력하다는 가정하에 외부의 권리 옹호자들의 역할을 고양시킨다.

이것은 교육과 어린이의 경우에 틀림없는 사실이다. 앞서 언급한 대로, 아동들을 글로벌 시민으로 포함시킨다고 해서 그들의 도덕적 판단 능력을 더 신뢰하게 된다는 뜻은 아니다. 사실은 그 반대이다. 글로벌 시민 교육의 옹호자들은 사람들이 지식과 기술의 습득만을 통해 정치적인 주체로 발전하지 않는다고 가정한다. 지식과 기술을 습득해도 사람들이 공적인 삶과 국가와의 의미 있는 관계는 분리되어 남는다.

정치 이론가 바네사 푸파백(Vanessa Pupavac)이 언급한 것처럼, "아동의 권리 담론은 아동의 불완전성을 전제하며, 권리를 담지하는 개인은 유능하다는 전제에 도전하고, 이성적이고 자주적인 개인의 존재 여부에 의문을 던진다."(Pupavac 2000: 146) 아동의 불안정성과 현대 사회 이슈로부터의 분리에 관한 발상은 국가가 개인의 도덕성 및 정체성에 관한 건설적인 역할을 수행할 수 있다는 가능성을 제기한다. 권리의 부여가 부모로부터 오지 않는 것을 전제한다면, 왜 개입이 필요한가? 국가와 전문가들은 글로벌 시민 교육을 증진하는 부모들에게 이러한 과업을 수행할 합법성과 능력이 있는가에 대해 의문을 제기한다. 아동의 권리는 아동의 이름으로 전문가들의 활동을 강화하고 자기 자식을 어떻게 키울까에 대해 결정하는 개별 시민들의 권리를 약화시킨다(Pupavac 2000: 146).

시민과 국가 사이에 새롭고 의미 있는 관계를 만들려는 노력의 일환으로, 국가는 학교를 통해 아동들의 심리적·도덕적 복리(well-being)를 추구하고 있다(Nolan 1998; Furedi 2004). 개인의 긍정적인 감정과 도덕적 복리에 대해 새롭게 강조하는 것은 단지 새로운 유행이 아니다. 사실, 이것은 미국과 잉글랜드/웨일스 모두에서 교육의 새로운 조직 원리가 되었다. 아동의 긍정적인 자기개념(self-concept)이나 자기존중(self-esteem)을 키우는 일은 오늘날 도덕적 성장과 학습 모두에 필수적인 것으로 여겨진다. 자기존중을 유도하는 교육의 재조직화는 제대로 문서화되어 있다(Hewitt 1998; Ecclestone 2004). 여기에는 성교육(모든 관계를 포함한), 약물 오남용 방지 교육, 체육 교육, 보건 교육뿐만 아니라, 수학, 과학, 언어, 지리에 대한 수업을 알려 준다. 이전 장에서 지리의 윤리적 전환이 지리 교육과정에서 어떻게 도덕적·심리학적 목적에 대한 통합된 중심을 형성했는지 설명하였다.

정치와 정체성의 융합으로 인해, 교육과정의 정치화에 대한 비난을 방어하는 역할을 했던 자유주의에서의 사적 양심과 공적 영역의 분리는 더 이상 제 역할을 할 수 없게 되었다. 대신에 개인의 심리적 영역이 시민 교육의 본질적인 것으로 여겨진다. 이것은 미국에서 심리적·감정적 목표가 1980년대 교육과정에 수입되면서 처음으로 일어났다(Hunter 2001). 전통적 시민권과 교육이 의문시되던 시점에 헌터(Hunter)는 심리학이 "인간의 최선을 이해하고 개발시킬 수 있는" 과학적이고 중립적인 방법이라고 주장했다(Hunter 2001: 82). 신권정치와 이데올로기가 도덕적 권위의 원천으로서 약화되는 동안, 사회 이론가들은 도덕의 감정적인 면을 정교화하기 시작했다. 헌터는 1970년대 후반 감정적·정신적 복리가 긍정적인 사회 행동과 도덕적 행위의 기반으로 쌓여 가고 있다는 개념을 주장했다(Hunter 2001: 84). 예를 들어, 공감은 자비를 위해 필요하며, 두려움은 용기의 전제 조건이고, 누군가의 삶에서 위기를 경험해 보는 것은 경고를 불러일으킨다.

이러한 치료적 모델(therapeutic model) 아래에서 학생들은 실세계에 대한 이해를 얻기보다는 그들의 개성과 삶을 들여다보도록 권장받았다. 교육에 대한 치료적 접근의 옹호자들은 사회적 변화나 순수한 정치의식을 들여다보기보다는 그들의 손상된 정체성 내면을 탐험한다고 교육 이론가 캐스린 에클스톤(Kathryn Ecclestone)은 말한다(2004: 131). 그러나 그러한 자기 성찰은 정치적 행동의 기초를 형성하기보다는 자기집착(self-obsession)을 유도할 가능성이 더 크다. 코즈모폴리턴 시민성 모델의 정체성은 사회적 이해와 정치화의 토대로 여겨지기보다는 개인적·감정적·자기성찰적인 형태를 취한다.

마무리 제언

위에서 인식된 교육과 시민성의 위기는 자유주의의 쇠퇴와 사회 변혁의 가능성을 보여 주는 신조가 상실되면서 촉발되었다. 이것은 국민국가가 인간 진보와 해방에 대해 특별한 신념이 있다고 주장하는 것은 아니다. 국민국가는 그렇지 않다. 근대에 국민국가는 분열을 초래할 만큼 다양한 세계관을 권장했고, 수백만 명의 시민이 의심스러운 정치적 계획을 위해 개인적인 희생을 경험하도록 유도했다. 국가 시민성으로 돌아갈 길은 역시 없고, 없어야만 한다. 그러나 시민성과 사회가 후기국가주의적 관점으로 이동함에 있어서 사회적 진보를 향한 임의의 움직임에 기본적인 것으로서 유지할 가치가 있는 국가적 모델에 고유한 어떤 아이디어와 원칙들이 존재한다. 개인의 신념과 세상을 그들이 적당하다고 판단하는 대로 만들어 나갈 수 있는 사람들(미래의 시민들을 포함한)의 집단적 능력이 여기에 해당한다. 언젠가 공무를 담당할 젊은이들에게는 그들이 물려받게 될 세상을 이해하고 해석할 수 있도록 지리 과목을 포함하여 폭넓고 엄격한 교육에 접근할 필요성이 생긴다.

그러나 글로벌 관점에서 지리 교육에 표현된 글로벌 옹호 활동은 이것들 중 어떤 것에도 해당하지 않는다. 반면에 글로벌 관점은 사회적 진보의 비전, 최종 목표, 집단 행동의 리더십과 신념이 부족하다. 글로벌 옹호는 소위 이야기하는 코즈모폴리턴 시민성을 모델로 하고 있는데, 코즈모폴리턴 시민성에는 자주적인 개인의 도덕적 능력에 대한 신념이 부족하다. 코즈모폴리턴 모델은 사회 변화에 대한 프레임 없이 사회적·정치적 맥락에서 시민성을 배제시켰으며, 권력과 사회 변화에 대한 의문으로부터 회피하여 그것을 개인 차원의 변화에 맡겨야 한다고 재구성하였다. 이 새로운 시민성의 재발명은 학생들의 지적인 발전보다 지식, 태도, 심리적 복리에 다시 초점을 맞추고 있다. 정부와 교육 전문가들이 젊은이들의 감정과 가치, 확고한 정체성의 수호자로 분하고 나선 것이다. 명시적으로, 글로벌 시민 교육은 젊은이들에게 지식, 문헌, 정치적 이해를 활용해 그들의 세계관을 형성하기보다 스스로의 인격을 되돌아볼 것을 유도하며 학생 윤리를 추구한다. 따라서 글로벌 옹호 활동은 사회 변혁의 출발점이 아니라 오히려 그것의 부정(不定)이다.

더 읽을거리

Catling, S. (2003) 'Curriculum Contested: Primary Geography and Social Justice', *Geography* 88 (3): 164-210.

Chandler, D. (2002) *From Kosovo to Kabul: Human Rights and International Intervention*, London: Pluto Press.

Duffield, M. (2007) *Development, Security and Enending War: Governing the World of Peoples*, Cambridge: Wiley.

Ecclestone, K. (2004) 'Learning or Therapy? The Demoralisation of Education', British *Journal of Educational Studies*, 52 (2): 112-37.

Isin, E. and Turner, B. (eds) (2002) *Handbook of Citizenship Studies*, Thousand Oaks, CA: Sage.

Laidi, Z. (1998) *A World without Meaning*, London: Routledge.

Mitchell, K. (2003) 'Educating the National Citizen in Neo-liberal Times: From the Multicultural Self to the Strategic Cosmopolitan', *Transactions of the Institute of British Geographers*, 28: 387-403.

Pupavac, V. (2000) 'From Statehood to Childhood: Changing Approaches to International Order', in M. Pugh (ed.) *Regeneration of Wartorn Societies*, London: Macmillan.

Pupavac, V. (2005) 'The Demoralised Subject of Global Civil Society', in B. Gideon and D. Chandler (eds) *Global Civil Society: Contested Futures*, London: Routledge.

결론

교육과정에서 글로벌 관점: 혼란에 빠진 지리 교육과 시민 교육

GLOBAL PERSPECTIVES
IN THE GEOGRAPHY CURRICULUM

결론에서는 『글로벌 관점과 지리 교육』이 탈국가적 세계에 대한 반영 이상의 것임을 보여 줄 것이다. 실제로 탈국가적 세계에 따른 국민국가의 해체, 그것의 정치 시스템, 세계에 대한 관점은 동시에 자유민주주의 형태로 표현된 사회적 진보, 지리 교과와 같은 교과의 지적 기반에 의해 구축된 교육 시스템, 그리고 개인적 차원에서 개인의 도덕적 존재에 대한 해체에 해당한다. 지리 교육과정이 제공하는 세계에 대한 모든 관점의 범위 내에서 인간의 업적은 평가절하된다.

지리에서 글로벌 관점은 사회적, 경제적, 정치적, 도덕적 목표들을 포함하여 지리에 내재된 중요한 교육 목적들의 성장을 주도해 온 본질을 약화시키는 결과를 낳았다. 지리 교과가 '코즈모폴리턴' 또는 글로벌 시민성을 수용하면서 지리의 본질은 문화상대주의, 맥락에 의거한 지식, 치유적 에토스(therapeutic ethos)에 의해 약화되고 있다. 학생들이 시각화하고, 이해하고, 그들을 둘러싼 세계를 이해하도록 도와주는 학문으로서 지리는 문화에 기반해 지식과 정체성을 바라보는 일부 정책 입안자와 사회 이론가들에 의해 약화되어 왔다. 이로 인해 지리 교과는 혼란스러워졌다. 즉 도덕적 내용이 결여되었다.

자연지리 및 인문지리의 입장에서 새로운 이론적 근거는 수많은 교육과정들에서 등장해 왔다. 학생들은 지리가 그들에게 세계에 관한 글로벌 또는 다양한 관점을 제시할 수 있다고 배웠다. 그러나 이처럼 뚜렷한 진보적 목표에도 불구하고, 이 책에서는 얼마나 많은 그 반대의 상황이 일어나고 있는지를 보여 주었다. 글로벌 옹호의 특징은 사회적 관점이 결여되었다는 것이다. 왜냐하면 시민들의 개인적·집단적 도덕 판단에서 사회적 진보와 신념에 대한 비전이 결여되어 있기 때문이다. 자유주의의 현재 위기를 반영하는 것은 분명히 반자유주의적이면서 궁극적으로 비인간적인 경향을 포함한다. 이러한 것들이 글로벌 관점의 형태로 지리 교육과정에 유입되었다.

마스덴(Marsden 2001a)이 관찰한 대로, 시민성을 위한 교육은 개인의 도덕적 가치를 결정하는 개인의 자유라는 자유주의 기반에 상반된다는 점에서 본질적으로 권위주의적인 실천에 해당한다. 학생들에게 그들이 인생을 어떻게 살아야 하는지, 그리고 그들이 따라야 하는 가치에 대해 지침을 주는 것은 그들 스스로 미래를 꾸려 갈 가능성을 부정하는 것과 같다. 아렌트(Arendt)가 지적한 대로, "각각의 새로운 세대가 자라 구세대의 세계로 들어가는 것은 인간 조건의 본질적인 속성이므로, 새로운 세대를 위한 새로운 세계를 준비하는 것이 누군가 후속 세대의 힘으로 새로운 체제의 가능성에서 벗어나기를 소망한다는 것을 의미한다."(Arendt 1968: 174) 즉 자유민주주의의 초석은 각각의 세대가 그들에게 적합하다고 여겨지는 세상의 변화로부터 자유로워야 한다는 것이다.

물론 국민국가가 항상 자유민주주의 이념에 부응했던 것은 아니다. 국가주의 시민 교육 자체는 국익에 봉사하도록 학생들의 가치 체계를 구축하고자 했다는 점에서 본질적으로 자유주의적 성향이 있었다. 그러나 시민성을 위한 새로운 탈국가주의 기반을 찾는 데 있어서, 국가주의적 모델로부터 보존할 만한 가치가 있는 특정 원칙들이 있다. 특히, 정치 연합을 통해서 사회를 형성할 수 있는 도덕적 존재로서 자율적인 개인의 개념이다. 또한 '시민의 공무(office of citizen)'를 맡기 위해서, 젊은이들은 아이디어와 의견을 제시할 수 있도록 세계에 관해 무언가를 배울 필요가 있다.

21세기, 일부 지리 교육과정에서 개인적인 '코즈모폴리턴' 시민의 개념은 근본적으로 이러한 민주주의적 기반과 상충한다. 국가의 시민과는 달리 현재의 코즈모폴리턴 시민은 교육의 미덕, 정치적 지식 및 성인으로의 성숙성에 의해서 도덕적 존재로 발전하지는 않을 개개인으로 간주되고 있다. 코즈모폴리턴 시민의 출발점은 인간 역량이 줄어든 개인이라는 것이다. 따라서 코즈모폴리턴 시민의 도덕적 자아는 가치 교육을 통해서 인도, 지도되어야 된다. 국가 시민 교육에서는 젊은이들이 교육과 삶의 경험들을 통해서 자율적인 도덕적 주체로 발전하기 때문에 이들의 가치 체계에 영향을 주고자 노력하였다. 반면에 글로벌 시민 교육에서는 미리 결정된 윤리와 개별적 특성에 적합한 도덕적인 개인 형성이 수업의 핵심 초점이 되어 왔다. 그러나 이는 지리 지식 및 기술의 중요성에 대해 평가절하하는 것이다. 정치적 공동체의 부재에서 개인의 삶에 의미를 부여하기 위해, 소위 코즈모폴리턴 시민은 현대 서구적 윤리(환경 가치, 문화 다양성, 사회정의, 다른 사람 배려 및 존중), 성향 및 행동 양식을 따를 것으로 기대된다. 제7장에서 언급했듯이, 지리 교육과정에서 글로벌 이슈는 자주 지리적·정치적 환경으로부터 분리되는 대신 현대 서구의 윤리적 시각으로 제시된다. 이러한 교육은 주어진 지역에서 사람들이 직면한 현실적 이슈를 탐구하고, 그들의 삶을 이해하고, 그들을 진정으로 존중하고 공감하려는 학생들의 능력을 억제한다. 교육과정의 목적으로서 이러한 가치는 글로벌 관점을 통해 학생들에게 억지로 떠맡겨진 것이지 스스로 깨닫도록 허용된 것이 아니다. 이러한 강요된 세계관은 피상적이며 꾸며낸 가치로 이어질 수 있다. 따라서 국가적 자유 교육 모델이 도덕적 시민을 창출하고자 모색했던 반면에, 글로벌 시민성은 국가와 전문가들이 개인과는 별개의 가치와 감정적 대응 같은 인격의 근본적 측면에 대해 책임을 졌다는 점에서 도덕적 자아를 약화시키고 있다.

글로벌 관점과 함께 지리 교육은 국가, 비정부기구 또는 전문 교육자들이 결정한 사고방식 및 행동 모델로 재정립되고 있다. 학생들은 '글로벌 관점'을 수용하는 것을 '글로벌 공동체'의 구성원 자격을 부여하는 정체성 모델에 순응하는 것과 동일시한다. 국가는 사회 개발 프로젝트의 이해 당사자로서 미래 시민들의 삶에 더 이상 의미를 제공할 수 없는 반면에, 개인들의 심리-사회적 발전에 영향을 미침으로써 새로운 치유 역할을 모색하고 있다(Nolan 1998; Furedi 2004).

글로벌 관점을 채택한다는 것이 '공동체'의 구성원 자격을 부여하는 것이라면, 반사회적이고 비인간적인 세계관을 갖게 하는 것은 다름아닌 바로 공동체이다. 학생 개개인의 도덕적 자아에서 신념의 상실은 보다 만연한 사회진보(social progress)에 대한 신념의 상실과 궤를 같이 한다. 국가 시민성 아래에서는 비록 제한적이긴 하지만 개인에게 사회의 긍정적인 비전이 제공되었고, 사회 변화를 가져오는 인간의 역할이 제공되었다. 사회가 어떻게 진보해야 하는가에 대한 좌·우파 이데올로기는 인간 해방을 위한 잠재성에 대한 신념을 함께 공유했다. 국민국가에서 도덕성은 시민들의 삶과 그 사회를 개선시키기 위한 잠재성에서 도출되었다. 이러한 도덕성은 국가의 비전으로 제시되었다. 비록 다른 이데올로기 관점에서 나온 것이지만, 이 국가적 비전은 유익한 방식으로 경관을 구축하고, 물질적 부와 인적 자본을 증가시키고, 그들이 제기한 자연적·사회적 문제를 해결하는 것이었다. 이러한 경쟁적 이데올로기 역시 지식, 가치 및 경제, 정치 체계의 보편적 잠재력에 대한 신념을 바탕으로 구축되었다. 이러한 이데올로기는 단점에도 불구하고, 인류의 발전 위해 세계를 이해하고 공동의 인적 자원을 모으는 인간의 잠재력에 신념을 표현했다. 사람들이 어떤 이데올로기에 집착하든 그것은 내일을 위해 사회를 개선하기 위한 프로젝트와의 연결을 통해 시민의 삶에 의미를 부여했다(Laïdi 1998 참조). 반대로, 교육과정에서 글로벌 관점으로 전달된 메시지는 정확하게 그 반대였다. 즉 사람들이 그들의 세계에 대해 정확히 알지 못하기 때문에 세계를 바꾸려는 시도는 부정적인 결과를 낳게 되었다.

21세기 서구 사회는 보다 나은 세계를 만들기 위한 인류 잠재성에 대한 신념을 상실하여, 인간의 자유에 대한 신념을 표현하는 대신에 그것을 규제하고 제한하려고 한다. 이것이 글로벌 관점의 특징을 알려 주는 정치적 맥락이다. 이 책에서 설명하는 바와 같이 일부 지리 교육과정은 이러한 인간 혐오 관점을 채택하고, 이것을 학생들에게 전달하고 있다. 즉 생산, 소비, 개발 및 성장에 환경적 한계를 묘사함으로써, 인간을 자연환경 파괴와 오염의 주범으로 제시함으로써, 인간이 무엇을 하는가보다는 누가인가에 의해 정체성을 지배받는다는 문화의 다원적 해석을 통해서, 그리고 정확하게 세계를 설명·해석하는 지리와 같은 분야의 한정된 잠재력으로 학생들을 가르침으로써 말이다.

마찬가지로 이러한 인간적 관점의 약화는 일부 지리 교육과정에서 제시 및 해석하고 있는 개발도상국의 사회 발전에서도 나타난다. 과거 식민지 시대를 연상시키는 방식으로, 오늘날 개발도상국에 대한 서구 사회의 개입은 지속가능한 개발의 방식으로 사람들을 '교육하는' 형식을 취하면서 문화적 차이와 인권을 존중한다. 이에 따라 글로벌 관점은 도덕적으로 뛰어난 서구와 비도덕적이라고 간주되는 개발도상국 사이를 새롭게 구별하고 있다. 그러나 이러한 도덕적 구별의 결과는 의존성 관계를 유지시키면서 개발도상국의 저개발 상태를 지속시키고 글로벌 부정의를 부각시킨다(Duffield 2007b). 개발도상국을 위한 실질적 사회정의는 국민들이 서구 '글로벌' 가치를 정하기보다는 그들이 그들의 미래를 결정할 수 있을 때 찾아올 것이다(Pupavac 2006).

자유민주주의에서 도덕성과 그 의미는 시민의 삶을 개별적·집단적으로 끌어올리기 위한 국가의 잠재성으로부터 도출된 반면에, 코즈모폴리턴 시민성은 도덕성과 그 의미를 개인 및 그들 사회 외부에 놓는다. 앞서 설명한 각각의 글로벌 가치는 우리 자신 및 현재 사회의 외부에 있다. 따라서 글로벌 관점을 통해서는 일반적으로 젊은이들의 삶이나 사회를 향상시킬 곳이 없다. 글로벌 관점에서 제시한 유일한 비전은 우리 모두가 다른 것, 즉 자연환경, 다른 문화권 사람들, 소수민족 또는 희생자에게 일조해야 한다는 것이다. 여기에서 글로벌 차원은 "학생들의 자아중심주의(egocentricity) 감소"에 관한 것이다(Lambert et al. 2004). 결론적으로 이것은 학생들에게 의견의 차이에 대한 도전보다는 존중은 가르치는 것을 의미한다. 그러나 이것은 세계 혹은 사회 개선을 이해함에 있어서 모든 공동(체) 향상의 가능성을 제거하는 것이다.

국수주의 편견에도 불구하고, 자유주의 교육 모델에 전제된 아이디어는 젊은이들이 보다 나은 세계를 만들기 위해 정치적 계획에 참여할 수 있도록 세계에 관해 무언가를 알아야 할 필요가 있다는 사실이다. 글로벌 관점으로 인해 이 과정은 반전되어 왔다. 글로벌 이슈는 학생들에게 지구에서 인류의 역할을 부정적으로 해석하도록 만들었다. 글로벌 이슈는 일부 지리 교육과정에서 학생들이 글로벌 이슈에 영향을 미치는 비인간적 가치를 내면화할 것이라는 기대를 갖고 탐구된다. 자유주의 교육이 학생들에게 그들 주변의 세계에 대해 눈을 뜨게 하고 사회 발전의 가능성을 보도록 종용하는 반면에, 글로벌 관점은 그들에게 자신의 내면을 응시하고 한정된 인간의 열망을 내면화하도록 가르친다. 즉 이것은 학생들에게 그들 자신의 인간성을 부인하도록 한다.

지리를 위한 도덕적 틀의 복원

학생 교육에서 지리의 본질적 가치를 재성립하기 위해서는 다음의 두 단계를 밟아야 한다. 첫째, 정치 세계와 학생들의 삶이 분명하게 구분되어야 한다. 실제로 지리를 위한 모든 정치·사회·경제의 본질적 목적들이 지리로부터 배제되어야 한다. 학교는 교육을 위한 공간으로 인식되어야 한다. 학교가 성인들의 정치 영역에서 제기되는 사회 및 정치 문제를 바로잡으려는 장소로 인식되어서는 안 된다. 아이들에게 필요한 것은 "그들이 성장할 수 있는 안전한 공간"이다(Arendt 1968: 183). 학생들은 실제 세계에서 분리된 보호 구역을 필요로 한다. 따라서 학교는 학생들에게 어른 세계에 대한 통찰력을 제공함과 동시에 현실 세계로부터의 보호 구역을 제공해야 한다. 현실적인 정치적 책임과 공적인 관심 대상으로부터 학생들을 보호함으로써 학생들에게 성인으로서가 아니라 아동으로서 행동할 수 있는 공간이 주어지도록 해야 한다. 이러한 공간은 아동들이 정치적 결과와 상관없이 실험하고, 배우고, 묻고, 가설을 제기하고, 세상에서 그들의 입지를 찾는 데 필수적이다. 이것은 수많은 숙련된 교사들이 실생활 결과와는 무관하게 수업 중에 실생활을 자주 모방하는 이유이다.

학생들이 성장할 수 있는 이러한 공간을 창출한다고 해서 그들에 대한 우리의 기대를 낮추는 것은 아니다. 실제로는 그 반대의 결과를 가져올 수 있다. 즉 학생들에 대한 우리의 기대를 증대시키는 것이다. 학생들이 성인과 같이 지적·정서적으로 성숙하기 전에 시민으로서 정치적 책임을 지도록 기대하는 것은 현재 일부 지리 교육과정에서 추진되고 있는 코즈모폴리턴 시민 교육 모델에 내재된 개인의 도덕적 자율성의 결여를 보여 준다. 글로벌 관점의 교육에서 도덕적 자아 형성을 추구하면서 학생들의 가치, 정체성 및 감수성에 초점을 둔다는 것은 학생들이 자신의 도덕적 범위 및 정체성을 개발할 수 있는 역량에 대한 전문가들의 낮은 기대를 말해 준다. 이러한 접근 방법의 위험성은 에클스턴(Ecclestone)이 언급한 "치유적 에토스는 교육이 사람들로 하여금 자신 및 다른 사람들의 삶을 바꿀 수 있다는 낙관주의를 약화시키고, 사람들에 관한 교육적 믿음에 심리적 결핍을 불어넣는다."(Ecclestone 2004: 131)는 것처럼 자기충족 예언[1]이 될 수 있다는 점이다. 학생들은 성인을 통해서 자신을 주도한다. 학생들에게 도덕적 가이드와 심리적 지원이 필요하다고 말할수록, 학생들은 그것을 더 많이 믿고 필요로 할 것이다. 그럼에도 불구하고, 이는 이러한 상황을 돌려놓을 수 있는 위치에 있는 사람이 성인이라는 사실을 의미한다. 학생들에 대한 교사의 기대를 향상시킴으로써, 교사들은 학생들의 개인적·지적 역량에 대한 믿음, 그리고 그들이 성인이 되면 세계에 대한 책임을 져야 한다는 기대를 전달할 수 있다. 학생들에게 실제 세계와는 별개의 공간을 제공함으로써, 그들은 '시민의 공무'를 맡기에 적절한 수준까지 지적·정서적으로 발전할 수 있다. 교사들은 교육을 통해서 이러한 책임을 맡도록 준비하면서 많은 것을 배워야 한다고 학생들에게 알릴 수 있다.

지리가 자체의 도덕적 가치를 되찾기 위한 두 번째 단계는 지리 교육자들이 그들이 가르치는 지리 교육을 통해 학생들에게 자신들을 둘러싼 세계를 어떻게 이해시킬 것인가를 성찰하고 스스로 책임지는 것이다. 아렌트의 통찰력이 여기에 도움이 된다. 아렌트는 교사들이 과거와 미래 사이에서 위치를 확보해야 한다고 언급한다. 학생들 앞에 서서 그들에게 세계를 보여 주면서 암암리에 이 세계에 대해 책임을 져야 할 사람들은 바로 교사들이다. 비록 그들이 '그것이 은밀히 달라지기를 바라고 있을지라도' 말이다.

> 교사의 자질은 세계를 알고 그것에 관해 다른 사람들에게 가르칠 수 있다는 점에 있는 반면에, 이들의 권위는 이 세계에 대한 책임을 맡느냐에 달려 있다. 교사가 모든 성인들을 대표하는 것처럼 세부적 내용을 지적하면서 아이

1 역주: 자기충족 예언은 타인의 기대 수준에 자신의 행위를 맞추고자 노력하는 것이며, 영향력 있는 타인의 기대 수준이 학습자의 수행 능력에 미치는 영향이다.

들에게 이것이 "우리의 세계다."라고 말할 수 있어야 한다.

(Arendt 1968: 186)

교사의 권위는 세계에 대해 스스로 인식하고 있는 책임성에서 나온다. 왜냐하면, 교사의 권위는 다음 세대에게 그들이 곧 물려받게 될 정치적 책임감의 본질을 보여 주기 때문이다.

지리 교사에게 있어서 권위는 지리가 어떻게 학생들이 세계를 이해하는 데 도움을 주는지를 명료화하는 것을 의미한다. 교사들은 지리가 제공해야 하는 고유한 교육의 질을 인지할 필요가 있다. 제1장에서 언급했듯이, 20세기 중반부터 후반에 부상한 교육의 목적을 어느 정도 분명히 하면서 교육은 수백 년 이상 동안 과학적으로 발전했다. 교육과정은 최근 지리적 변화를 도입하기 위해 당연히 개정이 필요하지만 지리 교과에서 강조되고 있는 질적 수준은 상대적으로 일정하게 유지되어야 한다. 다음의 교육 질과 관련한 목록은 지리에서 강조하고 있는 질적 수준과 원리를 더욱 상세하게 참고하기 위해 지리 수업을 받는 학생들이 참고하는 필 거쉬멜(Phil Gersmehl)의 저서 『지리 교수법(Teaching Geography)』에서 주로 인용하였다.

지리는 위치 지식을 다루는 학문이다. 거쉬멜(2005)은 지리적 질문을 다루는 네 가지 기본 아이디어, 즉 위치, 장소, 연결성, 지역을 발견하였다. 이 네 가지 연결된 개념을 탐구함으로써 지리는 학생들에게 다음과 같은 도움을 제공한다.

1. **사물이 어디에 있는지를 안다**(위치). 어떤 것을 공부하기 전에 그것이 어디에 있는지를 알아야 한다(Gersmehl 2005). 여기에는 이 위치 주위에 무엇이 있는가의 상황(situation) 지식뿐만 아니라 절대적 및 상대적 위치(site)가 포

함된다. 위치를 설명하려면 거리, 방향, 주변 및 경계 등의 공간 개념을 숙지해야 한다.

2. **다른 장소들을 이해한다**(장소). 여기에는 지역 고유의 특징(기후, 식생, 지질, 인구, 문화, 토지이용, 경제활동 등)뿐만 아니라 그 원인을 제공하는 위치적 특징을 아는 것이 포함된다. 따라서 학생들은 자연적·인문적 원인과 역사적 유산을 포함하여 장소들의 특징에 영향을 준 원인과 영향을 이해할 필요가 있다. 여기에는 각각의 위치는 "고유의 특징을 만들어 내기 위해 상호작용하는 힘들의 독특한 혼합"일 뿐만 아니라 "예측 가능한 많은 결과를 갖게 하는 주도적 힘"을 갖고 있다는 인식이 포함되어 있다(Gersmehl 2005: 66).
3. **서로 다른 위치들 사이의 연결성을 이해한다**(연결성). 위치는 공간적으로 분리되어 있지 않다. 위치는 가깝고 먼 다른 위치들과의 자연적·인문적 연결성을 갖고 있다. 경관은 위치들 간의 지리적 경계선을 만든다. 강과 기후는 다른 위치들을 연결할 수 있다. 정치적 경계는 어떤 위치가 어떤 국가에 의해 통치되는지 및 어떤 사회적 규범과 법이 설정되는지를 결정한다. 오늘날 경제활동은 뚜렷한 관련성이 없는 수많은 위치들을 연결한다.
4. **공간적 패턴을 확인하고 이해한다**(지역). 지역화는 이해하지 못할 수도 있었던 자료를 이해하도록 학생들을 도와주는 분류 형식이다. 지역은 형식적(유사한 특징을 가지고 있는 집단 지역들)이거나 기능적(일부 연결 활동이나 특징을 통해 연결된 지역들)일 수 있다.

여기에 추가할 수 있는 다섯 번째 핵심 아이디어는 지리가 또한 인간 환경을 바라보고 이해하도록 학생들을 도와준다는 것이다(거쉬멜은 이것이 그의 네 가지 기능적 초석을 통해 달성된다고 주장한다). 그러나 이것은 많은 교사들이 지리를 과학뿐만 아니라 인문학의 일부로 보기 때문에 강조되어 왔다. 물론 이러한 목적은 지리에만 유일한 것이 아니라 인문학에 기여하는 모든 학문에 의해 달성된다. 이는 다음의 과정을 통해서 이루어진다.

1. 다른 사회 및 자연환경에서 일어나는 문화적 실천을 확인하고 묘사한다.
2. 인간의 아이디어와 행위에 의해 형성된 다양한 경관들을 확인하고 묘사한다.
3. 다른 위치 및 물리적 조건하에 있는 사람들이 직면한 이슈들을 발견한다.

지리는 사실, 이론 및 이슈 교수를 통해서 위의 목표 모두를 실현한다. 거쉬멜은 당연히 지리 교사들이 다양한 사실들, 이론들, 이슈들을 구별할 필요가 있다고 주장한다. 왜냐하면 학생들이 학습는 데 있어 이것들이 똑같이 중요한 것은 아니기 때문이다. 또한 그는 교과서가 전 세계와 모든 지리적 주제를 다루려고 하는 경향에 대해 경고한다. 이것은 지리의 배후에서 강조되는 근본적인 원리와 아이디어를 포착하는 데 필요하지 않다. 그러나 교육과정 지도자들은 학생들이 배워야 할 가장 중요한 사실을 놓고 결정해야 한다. 여기에는 학생들이 다양한 지리적 스케일에서 지리적 특징을 확인하는 데 도움을 주는 요소뿐만 아니라 주어진 지역에서 제시되고 있는 지리적 특징을 관찰하도록 도움을 주는 요소도 포함되어 있다. 교육과정 역시 어떤 지역이 학생들이 배워야 할 가장 중요한 위치인지를 명시해야 한다. 이 목록은 위치별로 이루어질 수 있지만 여기에는 가장 영향력이 있는 국가, 신속하게 발전하는 개발도상국가, 그리고 지리적·경제적·문화적·정치적으로 다양한 지역도 포함될 수 있다.

그러나 지리학자들은 세계를 정확하게 묘사하고 설명하려고 할 경우에만 지역의 중요성에 관해 학생들을 가르칠 수 있다. 많은 지리 교사들이 이미 이것을 실천하고 있는 반면에 일부 교사들은 진실을 상대적인 것으로 제시하며 세계가 어떠한지에 관해서는 판단을 피하려고 한다. 크론먼(Kronman)이 관찰했듯이, "세계에 대한 진실을 발견할 가능성에 대한 암묵적 믿음을 갖지 않는다면, 어떤 주제에 대한 논리적인 논의도 있을 수 없다."(Kronman 2007: 133) 지리는 세계를 이해하기 위한 매개이므로 현실과 직접 연결되지 않으면 이 임무를 이행하지 못한다. 즉 지리 지식은 자체의 설명력을 상실하고 학생들에게는 무의미하게 된다.

학생들이 배워야 할 인과적 특성과 이론을 선택함에 있어서 가설검증은 과학적으로 엄격한 접근방법이 될 수 있다(Gersmehl 2005). 거쉬멜은 그것들의 지적 신뢰성을 평가하기 위해 다음과 같이 세 가지 질문을 제시한다.

1. 이론은 조사된 데이터를 설명하는가?
2. 이론이 데이터를 설명한다면, 이것이 그 외 일반적으로 수용되는 이론에도 맞는가?
3. 몇 가지 이론이 데이터를 설명할 경우, 어떤 이론이 부작용이 가장 적은가?

(*ibid.*: 68)

가설, 이론, 법칙의 공식화를 통해 지리학자들은 현실 세계의 현상을 모델화하고 예측할 수 있다. 교실에서 이러한 추상적인 모델은 학생들이 공간적 차이점과 패턴을 확인하고 이해할 수 있도록 도와준다.

지리적 통찰력을 확보하기 위해 학생들 역시 지리학자들의 도구와 기술을 배워야 한다. 이를 위해서는 다음의 내용이 포함되어야 한다.

1. 무엇이 어디에서 왜 발견될 수 있는지에 대한 지리적 질문 제기하기
2. 질문에 대답하는 데 필요한 현장 답사, 지도, 공간 데이터나 그 외 자료/이론 등을 포함하여 지리적 정보를 수집하기
3. 지리적 정보를 분석할 수 있는 논리적 형식으로 조직하기
4. 지도, 통계지도, 그래프, 지리정보체계 등에 지리적 정보 표시하기
5. 결과의 해석을 통해 지리적 질문에 대답하기, 그리고 적절한 결론을 도출하기

이 목록은 로버츠(2006)가 찾은 연구 기법과 유사하다. 이러한 기법은 학생들이 유능한 지리학자가 되기 위해 확보해야 할 근본적 지식 및 아이디어와 직접 연결되어야 한다. 위의 자료 처리 및 자료 분석과 같은 일부 기법은 지리 고유의 것은 아니지만 공간 분석과 지도화 등은 지리 고유의 영역이라고 볼 수 있다.

제1장에서 언급했듯이, 지리 교사들이 이 과목에 접근하는 방법은 두 가지, 즉 계통적 접근과 지역적 접근이다. 지역 접근 방식은 한 구역이나 지역의 많은 특징에 대한 학습이 포함되어 있는 반면에, 주제 접근 방식은 광범위한 공간적 패턴을 다룬다. 흔히 교사와 교과서는 지역 사례 연구를 주제 접근 방식에 삽입하거나 주제를 지역적 접근 방식에 삽입함으로써 이 두 가지를 결합하려고 한다. 거쉬멜의 제안에 따르면, 교사가 한 방식에서 다른 방식으로 이동하기보다는 두 가지 방식이 분리되지 않을 때 학습이 향상된다. 이러한 접근 방식을 통해서 학생들은 지리적 관점의 중요한 부분을 이해할 수 있다. 즉 "세계는 글로벌 차원에서 작동하는 힘을 가지고 있지만 지역적 스케일에서 다른 힘과 상호작용한다는 인식"을 이해할 수 있다(Gersmehl 2005: 18). 이렇게 지리 고유의 특징에 대한 간략한 설명을 통해서 '지리적 관

점' 얻는다는 것의 실질적 의미에 어느 정도 통찰력을 갖출 수 있다. 간단히 말해 이것은 외현적 모습을 초월하여 우리 주위에 있는 것을 보고, 사실과 정보들을 더 넓은 지적 프레임에 위치화하며, 사물들이 공간적으로 어떻게 관련되어 있는지를 확인하고 이해하며, 대규모 및 소규모 스케일에서 공간적 현상들의 상호작용을 확인하는 학습을 의미한다.

현재까지 미국지리학회(Association of American Geographers), 미국지리학협회(National Geographic Society) 및 미국지리교육위원회(National Council for Geographic Education)가 편찬한 『삶을 위한 지리: 국가 지리 표준』이 중·고등학생 수준의 학생용 지리 교육 콘텐츠를 요약한 가장 종합적인 문서라고 볼 수 있다. 이 문서는 약 350명의 지리학자들이 10년에 걸쳐 작성한 연구결과이다. 몇몇은 18개의 표준을 다루기 어려운 것으로 알려진 반면, 1984년 『지리 교육 지침(Guideline for Geopraphic Education)』이 제시한 5개 주제를 선호하는 것으로 알려졌다고 언급했다. 거쉬멜은 '인간–환경과의 관계'라는 주제가 포함된 것은 환경 교육의 부상에 대응하기 위한 일부 저자들의 방어적 움직임이라고 생각한다. 그는 이 주제가 그의 네 가지 기초 개념에 내포되어 있다고 보았으며, 그의 말은 일리가 있는 것으로 보인다.

지리의 장점은 학생들에게 그들을 둘러싸고 있는 세계에 대한 경이감을 불러일으키는 것이다. 모든 사람들과 마찬가지로 학생들은 '이해의 부족으로 인해 특정지어지는 세계의 존재 원인과 결과에 관한 내적 호기심'에 의해 자극을 받는다(Kronman 2007: 216). 이것은 두 번째의 경이감을 불러일으킬 지식의 탐구 또는 교육의 과정을 이끌어 낸다. 여기서 사물에 관한(about) 우리의 경이감은 사물에서의(at) 경이감으로 변형되어 왔다. 즉 "사물의 구조에 대한 놀라움과 이러한 구조를 스스로 파악하는 우리의 역량으로"전환되어 왔다(*ibid.*: 217). 본질적으로 교육은 그 활용성과 상관없이 그 자체로 아름다운 것이다. 또한 교육은 인간 세계의 고유한 것이며, 인류에 기여하고 있다. 지리 수업이 세계의 복잡성을 학생들에게 제시하고 이 복잡성 안의 질서를 드러낼 때, 이러한 학습 경험은 대부분의 학생들에게 충분한 동기부여가 될 것이다. 교육과정을 학생들의 삶과 '관련 있도록' 만들거나, 교육과정이 그들 삶에 관한 것일 필요는 없다. 오히려 교육과정은 세계에 대한 지리적 관점을 학생들에게 부여하면서 학생들을 그들 자신을 넘어서는 존재로 이끌어 주어야 한다.

더 읽을거리

Arendt, H. (1968) *Between Past and Future*, with an introduction by J. Kohn (2006), New York: Penguin.

Gersmehl, P. (2005) *Teaching Geography*, New York: Guilford Press.

■ 참고문헌

Adams, W. M. (2001) *Green Development: Environment and Sustainability in the Third World*, 2nd edition, London: Routledge.

Advisory Group on Citizenship (1998) *Education for Citizenship and the Teaching of Democracy in Schools: Final Report of the Advisory Group on Citizenship*, London: Qualifications and Curriculum Authority.

Agnew, J. (2003) 'Contemporary Political Geography: Intellectual Heterodoxy and its Dilemmas', *Political Geography*, 22: 603-6.

Ainsley, F., Elbow, G. and Greenow, L. (1992) *World Geography: People in Time and Place*, Morristown, NJ: Silver Burdett & Ginn.

Allen, R., Bettis, B., Kurfman, D., McDonald, W., Mullins, I. and Salter, C. (1990) *The Geography of High School Seniors*, Washington, DC: Office of Educational Research and Improvement, US Department of Education.

Allott, P. (2001) 'Globalization from Above: Actualizing the Ideal through Law', in K. Booth, T. Dunne and M. Cox (eds) *How Might We Live? Global Ethics in the New Century*, Cambridge: Cambridge University Press.

Anderson, R. (1983) 'Geography's Role in Promoting Global Citizenship', *NASSP Bulletin*, 67: 138-9.

Arendt, H. (1968) *Between Past and Future*, with an introduction by J. Kohn (2006), New York: Penguin.

Arendt, H. (1985) *The Origins of Totalitarianism*, San Diego, CA: Harcourt.

Arreola, D., Deal, M., Petersen, J. and Sanders, R. (2005) *McDougal Littell World Geography*, Boston, MA: Houghton Mifflin.

Asia Society (2007) *International Education: What are the Goals?*, accessed at http://www.internationaled.org/goals.htm (visited 24 June 2007).

Asia Society (2008) *Directory of State Initiatives*, accessed at http://www. internationaled.org/directory.htm (visited 28 January 2008).

Assessment and Qualifications Alliance (2002) *GCSE Geography Specification A*, accessed at http://www.aqa.org.uk/qual/pdf/AQA-3031-3036-W-SP-04 (visited

30 May 2003).

Association of American Geographers (2006) 'AP Human Geography Testing Surges', *AAG Newsletter*, 41 (11), December 2006.

Bacon, P. (1989) *World Geography: The Earth and its People*, Orlando, FL: Harcourt Brace Jovanovich.

Baerwald, T. and Fraser, C. (2005) *World Geography: Building a Global Perspective*. Upper Saddle River, NJ: Prentice Hall.

Baker, R. (2005) 'Global Catastrophe, Global Response', *Teaching Geography*, 30 (2): 66-9.

Barker, E. (1958) *The Politics of Aristotle*, London: Oxford University Press.

BBC (2005) *Photo Journal: A Sri Lankan Survivor*, accessed at http://news.bbc.co.uk/ 2/shared/spl/hi/picture_gallery/04/south_asia_sri_lankan_tsunami_survivor/html/1.stm (visited 18 July 2007).

Bednarz, S. (2003) 'Citizenship in the Post-9/11 United States: A Role for Geography Education?' *International Research in Geographical and Environmental Education*, 12 (1): 72-80.

Bednarz, S. (2004) 'US World Geography Textbooks: Their Role in Education Reform', *International Research in Geographical and Environmental Education*, 13 (3): 16-31.

Boehm, R. (2005) *Glencoe World Geography*, New York: Glencoe.

Bohan, C. H. (2004) 'Early Vanguards of Progressive Education: The Committee of Ten, the Committee of Seven, and Social Education', in C. Woyshner, J. Watras and M. S. Crocco (eds) *Social Education in the Twentieth Century*, New York: Peter Lang.

Bowen, J. (1981) *A History of Western Education* III, London: Methuen.

Braungart, R. and Braungart, M. (1998) 'Citizenship Education in the United States in the 1990s', in O. Ichilov (ed.) *Citizenship and Citizenship Education in a Changing World*, Portland, OR: Woburn.

British Petroleum (2007) *Statistical Review of World Energy 2007*, accessed at http://www.bp.com/sectiongenericarticle.do?categoryId=9017902&contented=7033474 (visited 1 January 2008).

Brooks, D. (2000) *Bobos in Paradise: the New Upper Class and How They Got There*, New

York: Simon & Schuster.

Bruner, J. (1960) *The Process of Education*, Cambridge, MA: Harvard University Press.

Bruner, J. (1966) *The Culture of Education*, Cambridge, MA: Harvard University Press.

Burack, J. (2003) 'The Student, the World, and the Global Education Ideology', in J. Leming, L. Ellington and K. Porter-Magee (eds) *Where Did the Social Studies Go Wrong?* Washington, DC: Thomas B. Fordham Institute.

Burchell, D. (2002) 'Ancient Citizenship and its Inheritors', in E. Isin and B. Turner (eds) *Handbook of Citizenship Studies*, Thousand Oaks, CA: Sage.

Butcher, J. (2003) *The Moralisation of Tourism: Sun, Sand and ... Saving the World*, London: Routledge.

Butcher, J. (2007) *Ecotourism, NGOs and Development*, London: Routledge. Catling, S. (2003) 'Curriculum Contested: Primary Geography and Social Justice', *Geography*, 88 (3): 164-210.

Central Bureau/Development Education Association (2000) *A Framework for the International Dimension for Schools in England*, London: Central Bureau/ Development Education Association.

Chandler, D. (2002) *From Kosovo to Kabul: Human Rights and International Intervention*, London: Pluto Press.

Chandler, D. (2004) *Constructing Global Civil Society: Morality and Power in International Relations*, Basingstoke: Palgrave Macmillan.

Chandler, D. (2005) 'Constructing Global Civil Society', in G. Baker and D. Chandler (eds) *Global Civil Society: Contested Futures*, Abingdon: Routledge.

Chiodo, J. and Martin, L. (2005) 'What do Students Have to Say about Citizenship? An Analysis of the Concept of Citizenship among Secondary Education Students', *Journal of Social Studies Research*, 26 (2): 3-9.

Chorley, R. and Haggett, P. (eds) (1965) *Frontiers in Geographical Teaching*, London: Methuen.

Chorley, R. and Haggett, P. (1967) *Models in Geography*, London: Methuen.

Cotton, K. (1996) 'Educating for Citizenship', *School Improvement Research Series*, accessed at www.nwrel.org/scpd/sirs/10/c019.html (visited 4 January 2004).

Dagger, R. (2002) 'Republican Citizenship', in E. Isin and B. Turner (eds) *Handbook of Citizenship Studies*, Thousand Oaks, CA: Sage.

Danzer, G. and Larson, A. (1982) *Land and People: A World Geography*, Glenview, IL: Scott Foresman.

De Blij, H. and Mul ler, P. (2006) *Geography: Realms, Regions and Concepts*, 12th edn, Hoboken, NJ: Wiley.

Department for Education and Employment/Qualifications and Curriculum Authority (1999) *The National Curriculum for England: Geography*, London: Department for Education and Employment/Qualifications and Curriculum Authority.

Department for Education and Employment (1999) *Preparing Young People for Adult Life*, London: Department for Education and Employment.

Department for Education and Science (1967) *Children and their Primary Schools: A Report of the Central Advisory Council for Education*, London: HMSO.

Department for Education and Science (1991) *Geography in the National Curriculum*, London: HMSO.

Department for Education and Skills/Department for International Development (2000, updated 2005) *Developing a Global Dimension in the School Curriculum*, London: Department for Education and Employment/Department for International Development/ Qualifications and Curriculum Authority et al.

De Roche, E. and Williams, M. (2001) *Educating Hearts and Minds: A Comprehensive Character Education Framework*, Thousand Oaks, CA: Corwin Press.

Development Education Association (2001) *Citizenship and Education: The Global Dimension*, London: Development Education Association.

Disinger, J. (2001) 'Tensions In Environmental Education: Yesterday, Today, and Tomorrow', in J. Disinger, E. McCrea and D. Wicks, *The North American Association for Environmental Education: Thirty Years of History, 1971-2001*, accessed at http://naaee.org/aboutnaaee/naaeehistory2001.pdf (visited 20 July 2003).

Dorsey, B. (2001) 'Linking Theories of Service Learning and Undergraduate Geography Education', *Journal of Geography*, 100: 124-32.

Douglas, L. (2001) 'Valuing Global Citizenship', *Teaching Geography*, 26 (2): 89-90.

Dowler, L. (2002) 'The Uncomfortable Classroom: Incorporating Feminist Pedagogy and Political Practice into World Regional Geography', *Journal of Geography*, 101: 68-72.

Driessen, P. (2003) *Eco Imperialism: Green Power, Black Death*, Bellevue, WA: Merril.

Duffield, M. (2001) *Global Governance and the New Wars: The Merger of Development and Security*, New York: Zed Books.

Duffield, M. (2007a) *Development, Security and Unending War: Governing the World of Peoples*, Chichester: Wiley.

Duffield, M. (2007b) 'Development, Territories, and People: Consolidating the External Sovereign Frontier', *Alternatives: Global, Local, Political*, 32: 225-46.

Dunn, R. (2002) 'Growing Good Citizens with a World-Centred Curriculum', *Educational Leadership*, 60 (2): 10-13.

Ecclestone, K. (2004) 'Learning or Therapy? The Demoralisation of Education', *British Journal of Educational Studies*, 57 (3): 127-41.

Economist (2004) 'Saving the Rainforest', *Economist*, 24 July, 372: 12.

Edexcel (2000) *Specifications for GCSE in Geography A: First Examination 2003*, London: Edexcel Foundation.

Edwards, G. (2002) 'Geography, Culture, Values and Education', in R. Gerber and W. Williams (eds) *Geography, Culture and Education*, London: Kluwer Academic Publications.

Ellington, L. and Eaton, J. (2003) 'Multiculturalism and the Social Studies', in J. Leming, L. Ellington and K. Porter-Magee (eds) *Where did the Social Studies Go Wrong*? Washington, DC: Thomas B. Fordham Foundation.

English, P. (1995) *Geography: People and Places in a Changing World*, St Paul, MN: West.

Falk, R. (1995) *On Humane Governance: Towards a New Global Politics*, Cambridge: Polity Press.

FAO (2005) *Global Forest Resource Assessment*, accessed at http://www.fao.org/ forestry/foris/data/fra2005/kf/common/GlobalForestA4-ENsmall.pdf (visited 15 January 2008)

Ferve, R.W. (2000) *The Demoralization of Western Culture: Social Theory and the Dilemmas of Modern Living*, New York: Continuum.

Fien, J. and Gerber, R. (1988) *Teaching Geography for a Better World*, Edinburgh: Oliver & Boyd.

Finn, C. and Ravitch, D. (2004) *The Mad, Mad World of Textbook Adoption*, Washington, DC: Thomas B. Fordham Institute.

Flemming, D. (1981) 'The Impact of Nationalism on World Geography Textbooks in the United States', *International Journal of Political Education*, 4: 373-81.

Frymier, J., Cunningham, L., Duckett, W., Gansneder, B., Link, F., Rimmer, J. and Schulz, J. (1996) 'Values and the Schools: Sixty Years Ago and Now', *Research Bulletin*, 17: 4-5, Bloomington, IN: Phi Delta Kappa, Center for Evaluation, Development and Research.

Fukuyama, F. (1992) *The End of History and the Last Man*, London: Hamish Hamilton.

Furedi, F. (1997) *Population and Development: A Critical Introduction*, Cambridge: Polity Press.

Furedi, F. (2004) *Therapy Culture: Cultivating Vulnerability in an Uncertain Age*, London: Routledge.

Furedi, F. (2007) 'Introduction: Politics, Politics, Politics', in R. Whelan (ed.) *The Corruption of the Curriculum*, London: Civitas.

Gardner, H. (1983) *Frames of Mind: The theory of multiple intelligences*. New York: Basic Books.

Gardner, H. (2000) *Intelligence Reframed: Multiple Intelligences for the Twenty-First Century*, New York: Basic Books.

Geographical Association (1998) 'Geography and History in the 14-19 Curriculum', *Teaching Geography*, 23 (3): 125-8.

Geographical Association (1999) 'Geography in the Curriculum: A Position Statement', *Teaching Geography*, 24 (2): 57-9.

GeoVisions GCSE Working Party (undated) *A Planning Guide to Support the OCR Pilot Short Course in Geography (Geography 21)*, accessed at http://www. geography. org.uk/download/PRGCSEpilotGCSE.doc (visited 22 June 2007).

Gerber, R. and Williams, M. (eds) (2002) *Geography, Culture and Education*, London: Kluwer Academic Publications.

Gersmehl, P. (2005) *Teaching Geography*, New York: Guilford Press.

Gilbert, R. (1997) 'Issues for Citizenship in a Postmodern World', in K. Kennedy (ed.) *Citizenship and the Modern State*, Washington, DC: Falmer Press.

Goldman, D. (1995) *Emotional Intelligence: Why it can Matter more than IQ*, New York: Bantam Books.

Goodman, J. and Lesnick, H. (2001) *The Moral Stake in Education: Contested Premises and Practices*, New York: Longman.

Gordon, D. (ed.) (2003) *A Nation Reformed? American Education Twenty Years After: A Nation at Risk*, Cambridge, MA: Harvard Education Press.

Gore, A. (1990) *Earth in the Balance: Ecology and the Human Spirit*, Boston, MA: Houghton Mifflin.

Goss, H. (1985) *World Geography*, Rockleigh, NJ: Allyn.

Gourevitch, A. (2007) 'National Insecurities: The New Politics of American National Self-Interest', in J. Bickerton, P. Cuncliffe and A. Gourevitch (eds) *Politics without Sovereignty: A Critique of Contemporary International Relations,* London: University College of London Press.

Greene, J. (1984) *American Science in the Age of Jefferson*, Ames, IA: Iowa State University Press.

Grimwade, K., Reid, A. and Thompson, L. (2000) *Geography and the New Agenda*, Sheffield: Geographical Association.

Gritzner, C. (1985) *Heath World Geography*, Lexington, MA: Heath.

Habermas, J. (1996) *Between Facts and Norms: Contributions to a Discourse Theory of Law and Democracy*, Cambridge, MA: MIT Press.

Hall, D. (1991) *Charney Revisited: Twenty-five Years of Geography Education*', in R. Walford (ed.) *Viewpoints on Teaching Geography: The Charney Manor Conference Papers*, Harlow: Longman.

Hammond, P. (2007) *Media, War and Postmodernity*, London: Routledge.

Harrington, R. (2005) *Aristotle and Citizenship: The Responsibilities of Citizenship in Politics*, accessed at http://www.greycat.org/papers/aristotl.html (visited 29 December 2007).

Hartshorne, R. (1939) *The Nature of Geography*, Lancaster, PA: Association of American Geographers.

Hartshorne, R. (1950) 'The Functional Approach in Political Geography', *Annals of the Association of American Geographers*, 40: 95-130.

Harvey, D. (1973) *Social Justice and the City*, London: Edward Arnold.

Harvey, D. (1982) *The Limits to Capital*, Chicago: University of Chicago Press.

Hayl, J. and McCarty, J. (2003) 'International Education and Teacher Preparation in the US', paper presented at the conference on *Global Challenges and US Higher Education: National Needs and Policy Implications*, 24 January.

Heartfield, J. (1998) *Need and Desire in a Post-Material Economy*, Sheffield: Sheffield Hallam University Press.

Held, D. (2002) 'Globalization, Corporate Practice and Cosmopolitan Social Standards', *Contemporary Political Theory*, 1: 59-78.

Helgren, D. and Sager, R. (2005) *World Geography Today*, Austin, TX: Holt, Rinehart & Winston.

Hewitt, J. (1998) *The Myth of Self-Esteem: Finding Happiness and Solving Problems in America*, New York: St Martin's Press.

Hewlett Packard (2007) *HP Global Citizenship*, accessed at http://www.hp.com/ hpinfo/globalcitizenship/ (visited 9 June 2007).

Hicks, D. (2001) 'Envisioning a Better World', *Teaching Geography*, 26 (2): 57-60.

Hicks, D. (2003) 'Thirty Years of Global Education: A Reminder of the Key Principles and Precedents', *Education Review*, 55: 265-75.

Hirst, P. (1974) *Knowledge and the Curriculum*, London: Routledge and Kegan Paul.

Holloway, S. and Valentine, G. (2000) *Children's Geographies: Playing, Living, Learning*, London: Routledge.

Holt, T. (1991) 'Growing up Green: Are Schools turning Kids into Eco-activists?' *Reason*, 38-40.

Huckle, J. (1983) 'Values Education through Geography: A Radical Critique', *Journal of Geography*, 82 (2): 59-63.

Huckle, J. (2002) 'Reconstructing Nature: Towards a Geographical Education for Sustainable Development', *Geography*, 87 (1): 64-72.

Hulme, M. (in press) 'The Conquering of Climate: Discourses of Fear and their Dissolution', *Geographical Journal*.

Humanities Education Centre (2007) *Global Footprints Quiz*, accessed at http:// www.globalfootprints.org/issues/kidsquiz/kidsquizl.htm (visited 10 October 2007).

Hunter, J. (2001) *The Death of Character: Moral Education in an Age without Good or Evil*, New York: Basic Books.

Huntington, S. (2004) *Who Are We? Challenges to America's National Identity*, New York: Simon & Schuster.

Ichilov, O. (1997) 'Patterns of Citizenship in a Changing World', in K. Kennedy (ed.) *Citizenship and the Modern State*, Washington, DC: Falmer Press.

Independent Commission on Environmental Education (1997) *Are We Building Environmental Literacy*? Washington, DC: George C. Marshall Institute.
International Geographic Union/Commission on Geographic Education (1992) *International Charter on Geographic Education*, Brisbane: International Geographic Union/Commission on Geographic Education.
Isin, E. (2002) 'Citizenship after Orientalism', in E. Isin and B. Turner (eds) *Handbook of Citizenship Studies*, Thousand Oaks, CA: Sage.
Isin, E. and Turner, B. (eds) (2002) *Handbook of Citizenship Studies*, Thousand Oaks, CA: Sage.
Israel, S., Roemer, N. and Durand, L. (1976) *World Geography Today*, Holt, Reinhart & Winston.
Jackson, R. (1976) 'The Persistence of Outmoded Ideas in High School Geography Texts', *Journal of Geography*, 75: 399-408.
James, P. and Davis, N. (1967) *Wide World: A Geography*, New York: Macmillan.
Janoski, T. and Gran, B. (2002) 'Political Citizenship: Foundations of Rights,' in E. Isin and B. Turner (eds) *Handbook of Citizenship Studies*, Thousand Oaks, CA: Sage.
Jarolimek, J. (1990) 'The Knowledge Base of Democratic Citizens', *Social Studies*, 81 (5): 194-7.
Jickling, B. and Spork, H. (1998) 'Education for the Environment: A Critique', Environmental Education Research, 4 (3): 309-27.
Johnsen, E. (1993) *Textbooks in Kaleidoscope: A Critical Survey of the Literature and Research on Educational Texts*, New York: Oxford University Press.
Johnson, A. (2007) 'Children Must Think Differently', *Independent*, 13 June.
Johnston, R. (2000) 'Authors, Editors, and Authority in the Postmodern Academy', *Antiopode*, 32 (3): 271.
Johnston, R., Gregory, D., Pratt, G. and Watts, M. (2000) 'Cultural Geography', in *The Dictionary of Human Geography*, 4th edn, Oxford: Blackwell.
Jones, S. and Murphy, M. (1962) *Geography and World Affairs*, Chicago: Rand McNally.
Kaldor, M. (2001) *New and Old Wars: Organized Violence in a Global Era*, Stanford, CA: Stanford University Press.
Kaufhold, T. (2004) 'Geography Education: Where is Geography's Location in our

Schools' Curriculum?' *Middle States Geography*, 37: 90-9.

Keith, S. (1991) 'The Determinants of Textbook Content', in P. Altbach, G. Kelly, H. Petrie and L. Weis (eds) *Textbooks in American Society*, Albany, NY: State University of New York Press.

Kincheloe, J. (1991) *Curriculum as Social Psychoanalysis: The Significance of Place*, New York: State University of New York Press.

Kincheloe, J. (2001) *Getting beyond the Facts: Teaching Social Studies/Social Sciences in the Twenty-First Century*, New York: Peter Lang.

Kirman, J. (2003) 'Transformative Geography: Ethics and Action in Elementary and Secondary Geography Education', *Journal of Geography*, 102: 93-8.

Knight, D. (1982) 'Identity and Territory: Geographical Perspectives on Nationalism and Regionalism', *Annals of the Association of American Geographers*, 72 (4): 514-31.

Knox, P. and Marston, S. (2004) *Human Geography: Places and Regions in a Global Context*, 3rd edn, Upper Saddle River, NJ: Person/Prentice Hall.

Kohn, C. and Drummond, D. (1971) *World Today: Its Patterns and Cultures*, New York: McGraw-Hill.

Kronman, A. (2007) *Education's End: Why our Colleges and Universities have Given up on the Meaning of Life*, New Haven, CT: Yale University Press.

Laidi, Z. (1998) *A World without Meaning*, London: Routledge.

Lambert, D. and Machon, P. (2001) *Citizenship through Secondary Geography*, London: RoutledgeFalmer.

Lambert, D., Morgan, A., Swift, D. and Brownlie, A. (2004) *Geography: The Global Dimension: Key Stage 3*, London: Development Education Association.

Lasch, C. (1984) *The Minimal Self: Psychic Survival in Troubled Times*, New York: orton.

Lasch-Quinn, E. (2001) *Race Experts: How Racial Etiquette, Sensitivity, Training and New Age Therapy Hijacked the Civil Rights Revolution*, New York: Rowman & Littlefield.

Lawes, S. (2007) 'Foreign Languages without Tears', in R. Whelan (ed.) *The Corruption of the Curriculum*, London: Civitas.

Livingstone, D. (1992) *The Geographical Tradition: Episodes in the History of a Contested Enterprise*, Oxford: Blackwell.

Lomborg, B. (2001) *The Skeptical Environmentalist: Measuring the Real State of the World*, Cambridge: Cambridge University Press.

Lopez, M. H. (2003) *Volunteering among Young People*, Centre for Information and Research on Civic Learning and Engagement, accessed at http://www. civicyouth.org/PopUps/FactSheets/FS_Volunteering2.pdf (visited 6 January 2008).

McEachron, G. (2001) *Self in the World: Elementary and Middle School Social Studies*, Boston, MA: McGraw-Hill.

McGovern, C. (2007) 'The New History Boys', in R. Whelan (ed.) *The Corruption of the Curriculum*, London: Civitas.

Machon, P. (1998) 'Citizenship and Geographical Education', *Teaching Geography*, 23 (3): 115-17.

Machon, P. and Walkington, H. (2000) 'Citizenship: The Role of Geography?' in A. Kent (ed.) *Reflective Practice in Geography Teaching*, London: Paul Chapman.

McHoul, A. and Grace, W. (1993) *A Foucault Primer: Discourse, Power and the Subject*, New York: New York University Press.

McKeown, R. and Hopkins, C. (2003) 'EE Does Not Equal ESD: Defusing the Worry', *Environmental Education Research*, 9 (1): 117-28.

Mackinder, H. (1887) 'On the Scope and Methods of Geography', paper given at the *Proceedings of the Royal Geographical Society and Monthly Record of Geography*, London, 31 January.

Makler, A. (2004) '"Problems of Democracy" and the Social Studies Curriculum', in C. Woyshner, J. Watras and M. S. Crocco (eds) *Social Education in the Twentieth Century*, New York: Peter Lang.

McNaught, A. and Witherick, M. (2001) *Global Challenge: A2 Level Geography for Edexcel B*, Harlow: Longman.

Marsden, W. (1997) 'On Taking the Geography out of Geographical Education: Some Historical Pointers in Geography', *Geography*, 82 (3): 241-52.

Marsden, W. (2001a) 'Citizenship Education: Permeation or Pervasion? Some Historical Pointers', in D. Lambert and P. Machon (eds) *Citizenship through Secondary Geography*, London: RoutledgeFalmer.

Marsden, W. (2001b) *The School Textbook: Geography, History and Social Studies*, London: Woburn Press.

Marshall, H. (2005) 'Developing the Global Gaze in Citizenship Education: Exploring the Perspective of Global Education NGO Workers in England', *International Journal of Citizenship and Teacher Education*, 1 (2): 76-92.

Marshall, T. (1950) *Citizenship and Social Class and other Essays*, Cambridge: Cambridge University Press.

Mayhew, R. (2000) *Enlightenment Geography: The Political Languages of British Geography,* 1650-1850, New York: St Martin's Press.

Meadows, D. H., Meadows, D. L., Randers, J. and Behrens, W. III (1972) *The Limits to Growth: A Report for the Club of Rome's Project on the Predicament of Mankind*, New York: Universe Books.

Merrett, C. (2000) 'Teaching Social Justice: Reviving Geography's Neglected Tradition', *Journal of Geography*, 99 (2): 207-18.

Merriam-Webster (2002) *Merriam-Webster's Collegiate Dictionary*, 10th edn, Springfield, MA: Merriam-Webster.

Midgely, M. (1999) 'Towards an Ethic of Global Responsibility', in T. Dunne and N. Wheeler (eds) *Human Rights in Global Politics*, 195-213, Cambridge: Cambridge University Press.

Mitchell, K. (2003) 'Educating the National Citizen in Neo-liberal Times: From the Multicultural Self to the Strategic Cosmopolitan', *Transactions of the Institute of British Geographers*, 28: 387-403.

Mortensen, L. (2000) 'Global Change Education: Education Resources for Sustainability', in K. Wheeler and A. Bijur (eds) *Education for a Sustainable Future: A Paradigm of Hope for the Twenty-First Century*, New York: Kluwer Academic/ Plenum Publishers.

Mullen, (2004) '"Some Sort of Revolution": Reforming the Social Studies Curriculum, 1957-1972', in C. Woyshner, J. Watras and M. S. Crocco (eds) *Social Education in the Twentieth Century*, New York: Peter Lang.

National Council for the Accreditation of Teacher Education (2006) *Professional Standards for the Accreditation of Schools, Colleges and Departments of Education*, Washington, DC: NCATE, accessed at http://www.ncate.org/institutions/ unitStandardsRubrics.asp?ch=4 (visited 10 October 2007).

National Council for Geographic Education (1994) *Geography National Standards: Ge-*

ography for Life, Washington, DC: Committee for Research and Exploration, National Geographic Society.

National Council for Geographic Education (2003) *The Eighteen National Geography Standards* accessed at http://www.ncge.org/publications/tutorial/standards (visited 10 April 2003).

National Council for Social Studies (2003) *Expectations of Excellence: Curriculum Standards for Social Studies* http://www.socialstudies.org/standards/strands/ (visited 21 April 2004).

National Curriculum Council (1993) *Spiritual and Moral Development: A Discussion Paper*, York: National Curriculum Council.

National Geographic Society (2006) *My Wonderful World: For Educators*, accessed at nttp://www.mywonderfulworld.org/educators_welcome.html (visited 7 July 2007).

National Geographic Society (2007) *Geography Standards in your Classroom: Lesson Plans*, accessed at http://www.nationalgeographic.com/xpeditions/lessons/ 18/g68/ tghunger.html (visited 18 July 2007).

New Jersey Department of Education (2006) *New Jersey Core Curriculum Content Standards for Social Studies*, Trenton, NJ: Department of Education.

Nolan, J. (1998) *The Therapeutic State: Justifying Government at Century's End*, New York: New York University Press.

North American Association for Environmental Education (2003) *Perspectives: Foundations of EE*, accessed at http://eelink.net/perspectives-foundationsofee. html (visited 21 July 2008).

Nuffield Foundation (2006) *Citizenship through Geography*, accessed at http:// www.citizenship.org.uk/resources/citizenship-through-geography,68,NA. html (visited 12 June 2006).

Ong, A. (2004) 'Higher Learning: Educational Availability and Flexible Citizenship in Global Space', in J. Banks (ed.) *Diversity and Citizenship Education*, San Francisco, CA: Jossey-Bass.

Orr, D. W. (1992) *Ecological Literacy: Education and the Transition to a Postmodern World*, Albany, NY: State University of New York Press.

Orrell, K. (1990) 'The Schools Council Geography 14-18 Project', in R. Walford (ed.)

Viewpoints on Teaching Geography: The Charney Manor Conference Papers, Harlow: Longman.

Oxfam (1997) *Curriculum for Global Citizenship, Oxfam Development Educational Programme*, Oxford: Oxfam.

Oxford, Cambridge and RSA Examinations (2004) *OCR GCSE in Geography (Pilot) Specifications*, Cambridge: Oxford, Cambridge and RSA.

Palmer, J. and Neal, P. (1994) *The Handbook of Environmental Education*, London: Routledge.

Packard, L., Overton, B. and Wood, B. (1953) *Geography of the World*, New York: Macmillan.

Pak, Y. K. (2004) 'Teaching for Intercultural Understanding in the Social Studies: A Teacher's Perspective in the 1940s', in C. Woyshner, J. Watras and M. S. Crocco (eds) *Social Education in the Twentieth Century*, New York: Peter Lang.

Pattison, W. D. (1961) 'The Four Traditions of Geography', *Journal of Geography*, 63 (5): 211-16.

Peet, R. (1998) *Modern Geographical Thought*, Malden, MA: Blackwell.

Perks, D. (2006) *What is Science Education For?* London: Institute of Ideas.

Pounds, N. and Cooper, E. (1957) *World Geography: Economic, Political, Regional*, Cincinnati, OH: Southwestern Publishing.

Proctor, J. D. and Smith, D. M. (1999) G*eography and Ethics: Journeys in a Moral Terrain*, London: Routledge.

Project Wild (2003) *About Project Wild*, accessed at http://www.projectwild.org/ aboutPW/about.htm (visited 17 July 2003).

Pupavac, V. (2000) 'From Statehood to Childhood: Changing Approaches to International Order', in M. Pugh (ed.) *Regeneration of Wartorn Societies*, London: Macmillan.

Pupavac, V. (2002) 'Afghanistan: The Risks of International Psychosocial Risk Management', *Heath in Emergencies* (WHO), 12, accessed at http://www.who. int/hac/about/7735.pdf (visited 1 October 2008).

Pupavac, V. (2005) 'The Demoralised Subject of Global Civil Society', in B. Gideon and D. Chandler (eds) *Global Civil Society: Contested Futures*, London: Routledge.

Pupavac, V. (2006) 'The Politics of Emergency and the Demise of the Developing State: Problems for Humanitarian Advocacy', *Development in Practice*, 16 (3-4): 255-69.

Qualifications and Curriculum Authority (1998) *Areas of Cross-Curricular Concern within Citizenship Education*, London: Qualifications and Curriculum Authority.

Qualifications and Curriculum Authority (2001) *Citizenship at Key Stage 3*, London: Qualifications and Curriculum Authority, accessed at http://standards.dfes.gov.uk/schemes2/citizenship/.

Qualifications and Curriculum Authority (2002a) *Citizenship at Key Stages 1 and 2*, London: Qualifications and Curriculum Authority, accessed at http://www.standards.dfes.gov.uk/schemes2/ks1?2citizenship/.

Qualifications and Curriculum Authority (2002b) *Citizenship at Key Stage 4*, accessed at http://www.standards.dfes.gov.uk/schemes2/ks4citizenship/?view =get.

Qualifications and Curriculum Authority (2002c) *GCE AS and A-level Specifications: Subject Criteria for Geography*, accessed at http://www.qca.org.uk/nq/subjects/geography.asp (visited 22 June 2002).

Qualifications and Curriculum Authority (2007) *Draft GCSE Subject Criteria for Geography*, London: Qualifications and Curriculum Authority.

Rasmussen, C. and Brown, B. (2002) 'Radical Democratic Citizenship: Amidst Political Theory and Geography', in E. Isin and B. Turner (eds) *Handbook of Citizenship Studies*, Thousand Oaks, CA: Sage.

Ravallion, M. and Chen, S. (2004) *Understanding China's (Uneven) Progress against Poverty, Finance and Development*, December, accessed at http://www.imf. org/external/pubs/ft/fandd/2004/12/pdf/ravallio.pdf (visited 10 January 2008).

Ravitch, D. (2003) *The Language Police: How Pressure Groups Restrict What Students Learn*, New York: Knopf.

Ravitch, D. and Viteritti, J. (2001) *Making Good Citizens: Education and Civil Society*, New Haven, CT: Yale University Press.

Rawling, E. M. (1991) 'Innovations in the Geography Curriculum, 1970-1990: A Personal View', in R. Walford (ed.) *Viewpoints on Teaching Geography: The Charney Manor Conference Papers*, 1990, York: Longman.

Rawling, E. M. (2001) *Changing the Subject: The Impact of National Policy on School Geog-*

raphy, 1980-2000, Sheffield: Geographical Association.

Reid, A. (2001) 'Environmental Change, Sustainable Development and Citizenship', *Teaching Geography*, 26 (2): 72-6.

Roberts, M. (2003) *Learning through Enquiry: Making Sense of Geography in the Key Stage 3 Classroom*, Sheffield: Geographical Association.

Roberts, M. (2006) 'Geographical Enquiry', in D. Balderstone (ed.) *Secondary Geography Handbook*, Sheffield: Geographical Association.

Robinson, L. (2001) 'Leaving More than Just Footprints', *Teaching Geography*, 26 (2), 56.

Roth, K. (1999) 'Human Rights Trump Sovereignty in 1999', *Human Rights Watch*, 9 December, accessed at: http://www.hrw.org/press/1999/dec/wr2keng.htm (visited 10 June 2005).

Ruskey, A., Wilke, R. and Beasley, T. (2001) 'A Survey of the Status of State-Level Environmental Education in the United States ? 1998 Update', *Journal of Environmental Education*, 32 (3): 4-14.

Sager, R. and Helgren, D. (2005) *World Geography Today*, Austin, TX: Holt, Reinhart & Winston.

Sanera, M. and Shaw, J. (1999) Facts, Not Fear: Teaching Children about the Environment, Washington, DC: Regnery Publishing.

Sassens, S. (2002) 'Towards Post-National and Denationalized Citizenship', in E. Isin and B. Turner (eds) *Handbook of Citizenship Studies*, Thousand Oaks, CA: Sage.

Schools Curriculum Assessment Authority (1997) 'Geography Position Statement' (internal Geography Team paper for National Curriculum Review Conference), London: Schools Curriculum Assessment Authority.

Schuck, P. (2002) 'Liberal Citizenship,' in E. Isin and B. Turner (eds) *Handbook of Citizenship Studies*, Thousand Oaks, CA: Sage.

Scott, P. (2004) 'Quick, Hide, the Bin Police are Coming', *The Times*, 27 March, accessed at http://www.timesonline.co.uk/tol/comment/columnists/guest_ contributors/article1052217.ece (visited 10 January 2008).

Sennett, R. (1976) *The Fall of Public Man*, New York: Norton.

Shanker, A. (1996) 'The Importance of Civic Education', *Issues in Democracy*, 1 (8), accessed at http://usinfo.state.gov/journals/itdhr/0796/ijde/shanker.htm (visited

10 December 2006).

Shaver, J. (1977) *Building a Rationale for Citizenship Education*, Bulletin No. 52, Arlington, VA: National Council for Social Studies.

Simon, J. (1981) *The Ultimate Resource*, Princeton, NJ: Princeton University Press.

Sinclair, S. (1997) 'Going Global?' *Teaching Geography*, 22 (4): 160-4.

Sitarz, D. (1993) *Agenda 21: The Earth Summit Strategy to Save our Planet*, Boulder, CO: Earthpress.

Sitarz, D. (ed.) (1998) *Sustainable America: America's Environment, Economy and Society in the Twenty-First Century*, President's Council on Sustainable Development, Carbondale, IL: Earthpress.

Smith, D. (1997) 'Geography and Ethics: A Moral Turn?' *Progress in Human Geography*, 21 (4): 583-90.

Smith, D. (2000) *Moral Geographies: Ethics in a World of Difference*, Edinburgh: Edinburgh University Press.

Smith, R. (2002) 'Modern Citizenship', in E. Isin and B. Turner (eds) *Handbook of Citizenship Studies*, Thousand Oaks, CA: Sage.

Standish, A. (2002) 'Curriculum Change in Geography at the Turn of the Twentieth Century', unpublished master's thesis, Department of Education, Canterbury Christchurch University College.

Standish, A. (2006) 'Geographic Education, Globalization, and Changing Conceptions of Citizenship in American Schools, 1950-2005', unpublished doctoral thesis, Department of Geography, Rutgers, the State University of New Jersey.

Steinberg, P. (1997) 'Political Geography and the Environment', *Journal of Geography*, 96 (2): 113-18.

Stoltman, J. (1990) *Geography Education for Citizenship*, Bloomington, IN: Social Studies Development Center, Education Research Index Center, Social Studies Education Consortium.

Stoltman, J. and DeChano, L. (2002) 'Political Geography, Geographic Education, and Citizenship', in R. Gerber and M. Williams (eds) *Geography, Culture and Education*, Boston, MA: Kluwer Academic Publishers.

Stromquist, N. (2002) *Education in a Globalized World: The Connectivity of Economic Power, Technology, and Knowledge*, New York: Rowman & Littlefield.

Strouse, J. (2001) *Exploring Socio-cultural Themes in Education: Readings in Social Foundations*, Upper Saddle River, NJ: Merrill Prentice Hall.

Surface, G. (1909) 'Thomas Jefferson: A Pioneer of American Geography', *Bulletin of the American Geographical Society*, 41: 743-50.

Swift, D. (2005) 'Linking Lives through Disaster and Recovery', *Teaching Geography*, 30 (2): 78-81.

Tatham, G. (1951) 'Geography in the Nineteenth Century', in G. Taylor (ed.) *Geography in the Twentieth Century*, London: Methuen.

Taylor, I. (2007) 'Unpacking China's Resource Diplomacy in Africa', in H. Melber (ed.) *China in Africa*, Current African Issues, 33: Uppsala, Nordiska Africainstitut.

Trenholm, C., Devenay, B., Fortson, K., Quay, L., Wheeler, J. and Clark, M. (2007) *Impacts of Four Title V, Section 510 Abstinence Education Programs*, Princeton, NJ: Mathematica Policy Research.

Tuan, Y. F. (1977) *Space and Place: The Perspective of Experience*, Minneapolis, MN: University of Minnesota Press.

Tye, B. B. and Tye, K. A. (1992). *Global Education: A Study of School Change*. Albany, NY: State University of New York Press.

UNESCO-UNEP (1978) *Final Report: Intergovermental Conference on Environmental Education*, Tbilisi: United Nations Scientific and Cultural Organization/United Nations Environment Programme.

United Nations Convention on the Rights of the Child (1989) *Convention on the Rights of the Child*, Geneva: Office of the High Commissioner for Human Rights.

Van Matre, S. (1990) *Earth Education: A New Beginning*, Greenville, WV: Institute for Earth Education.

Vaux, T. (2001) *The Selfish Altruist*, Earthscan, London.

Veck, W. (2002) 'What Are the Proper Ends of Educational Inquiry: Research for Justice, for Truth, or Both?' Paper presented to biennial conference of the International Network of Philosophers of Education, Oslo, 9 August.

Walford, R. (1995) 'Geography in the National Curriculum of England and Wales: Rise and Fall?' *Geographical Journal*, 166 (2): 192-8.

Walford, R. (2001) *Geography in British Schools, 1850-2000: Making a World of Difference*, London: Woburn Press.

Wagner, P. and Mikesell, M. (eds) (1962) *Readings in Cultural Geography*, Chicago: University of Chicago Press.

Waugh, D. and Bushell, T. (2002) *New Key Geography for GCSE*, Cheltenham: Nelson Thornes.

Wellington, J. (ed.) (1993) *The Work Related Curriculum: Challenging the Vocational Imperative*, London: Kogan Page.

Westaway, J. and Rawling, E. (2003) 'A New Look for GCSE Geography?' *Teaching Geography*, 28 (1): 60-2.

Wheeler, K. (2000) 'Introduction', in K. Wheeler and A. Bijur (eds) *Education for a Sustainable Future: A Paradigm of Hope for the Twenty-First Century*, New York/London: Kluwer Academic/Plenum Publishers.

Wilbanks, T. (1994) 'Sustainable Development in Geographic Context', *Annals of the Association of American Geographers*, 84: 541-57.

Wood, P. (2005) 'In Defence of the "New Agenda"', *Geography*, 90 (1): 84-9.

Woodward, A., Elliot, D. and Nagel, K. (1988) *Textbooks in Schools and Society: An Annotated Bibliography and Guide*, New York: Garland Publications.

World Commission on Environment and Development (1987) *Our Common Future*, Oxford: Oxford University Press.

Woyshner, C., Watras, J. and Crocco, M. S. (eds) (2004) *Social Education in the Twentieth Century*, New York: Peter Lang.

Yoon Pak (2004) , in C. Woyshner, J. Watras and M. S. Crocco (eds) *Social Education in the Twentieth Century*, New York: Peter Lang.

Zhang, H. and Foskett, N. (2003) 'Changes in the Subject Matter of Geography Textbooks, 1907-1993', *International Research in Geographical and Environmental Education*, 12 (4): 312-29.

Zimmerman, J. (2002) *Whose America- Culture Wars in the Public Schools*, Cambridge, MA: Harvard University Press.

■ 색인

| 서적 및 보고서 |

| 인명 |

| 용어 |

ㄱ

ㅇ

ㅈ

역자 후기

지리는 공간적으로 연관된 현상들을 그려 내고 이해하는 것으로 발전해 왔다. 지구 상의 자연적, 인문적 다양성에 대해 학습하는 것은 학생들이 그들 주위의 세상을 이해하는 데 도움을 주었다. 이러한 역할을 수행하기 위해 지리학은 많은 기본적인 특성들—공간적으로 연관된 현상을 지도화하는 것, 서로 다른 현상들 간의 공간적 관계를 검증하는 것, 멀리 떨어진 장소와 사람들을 비교하는 것, 인간과 자연환경 사이의 상호작용 및 관계를 밝히는 것—을 가지고 있다. 지리학은 문화 탐구와 인간-자연 사이의 상호작용을 통해 지구 상에서 어떻게 사람들의 생활환경이 차이를 보이게 되었는지에 대한 통찰력을 제공했다. 지리학은 자연에 대한 비전과 인류의 다양성, 그리고 세상에 대한 경이감을 교실로 가져왔다. 자연과 인간 모두의 물리적 생성에 대한 이해와 인식을 학습하는 것은 다시금 우리를 보다 완전한 인간으로 만들어 주었다고 볼 수 있다.

이는『글로벌 관점과 지리 교육』의 저자가 던진 "왜 지리를 가르치는가?"라는 질문에 대해 두 가지의 대답을 제시해 준다. 즉, 지리가 갖는 내재적 효과와 외재적 목적이다. 지리 수업을 통해 배운 지식과 기술은 학습자의 사고와 행위에 무언가 계몽적인 효과를 기대해 볼 수 있게 하였으며, 사회 현실의 개선과 미래 사회에 대한 기대와 같은 외재적 목적을 생각하도록 하였다. 이렇게 지리 교육은 학습자의 전인적 성장이라는 내재적 효과와 다양한 스케일의 사회 공동체 유지, 발전에 기여하는 외재적 특성을 갖고 있다. 그리하여 우리나라에서 지리 교육은 정부 수립 후 10여 차례의 교육과정 개편을 거치면서 장족의 발전을 이루어 왔다. 그러나 매우 빠르게 변화하는 사회에서 세상이 변하는 만큼 교육과정도 변해야 하는지, 구체적으로 무엇이 변해야 하는지, 어떠한 변화를 주어야 하는지 등에 대한 논의가 필요해졌으며, 그 와중에 여러 가지 문제를 드러내고 있는 것도 사실이다.

지리 교육은 시대적·사회적 적합성을 갖추고 있는가? 교육과정의 적합성은 학습자의 개인적 기준, 학문적 기준 외에도 시대적·사회적 기준이 검토되어야 한다. 즉, 이 세 가지 기준이 조화를 이루어야 한다. 그간의 교육과정에서 지리 교육은 학문적 기준에서는 고려된 것으로 보이나 개인적 기준과 사회적 기준에서 보면 앞으로 해결해야 할 과제가 있다.

이러한 우리 지리 교육이 안고 있는 문제점을 해결하는 데 이 책은 해답의 실마리를 던져 주었다. 앞으로 지리 교육은 조화로운 글로벌 사회(Harmonious Global Society) 형성을 위해 그 역할을 재고해 보아야 한다는 것이다. 21세기 환경은 복잡성이 더욱 증대되면서 보다 큰 과제들이 던져지고 있다. 장소에 따라 문화적 다양성이 증가함과 동시에 새로운 문화가 계속 생성되고 있다. 이러한 문화의 혼종 현상은 빠르게 증가하고 있다. 그리고 인간과 환경 간의 관계는 더 복잡해지고 있다. 이러한 사회에서 지리 교육의 역할을 고민해 보아야 한다.

먼저, 문화 간 다양성 증가에 대한 지리 교육의 역할이다. 2009 개정 사회과교육과정에 의하면, 지리 교육의 목표는 '인간과 자연 간의 상호작용에 대한 이해를 통하여 장소에 따른 인간 생활의 다양성을 파악하며, 여러 지역의 지리적 특성을 체계적으로 이해'하는 것이다. 인간 생활의 다양성을 파악하도록 초·중등학교 수준에서는 세계 주요 지역의 위치, 위치에 따른 경관과 문화의 차이, 지역별 사람들의 생활 모습 등을 개괄적으로 이해하도록 하고 있으며, 지역의 지리적 다양성이라는 관점에서 이해하도록 하고 있다.

현재 학교에서 주로 이루어지고 있는 '문화 간 차이 이해' 지향의 다문화 교육 프로그램이 주로 여러 나라의 의식주를 소개하는 차원에서 이루어지고 있다. 지리 교육에서는 문화 간 불평등에 대한 비판적 인식에 대한 관점의 도입과 문화의 다양성을 종합적·체계적으로 다루면서 사람들 간의 관계 형성 및 상호작용에서 갈등이 없는 조화의 형성에 기여할 수 있는 방안에 대한 고민이 필요해 보인다. 특히, 가깝고도 먼 나라로 인식되고 있는 한·중·일 3국을 중심으로 하는 동아시아 문화 다양성 교육에 대한 고민도 필요하다.

둘째, 인간과 환경 간의 조화로운 관계 형성을 위한 지리 교육의 역할이다. 지리 교육은 자연과학과 사회과학의 성격을 모두 지니고 있다는 장점을 가지고 있다. 반면, 지리 교육은 그 교육과정 안에 많은 주제들을 가지고 있다는 단점(?)이 있다. 이는 지리 교육에게는 조화로운 글로벌 사회 형성을 위해 기여할 수 있는 기회가 되기도 한다.

지리 교육은 미래에 관심을 부여할 수 있다. 사실, 지리만큼 미래에 더 많은 초점을 두는 교과는 거의 없다. 지리는 지구에 대한 현재의 행동이 가져올 미래의 결과를 예측하고 확인하고 생각해 보게 한다. 이런 면에서 지리 교육은 학생들에게 그들이 어른이 되었을 때의 시각을 갖게 할 수 있는 것이다. '앞으로 인간과 환경과의 관계를 전망해 보시오.'라는 미래 지향적인 지리 교육을 위해서 현재와 과거의 정보를 충분히 활용해 볼 수 있다.

이 책의 저자는 영국과 미국에서 지리 교육을 공부하였고, 영국의 초·중·고등학교에서 지리 교사로 재직하였다. 그러한 연구 경험과 현장 경험을 토대로 이 책을 저술하였다. 저자는 지리의 윤리적 전환으로 인해 그 지적 기반이 약화되는 것을 우려한다. 즉, 글로벌 시민 교육이라는 이름하에 지리에 들어오고 있는 가치, 태도와 같은 정의적 영역의 확대가 지리의 학문적 기반의 약화를 초래할 수 있으며, 교육과정 자체가 교육 외부의 정치적 목적 달성을 위한 수단이 되어 가고 있음을 우려한다.

1995년 교육 개혁으로 등장한 세계화 교육의 여파와 지리 교과가 글로벌 시민 교육을 위한 핵심 교과로 거론되는 현 시점에서 지리 교육의 미래를 고민하는 데 이 책이 시사하는 바는 크다고 본다.

이 책의 용어 중 Global Citizenship Education은 글로벌 시민 교육뿐만 아니라 세계 시민 교육, 지구 시민 교육, 지구촌 시민 교육 등 다양한 이름으로 번역이 되어 있고 번역의 뉘앙스에 따라 그 의미도 달라질 수 있지만, 이 책에서는 중립성을 유지하기 위해 따로 번역을 하지 않았다. Cosmopolitanism도 같은 이유로 번역하지 않았다.

뒤돌아보면, 다소 아쉬움이 남기도 하지만 쉽지 않은 번역 작업이었다. 본 역자가 박사학위 논문을 준비하면서 많은 도움을 받았기에 쉽게 번역할 수 있을 것이라는 자만심도 다소 가지고 있었던 것 같다. 그러나 이 책이 저자의 박사학위 논문 준비 과정에서 만들어진 책인 만큼 연구의 범위와 깊이가 넓고 깊었다. 그러다 보니 한 단어를 번역하기 위해 책 한 권을 새로 읽어가며 고민해야 할 때도 있었다. 그렇지만 잘못된 번역 역시 역자의 책임이며 오역과 더 좋은 번역에 관한 귀한 의견은 수정하여 반영할 기회를 마련하도록 할 예정이다.

마지막으로 이 책의 필요성과 의미를 다른 사람보다 먼저 깨닫고, 번역할 기회를 주신 푸른길 김선기 사장님과 박미예 씨에게 감사의 인사를 전한다.

2015년 1월

역자 김다원, 고아라